广东省优秀科技专著出版基金项目

U0236847

区域生态安全格局构建

——理论、实践与新技术应用

黄光庆　尹小玲　袁少雄　王钧　等　著

SPM 南方传媒 | 广东科技出版社

全国优秀出版社

· 广 州 ·

图书在版编目（CIP）数据

区域生态安全格局构建：理论、实践与新技术应用／黄光庆等著. —广州：广东科技出版社，2023.12
ISBN 978-7-5359-7959-9

Ⅰ．①区… Ⅱ．①黄… Ⅲ．①区域生态环境—生态安全 Ⅳ．①X21

中国国家版本馆CIP数据核字（2023）第154984号

区域生态安全格局构建——理论、实践与新技术应用
QUYU SHENGTAI ANQUAN GEJU GOUJIAN——LILUN、SHIJIAN YU XINJISHU YINGYONG

出 版 人：严奉强
责任编辑：林记松
装帧设计：友间文化
责任校对：李云柯　廖婷婷　曾乐慧
责任印制：彭海波
出版发行：广东科技出版社
　　　　　（广州市环市东路水荫路11号　邮政编码：510075）
销售热线：020-37607413
https://www.gdstp.com.cn
E-mail：gdkjbw@nfcb.com.cn
经　　销：广东新华发行集团股份有限公司
印　　刷：广州市彩源印刷有限公司
　　　　　（广州市黄埔区百合三路8号201栋　邮政编码：510700）
规　　格：889mm×1 194mm　1/16　印张19.25　字数462千
版　　次：2023年12月第1版
　　　　　2023年12月第1次印刷
审 图 号：GS粤（2023）136号
定　　价：318.00元

如发现因印装质量问题影响阅读，请与广东科技出版社印制室联系调换（电话：020-37607272）。

《区域生态安全格局构建——理论、实践与新技术应用》

著者名单

黄光庆　尹小玲　袁少雄　王　钧　熊海仙　孙中宇
赖　勇　黄苍平　刘栩成　黄爱琳　赵沐舒　邓丽明

参加单位及人员

广东省科学院广州地理研究所
黄光庆　尹小玲　袁少雄　王　钧
孙中宇　赖　勇　黄爱琳　邓丽明

东莞市城建规划设计院
黄苍平　刘栩成

中山大学
熊海仙

香港大学
赵沐舒

本 书 承

广东省优秀科技专著出版基金会推荐并资助出版

广东省优秀科技专著出版基金会

前　言

面向区域生态建设的需求，从生态风险评价发展到生态安全评估，并引入景观生态学的研究范式，开拓出生态安全格局这一研究领域。目前，区域生态安全问题已经成为区域地理学的一项重点研究内容。区域生态安全格局构建则分别从空间布局和功能价值的视角提出区域生态安全问题的解决方案。本书将生态安全格局定义为：在受人类活动强烈干扰的生态系统内，以人地和谐为目的，通过对土地进行功能分类与合理景观布局，减轻自然灾害与人类活动对生态系统的影响，实现生态空间与人类活动空间的交互融合，保障生态要素与人的互动，维持生态系统结构和过程的完整性。

区域生态安全格局的构建需要基于多学科交叉视角，引入自然地理学、景观生态学、地图学等多个学科的研究方法，运用景观安全格局理论、指标最优化模型、地理信息系统空间分析、元胞自动机模拟等技术，分别对区域的水文、地质、生物、大气环境等方面进行生态安全格局单因素和综合因素的分析评价。

当前，区域生态安全格局构建过程重视单视角分析，轻视系统梳理；重视传统方法延续，轻视新技术引进。为了解决这些问题，本书期望通过理论与实践相结合、传统技术与新视角相结合的方式，对区域生态安全格局的内涵、理论基础、构建方法、建构流程进行系统梳理，分别针对区域生态安全格局构建的一般过程、多尺度地理空间下区域生态安全格局构建的异同、以生态单元划分为基础进行的生态安全格局构建的方法、灾害对生态安全格局的影响以及新技术在区域生态安全格局构建中的应用等内容进行理论与方法的构建和案例说明。

本书共分为十章。第一章主要介绍了生态安全问题的形成背景、提出与生态文明的发展。第二章为生态安全格局构建的理论基础，主要内容包括生态安全格局概念演化、构建的发展历程以及区域生态安全格局构建的空间布局。第三章介绍了生态安全格局构建与监管的技术方法，包括构建的方法体系与程序和区域资源环境的调查。第四章的主要内容为城市生态安全格局构建，包括生态安全格局构建框架与生态安全评估，并以广西壮族自治区梧州市为例进行了具体案例的分析。第五章介绍了在生态安全格局基础上构建生态网络的方法，研究了城市生态网络与生态安全格局，介绍了其分析思路与评价方法，并以安徽省阜阳市为例进行了具体城市生态网络的构建。第六章分析了市域、都市区和中心城区这三种空间尺度下生态安全格局构建目标、方法的特征和差异性，最后以广西壮族自治区南宁市为例，进行了不同空间尺度下生态安全格局的分析与对比。第七、第八章重点阐述以生态单元划分为基础进行生态安全格局构建的方法，其中又各有侧重，第七章从小流域视角划分生态单元，第八章则以珠三角特殊的地理形态——联围系统作为生态单元划分依据，探究特殊地理空间形态下的生态安全格局构建方法。第九章重点介绍了灾害对生态安全的影响，以广东省为例分析了山洪灾害对其的影响，研究了小流域地表特征及灾害特征信息的提取方法，提出了不同空间尺度的山洪灾害风险评估指标体系及其评价模型方法，介绍了山洪灾害监测预警系统和预警阈值关键技术，同时对粤港澳大湾区城市群自然灾害综合承灾能力进行了评价。第十章为新技术在城市生态安全格局构建中的应用，论述了大数据计算框架在城市生态安全格局构建中的应用。

中国正处在快速城镇化的发展阶段，城市的大量建设工程对生态环境形成冲击，甚至影响到国家的生态安全，对区域生态安全格局的研究有助于更加理性地进行城市建设，对中国快速城镇化的发展及提升城镇化质量具有积极的意义。

此外，本书希望形成将区域生态安全格局构建理论、方法和应用有机结合的思想，以供高等院校的地理学、生态学、资源环境科学、城市规划等学科的本科生、研究生及科研人员学习使用，为他们提供学习和交流的平台，也可作为从事规划与设计、行政管理、政府决策等相关研究行业的技术人员、管理人员的参考书。

本书在编写过程中，得到多个项目和实验室的支持，主要包括广东省基础与应用基础研究基金项目（2020A1515011068）、国家自然科学基金（41976189、42101084）、广东省科技计划项目（2021B1212100006）、广东省科学院发展专项基金（2022GDASH-2022010202、2020GDASYL-20200301003）等项目的资助，以及广东省科学院广州地理研究所的广东省地理空间信息技术与应用公共实验室、广东省遥感与地理信息系统应用重点实验室、广东省地理科学数据中心和中国科学院广州地球化学研究所的广东省矿物物理与材料研究开发重点实验室共同提供数据和技术支撑。在此，向他们一并表示衷心的感谢！

目 录

第一章　城镇化与生态安全

第一节　生态安全问题的形成背景

随着人口急剧增长和经济社会快速发展，城镇化已经成为人类社会发展的必然趋势。城镇化快速发展，伴随着高强度的土地开发与土地利用方式的快速转变，这使原本脆弱的生态环境更趋恶化，如生态用地流失、生态系统服务下降、环境健康风险加剧等，由此影响到了城市生态安全[1]。城镇化还带来了不同空间尺度的生态环境问题，如景观破碎化、生物多样性降低、化学污染、水文系统改变等。这些问题严重影响生态环境，并随着工业化的加速发展与其带来的破坏的增加，进一步加剧生态环境恶化，给人类社会带来更严重的问题，如城市热岛效应、海洋污染、雾霾、全球气候变暖等。

一、人口城镇化

根据联合国《2017年世界人口展望》，2017年，世界人口超过了75亿人，并以每年约1.11%的增长率增长，预计到2056年将超过100亿人。此外，世界人口中有60亿人生活在欠发达国家，有12亿人生活在较发达国家，其中54.7%的人口生活在城镇地区。联合国预测，到2030年，世界人口将达到85亿人，其中约60%将是城镇人口，人口超过100万人的城市将从2016年的512个上升到662个，城市数量将增加30%。

2000年至2017年，我国年末总人口由12.67亿人增至13.90亿人[2]，增长了大约10%。而同期的全国城镇人口，却从45 906万人上升到81 347万人（图1-1），增长了大约77%。全国的城镇化率从2000年的36.22%上升到了2017年的58.52%（图1-2）。

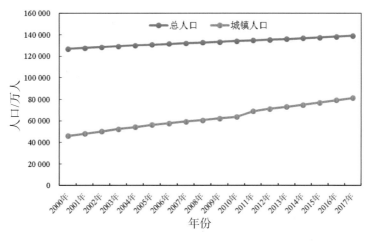

图1-1　全国总人口与城镇人口折线图

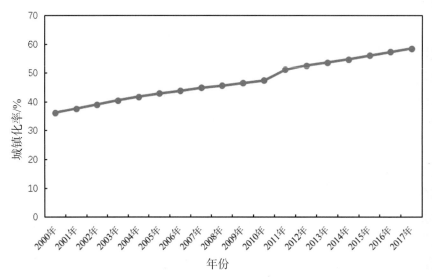

图1-2 全国人口城镇化率折线图

在世界上所有国家城镇化进程中，一些大城市会发生人口数量剧增、人口密度过高的情况，我国也不例外。在我国城市发展过程中，人口剧增比较突出的城市有北京、上海、广州、深圳。以北京为例，根据国务院2003年批复的《北京城市总体规划（2004—2020年）》，在2020年，北京市总人口规模规划控制在1 800万人左右，然而2010年11月进行的第六次全国人口普查数据显示，北京市常住人口为1 961.2万人，远远超过了北京市对人口的容量。到2012年末，北京常住人口已达2 069.3万人，按照居住时间来看，在北京居住半年以上的外来人口达到773.8万人。《2011年北京社会建设分析报告》指出，北京城六区的人口密度超过了世界上以人口密集著称的伦敦和东京，达到了7 837人/km²。在首都功能核心区，人口密度更是高达22 000人/km²。人口问题是北京在"十二五"期间遇到的最大的问题之一。而北京面临的能源、交通、就医、就学、就业、居住、治安等突出问题，无不与人口规模、结构、分布及人口管理密切相关。

城镇化是人类经济社会发展进程中不可缺少的一个环节，实现城镇化需要一个载体空间，城市就是城镇化的载体空间。目前，第三世界国家的人口正在以极快的速度向城镇地区聚拢，预计未来均衡的城镇化率将会接近于85%，到2030年，在城镇地区生活的人口会接近全球人口的2/3。从全球发达国家和我国城市发展经验来看，人口从农村向城市聚拢的城镇化进程中，社会的经济结构会随之发生巨大变化，不可避免地会出现各种城市问题，例如交通拥堵、环境恶化、资源短缺、城市贫困、社会矛盾、安全危机等，这些城市问题统称为"城市病"。"城市病"会增加经济社会发展成本，破坏人类生存和发展的空间，制约城市的健康发展和城镇化的可持续推进。

我国人口城镇化率在2011年已经达到51.27%，2011年全国288个地级及以上城市市辖区实现地区生产总值（GDP）29.3万亿元，占全国GDP总量的62.0%[3]。由此可以看出，城市在我国经济快速增长的城镇化进程中扮演了重要的角色。而在经济快速增长的城镇化进程中，"城市病"问题也相当突出，不容忽视，主要体现在如下几方面：

（1）交通堵塞问题。一方面，我国已经全面进入汽车大众消费时代，家庭拥有私家车比较普遍，汽车拥有量最多的地区是人口集聚的城市。另一方面，城镇化快速发展会使生产和生活活动更加密集，给原有的城市空间布局以及城市交通基础设施带来严峻的挑战。交通堵塞除了在我国北京、上海、广州、深圳等一线大城市较普遍以外，在中小型城市甚至在城镇地区都是比较普遍的现象。人们出行通勤的成本会因此而增加，交通堵塞严重影响城市人居环境，成为城市发展的头号"疾病"。

（2）生态环境恶化。中华人民共和国成立以来，特别是改革开放以来，多年的经济高速增长主要是建立在以高消耗、高排放为特征的粗放型城镇化发展的基础之上，这种粗放型城镇化发展是以破坏环境为代价的。单从城市环境角度来看，目前我国在城镇化快速发展的进程中面临的资源与环境挑战至少包括以下三方面：土地和水资源稀缺度加大，人地矛盾尖锐；能源存量结构严重失衡，城市建设能耗增长过快；城镇化驱动力失调，污染排放在一定程度上失控等。由此可以看出，城市环境压力日益明显。

（3）资源短缺形势日益严峻。在我国城镇化快速发展的进程中，土地、水资源、能源、原材料等资源被大量消耗，这使得资源短缺趋于严重；我国整体资源表现出城市缺水、耕地面积减少、绿地减少等问题，同时很多原材料需要大量进口。例如，2009年，我国的石油净进口量达到2.17×10^8 t，占国内油品消费量的近57%；我国进口铁矿石6.28×10^8 t，铁矿石进口依存度达到63.9%。事实上，我国城市地区是能源和原材料消费的集中地区，2010年，我国的水泥消费量达到1.851×10^9 t，占全球总消费量的56.2%。与此同时，城市土地和居民用水水资源也日益紧缺。

（4）城市社会问题突出。社会问题实质上就是民生问题。城镇化发展导致人口向城市汇集，城市基本公共服务资源的需求量较之前大幅增加，而与人们日常生活息息相关且为人关注的城市地区的教育、卫生、医疗等基础设施和服务总量是有限的，其发展跟不上城市人口需求的增加，这就导致了资源占用不公平现象，从而引发社会矛盾。另外，城市新增贫困人口问题在近几年越来越严重，失业人员、伤残人员、特困职工和部分农民工都属于贫困人口。特别是农民工在短期内很难真正融入城市社会，容易出现心理失调、社会分化等问题。

（5）城市公共安全隐患增加。由于城镇化进程中整个城区的生态环境都会改变，这样就容易出现和增加安全隐患，其中包括城市地面下沉、城市内涝、城市火灾与爆炸、城市工程质量事故、高新技术事故（如控制系统失灵）、个人信息泄露、城市流行疾病等隐患。目前，我国城市安全保障系统还不是很完善，城市公共安全隐患较严峻。

二、土地城镇化

随着当代城镇化进程的加快，城镇化的建设和人类活动对城市的土地环境造成了强烈干扰。土地是一座城市的生态系统的重要组成部分，它提供了多样的生态系统服务功能。然而，伴随着土地的城镇化、人类活动的密集，以及工业、建筑用地和人工景观不断增加，土地的退化与污染越来越严重。天然土地由于土壤硬化使得地表逐渐封实，土地的植被覆盖和土地利用的格局因高强度的人类活动而被大大地改变，这对土地的生态系统服务功能造成了较大的影响，土地中的生物多样性发生变化，超出土地自然生态功能调节的阈值，衍生出一系列土地生态问题。

　　粤港澳大湾区是指由香港特别行政区、澳门特别行政区和广东省的广州市、深圳市、珠海市、佛山市、惠州市、东莞市、中山市、江门市、肇庆市（以下称珠三角九市）组成的城市群。粤港澳大湾区总面积约5.6万平方千米，截至2017年末，粤港澳大湾区人口约为7 000万人，是我国经济活力最强、开放程度最高的地区之一，也是人类活动最为活跃的地区之一。粤港澳大湾区是我国经济最为发达的地区之一，粤港澳大湾区过去30多年的土地利用变化以及土地城镇化，能较有代表性地反映我国经济发达地区在发展过程中面临的土地生态安全问题，同时对其进行分析和研究也能为解决生态安全问题提供启示和借鉴。

　　从粤港澳大湾区1980—2017年的土地利用类型分布示意图可以看出，2000年以前，粤港澳大湾区的土地利用类型均以耕地与林地为主，中部主要为耕地，而四周边缘地区则主要为林地（图1-3至图1-5）。2000年，粤港澳大湾区开始出现建设用地聚集的现象，此现象主要集中在广州市的中部以及深圳市的南部邻近香港的地区，可以看出粤港澳大湾区一些具有区位及政策优势的地区开始发挥其优势，不断发展经济，建设用地的使用也随之增加（图1-6）。2010年以后，更多建设用地中心开始出现，在经济发展的背景下，这些中心的影响范围比2010年以前出现的建设用地中心更广，并能与其他中心相互影响，形成跨区域的建设用地带（图1-7至图1-9）。到2017年，粤港澳大湾区沿海地区的土地利用类型已基本以建设用地为主，原本在此地分布的耕地也随着建设用地的增加而逐渐减少，两者呈现明显的互补关系（图1-10）。此外，1980—2017年，粤港澳大湾区的边缘地带出现了少量退耕还林（即耕地转变为林地）的现象。

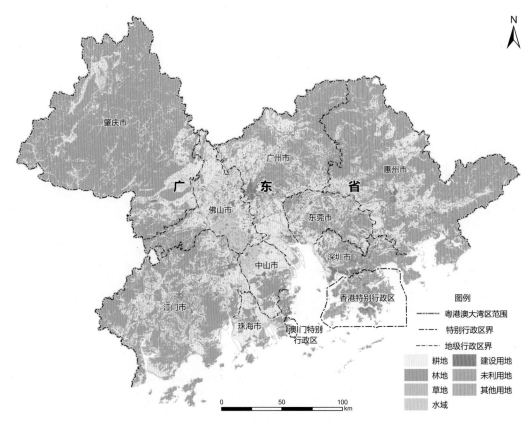

图1-3　1980年粤港澳大湾区土地利用类型分布示意图

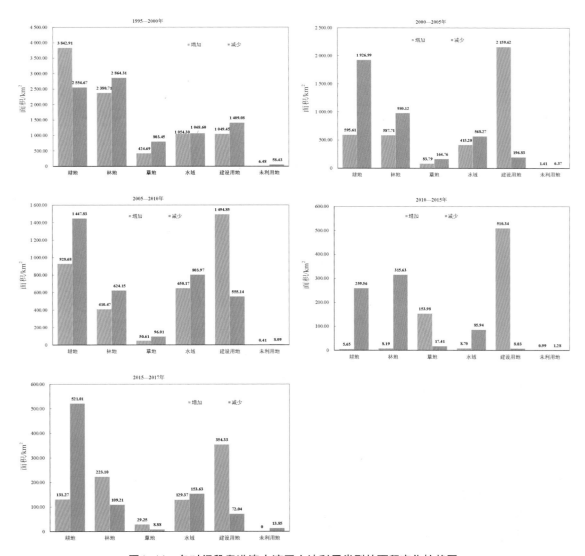

图1-11　各时间段粤港澳大湾区土地利用类型的面积变化柱状图

（一）粤港澳大湾区土地利用动态变化

研究土地利用动态变化有助于深入剖析粤港澳大湾区的土地变化的时空过程，对该地区未来土地的发展预测和评估生态环境影响有重要的作用。土地利用动态变化主要通过计算单一土地利用类型动态度指数进行分析。

$$K = \frac{U_a - U_b}{U_a} \times \frac{1}{T} \times 100\% \qquad (1-1)$$

式中，K为单一土地利用类型动态度指数；U_a为实验前该种土地利用类型的总面积；U_b为实验后该种土地利用类型的总面积；T为研究时长。

由单一土地利用类型动态度指数的计算公式可知，K为正值时，所对应的土地利用类型在对应的时间区间内总面积减少，K为负值时则相反，且K的绝对值越大，变化幅度越大。

1995—2000年，粤港澳大湾区的耕地和林地的动态度指数几乎为0（图1-12），但从图1-11可以看出，该时段这两种土地利用类型均出现了大幅度增加和减少，再结合图

1-12，可以发现，一部分的建设用地转化成为耕地与林地，而另一部分的耕地与林地存在相互转化的现象。

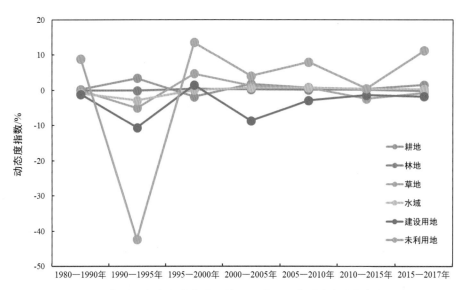

图1-12 各时间段粤港澳大湾区单一土地利用类型动态度指数折线图

由图1-13至图1-15可以看出，粤港澳大湾区的三个主要区域——珠三角九市、香港、澳门的土地利用动态变化存在着较大的差异。

珠三角九市的未利用地在1990—1995年出现较大幅度的增加，而1995年后又以较快的速度减少，波动幅度较大；建设用地在1990—1995年与2000—2005年两个时间段都出现了较快的增长，其余用地类型的变化幅度均较小（图1-13）。

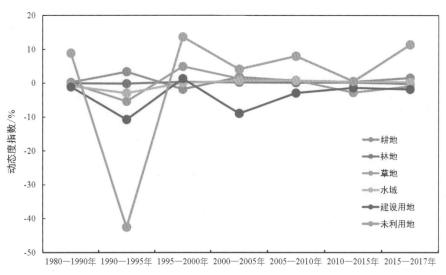

图1-13 各时间段珠三角九市土地利用动态度指数折线图

香港地区出现较大幅度变化的土地利用类型为耕地与建设用地。香港地区的耕地在1990—1995年出现大幅度的减少，在1995—2000年又出现了更大幅度的增加，可以判断香港地区的耕地在1995年前后出现了大幅度的变化；而建设用地在1990—1995年出现大幅度的增加，在1995—2000年出现较大幅度的减少，这两种用地类型的变化基本呈现互补的关系。其余用地类型的变化幅度均较小（图1-14）。

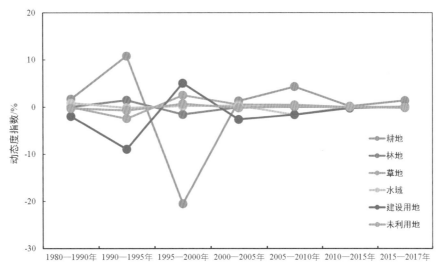

图1-14 各时间段香港土地利用动态度指数折线图

澳门地区出现较大幅度变化的土地利用类型为水域与建设用地。澳门地区的水域面积在1980—2005年呈现出剧烈波动的特征，每个时间段均在快速地增加或减少；建设用地的变化规律与珠三角九市、香港地区类似，均在1990—1995年及2000—2005年出现较大规模的增长。此外，除了未利用地也在2010—2015年出现大幅度的减少外，其余用地类型的变化幅度均较小（图1-15）。

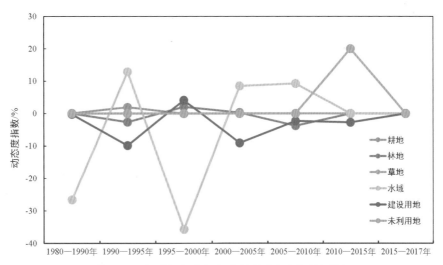

图1-15 各时间段澳门土地利用动态度指数折线图

（二）粤港澳大湾区各城市绿地面积及其占比

1. 粤港澳大湾区绿地分布

由图1-16至图1-23可以看出，粤港澳大湾区珠三角九市区域的绿地（包括林地和草地）

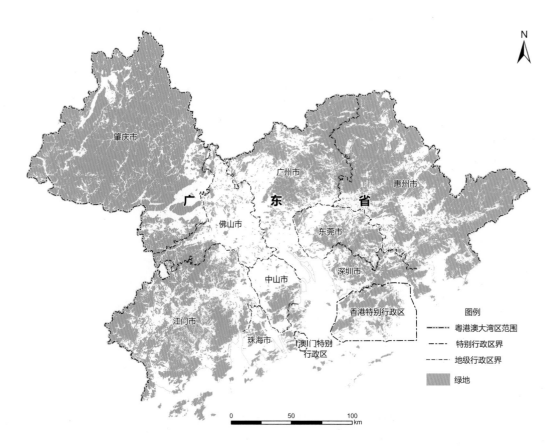

图1-16　1980年粤港澳大湾区绿地分布示意图

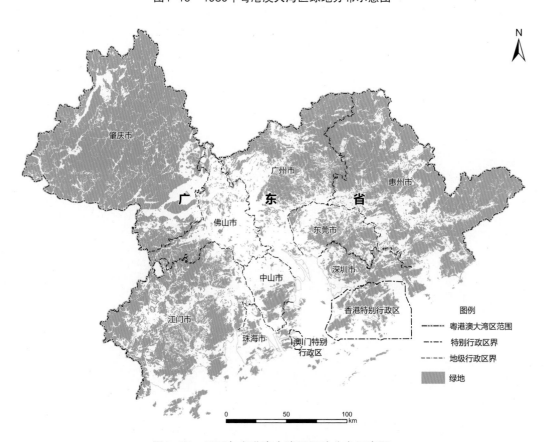

图1-17　1990年粤港澳大湾区绿地分布示意图

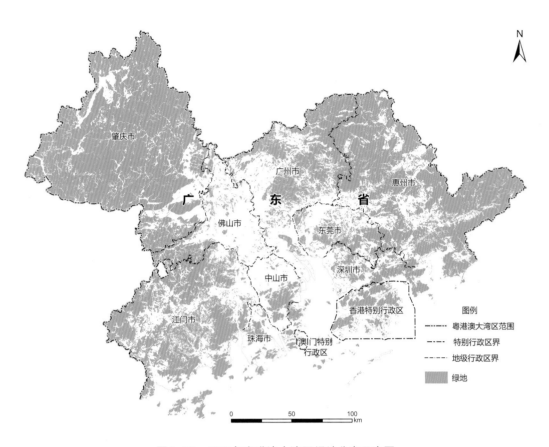

图1-18　1995年粤港澳大湾区绿地分布示意图

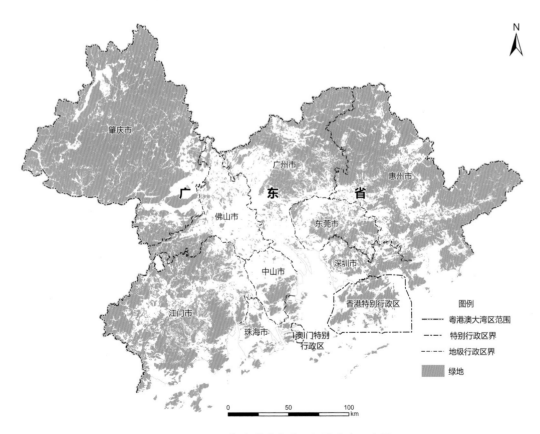

图1-19　2000年粤港澳大湾区绿地分布示意图

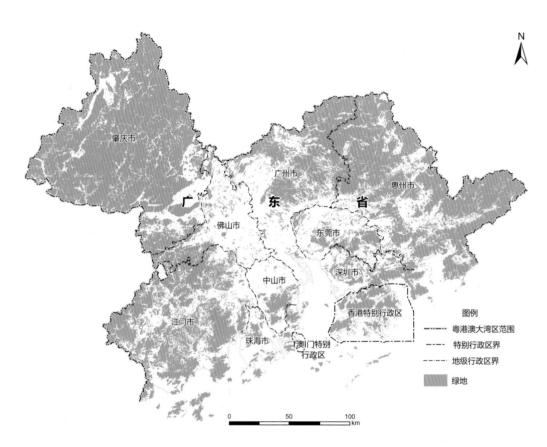

图1-20 2005年粤港澳大湾区绿地分布示意图

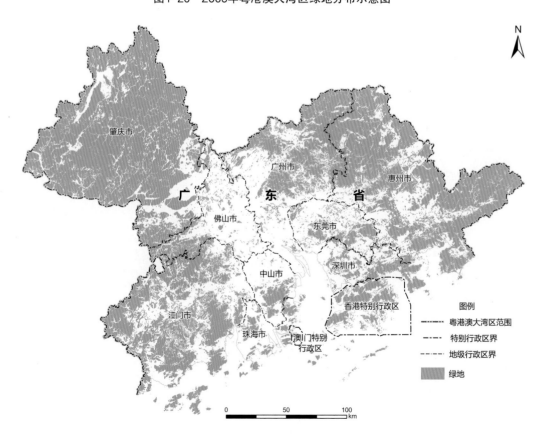

图1-21 2010年粤港澳大湾区绿地分布示意图

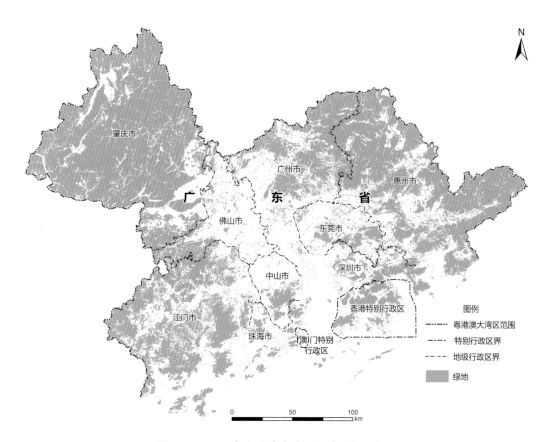

图1-22　2015年粤港澳大湾区绿地分布示意图

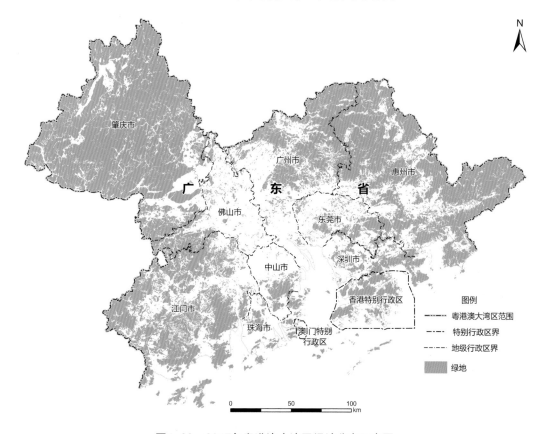

图1-23　2017年粤港澳大湾区绿地分布示意图

主要分布于肇庆市、惠州市、江门市及广州市北部等珠三角边缘地区，而粤港澳大湾区的内湾区，包括佛山市、东莞市、深圳市及广州市西南部等区域绿地分布较少。

2. 粤港澳大湾区绿地面积及其占比

由图1-24可以看出，绿地总面积最大以及绿地面积占比最高的均为肇庆市，其次为惠州市；香港特别行政区的绿地总面积虽然排名靠后，为2 000 km² 以下，但其绿地面积占比高达50%，位于粤港澳大湾区城市的前列；而广州市的绿地总面积排名靠前（位于第四），其绿地面积的占比却低于香港特别行政区与江门市，在1990年前甚至低于深圳市。绿地总面积最小以及绿地面积占比最低的城市均为澳门特别行政区，其各年的绿地总面积均在20 km² 以下，其绿地面积占比虽然在2005年后有所上升，但也在20%以下。

由图1-24可以看出，绿地面积占比在1980—2017年变化幅度最大的城市为东莞市与深圳市，东莞市绿地面积占比在1990年后开始迅速下降，其绿地面积占比在1990年接近40%，在2010年降至30%以下，2010年后其下降速度开始趋于平稳且绿地面积占比逐渐慢速回升，但依然不超过30%。深圳市绿地面积占比的变化规律与东莞市相似，其从1990年后呈现总体下降的趋势，由1990年接近50%下降至2015年的35%左右。除澳门特别行政区外，其他城市的绿地面积占比在1995年均出现波动，其他年份均变化平稳。

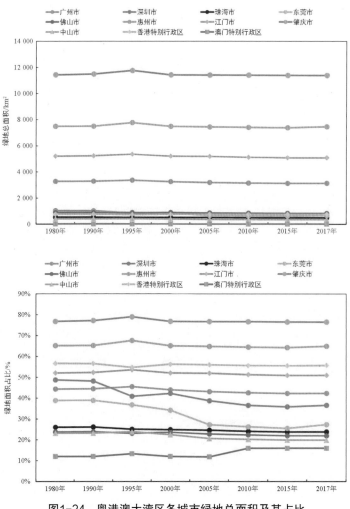

图1-24 粤港澳大湾区各城市绿地总面积及其占比

　　斑块是景观格局的基本组成单元，反映了系统内部和系统间的相似性或相异性。斑块面积大小不但影响物种分布和生产力水平，而且影响能量和养分分布。一般来说，斑块面积越大，物种多样性越丰富。香农指数反映景观异质性，对景观中各斑块类型非均衡分布状况较为敏感。在一个景观系统中，土地利用越丰富，破碎化程度越高，其不定性的信息含量也越大，计算出的香农指数值也就越高。

　　由图1-25可以看出，1980—2017年香港特别行政区的平均斑块面积略大于珠三角九市的平均斑块面积，且两者均远大于澳门特别行政区的平均斑块面积。可以推测出澳门特别行政区的斑块破碎程度较大（这可能与澳门特别行政区有限的陆地面积有关）。珠三角九市与香港特别行政区香农指数均在1.2附近波动，而澳门特别行政区的香农指数波动较大，其最高值达1990年的1.43，最小值为2017年的0.89。可以推测珠三角九市与香港特别行政区的生态系统较为稳定，土地利用类型较为丰富且其面积常年保持在一个稳定区间内；而澳门特别行政区的生态系统波动幅度较大，生态系统不稳定，人为干扰容易对环境造成不可逆的破坏。

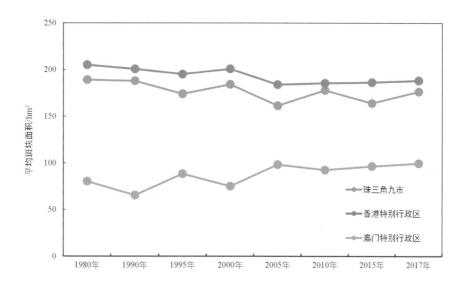

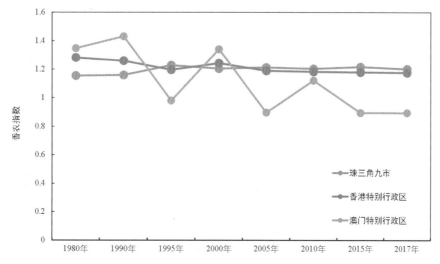

图1-25　粤港澳大湾区各区域的景观格局指数

（三）粤港澳大湾区城市生态系统时空变化过程与影响要素分析

1. 大湾区建设用地转移规律

由图1-26可以看出，1980—2017年建设用地主要转入来源为耕地，其次为林地，其中1990—1995年耕地转为建设用地的面积最大，为1 540.01 km²。1995—2000年出现了大量建设

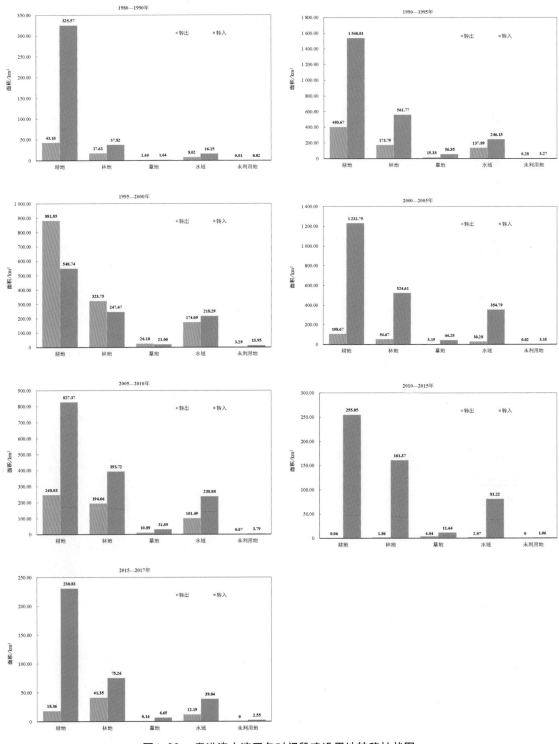

图1-26　粤港澳大湾区各时间段建设用地转移柱状图

用地转为其他土地利用类型的现象，此时间段建设用地转出为耕地的面积为881.85 km²，转出为林地的面积为323.75 km²，转出为水域的面积为174.09 km²。其他时间段建设用地均以转入为主。

2. 各城市建设用地重心变化

广州市的建设用地重心在2005年以前具有往东南方向移动的总体趋势（图1-27），而在2005年后逐渐向西北方向移动，最终在黄埔区与白云区的交界处移动速度逐渐降低。

深圳市的建设用地重心在1990—2000年出现了较大幅度的移动，但总体依然呈现出向北移动的趋势（图1-28）。珠海市则由岛屿与陆地之间逐渐移至香洲区内（图1-29）。

从广州市、深圳市、珠海市建设用地重心的总体变化趋势可以看出，珠三角九市城市发展最快的

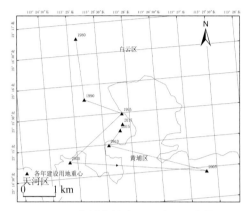

图1-27 广州市的建设用地重心变化图

三个城市的建设用地从沿海岸地区向内发展，体现了这几个城市市中心用地逐渐饱和并有逐渐往郊区甚至农村发展的趋势。而香港特别行政区和澳门特别行政区的建设用地重心分别呈现出西移和南移的总体趋势（图1-30、图1-31），这可能与政策的调整和填海造地有关。

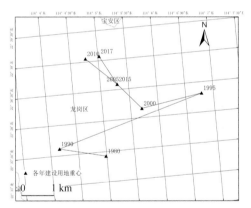

图1-28 深圳市的建设用地重心变化图

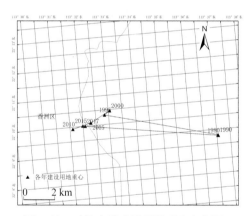

图1-29 珠海市的建设用地重心变化图

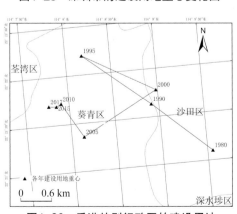

图1-30 香港特别行政区的建设用地
重心变化图

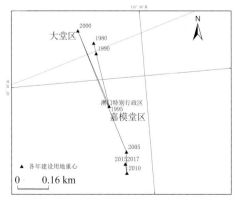

图1-31 澳门特别行政区的建设用地
重心变化图

第二节　生态安全问题的提出

宏观上理解生态安全问题：生态安全问题主要包括水污染、大气污染、固体废弃物污染、资源短缺、全球气候变暖、臭氧层破坏、森林锐减、土地荒漠化、生物多样性减少等。这些问题严重影响人类的可持续发展，对全球的经济社会发展也产生了不良影响。在这些问题中，前几项是直接或主要由城市（其中生产生活的过程及其后果）造成的；剩余几项问题中，城市的因素依然是最主要的间接成因之一。从这些问题可以看出，城市的活动对生态环境有重要的影响。

微观上理解生态安全问题：人类现有的生产生活方式（尤以城市为代表）耗费大量的能源、资源，同时也产生很多废弃物，这对于生态环境和人类生活的人工环境（村庄和城市）都有巨大的破坏性，如土地贫瘠、山洪频发、生物多样性减少、森林植被减少、城市河流和湿地日益减少、城市应对洪涝灾害的能力下降、地面沉降和地下水匮乏、热岛效应加剧、城市环境质量差等。这些问题都是人类的破坏性行为造成的严重后果。

生态安全对社会经济、生态环境、城市安全等具有重要影响。第二届联合国环境大会的报告显示，2012年全球约1 260万人由于环境问题死亡，占全球死亡人数的1/4，每年因环境恶化而死亡的人数比冲突致死的人数要高234倍。空气污染、气候变化、化学品暴露以及水污染是导致人类死亡的重要环境因素。水体污染严重、城市大气质量低、固体废物堆积、城市噪声等问题给城市发展带来了极大的负面影响。城市环境恶化对居民的身心健康有巨大的伤害，而各种病症和心理问题会导致城市的犯罪率上升，危害市民安全。

随着生态环境的持续恶化和"城市病"的加剧，人们对社会经济与生态环境问题有了更广泛的关注。20世纪80年代初期，生态安全开始成为国际生态系统研究的热点领域和人类社会可持续发展面临的新主题。90年代后期，生态安全问题也逐渐受到国内学者的高度重视，相关研究迅速展开[4]。进入21世纪以来，人类社会在生态环境保护、能源的循环利用、空气污染治理等方面有了更进一步的举措，人们逐步认识到生态安全的重要性，并在区域研究、城市生态、城市规划等方面进行研究实践。

第三节　我国生态文明的发展

一、我国生态文明政策

生态文明可以被理解为人类在改造自然以造福自身的过程中为实现人与自然的和谐所做的全部努力和所取得的全部成果，它表征着人与自然相互关系的进步状态。生态文明包含了人类保护自然环境和生态安全的意识、法律、制度、政策，同时也有维护生态平衡和促进可持续发展的科学技术、组织机构及实际行动[5]。生态文明被认为是人类社会文明和自然生态文明的有机统一体，具有综合性、整体性和协调性，比以往的工业文明和其他文明更先进[6]。

我国生态文明建设起步阶段：1978年，党中央在《环境保护工作汇报要点》中提出消除污染、保护环境是实现四个现代化的重要组成部分，标志着我国开始重视生态环境建设；1983年，我国召开第二次全国环境保护会议，将环境保护确定为我国的一项基本国策。

我国生态文明建设深入探索阶段：1997年，党的十五大把可持续发展战略确定为我国现代化建设中必须实施的战略；2002—2003年，党的十六大提出新型工业化道路，党的十六届三中全会提出科学发展观；2006年，"十一五"规划纲要明确提出建设资源节约型、环境友好型社会。

2007年，党的十七大创造性地提出了生态文明建设的原则、理念和目标。党的十七大报告指出"建设生态文明，基本形成节约能源资源和保护生态环境的产业结构、增长方式、消费模式。生态文明观念在全社会牢固树立"。这标志着我国生态文明建设进入快速发展阶段。

2012年，党的十八大将生态文明建设纳入"五位一体"中国特色社会主义事业总体布局。2013年，党的十八届三中全会通过《中共中央关于全面深化改革若干重大问题的决定》，提出加快生态文明制度建设，指出"建设生态文明，必须建立系统完整的生态文明制度体系，实行最严格的源头保护制度、损害赔偿制度、责任追究制度，完善环境治理和生态修复制度，用制度保护生态环境"[7]。这标志着我国开始全面推进生态文明建设。

2017年，党的十九大报告提出建设生态文明是中华民族永续发展的千年大计，并且指出"必须树立和践行绿水青山就是金山银山的理念，坚持节约资源和保护环境的基本国策，像对待生命一样对待生态环境，统筹山水林田湖草系统治理，实行最严格的生态环境保护制度，形成绿色发展方式和生活方式，坚定走生产发展、生活富裕、生态良好的文明发展道路"。报告同时指出加快生态文明体制改革，推进绿色发展，着力解决突出的环境问题，加大生态系统保护力度，并且改革生态环境监管体制，构建国土空间开发保护制度，完善主体功能区配套政策，建立以国家公园为主体的自然保护地体系，坚决制止和惩处破坏生态环境的行为。

二、我国的实践探索——"双评价"与国土空间规划

按照2019年5月印发的《中共中央 国务院关于建立国土空间规划体系并监督实施的若干意见》要求，资源环境承载能力和国土空间开发适宜性评价（简称"双评价"）是编制国土空间规划、完善空间治理的基础性工作，是优化国土空间开发保护格局，完善区域主体功能定位，划定生态保护红线、永久基本农田、城镇开发边界（简称三条控制线），确定用地用海等规划指标的参考依据。

2020年1月，我国自然资源部发布《资源环境承载能力和国土空间开发适宜性评价技术指南（试行）》，该指南适用于市县及以上国土空间规划编制中的"双评价"工作。根据《资源环境承载能力和国土空间开发适宜性评价技术指南（试行）》的要求，编制县级以上国土空间总体规划，应先行开展"双评价"，形成专题成果，随同级国土空间总体规划一并论证报批入库。县级国土空间总体规划可直接使用市级评价运算结果，强化分析，形成评价报告，也可有针对性地开展补充评价。

（一）定义

资源环境承载能力：基于特定发展阶段、经济技术水平、生产生活方式和生态保护目标，一定地域范围内资源环境要素能够支撑农业生产、城镇建设等人类活动的最大合理规模。

国土空间开发适宜性：在维系生态系统健康和国土安全的前提下，综合考虑资源环境等要素条件，特定国土空间进行农业生产、城镇建设等人类活动的适宜程度。

（二）评价指标体系和方法

将资源环境承载能力和国土空间开发适宜性作为有机整体，主要围绕水资源、土地资源、气候、生态、环境、灾害等要素，针对生态保护、农业生产（种植、畜牧、渔业）、城镇建设三大核心功能开展本底评价。

适宜性评价包括生态保护重要性评价、农业生产适宜性评价和城镇建设适宜性评价三个子评价，承载力评价包括农业生产承载规模评价和城镇建设承载规模评价两个子评价。

1. 适宜性评价

（1）生态保护重要性评价。

开展生态系统服务功能重要性和生态脆弱性评价，集成得到生态保护重要性，识别生态保护极重要区和重要区。

评价指标：

生态系统服务功能重要性——评价水源涵养、水土保持、生物多样性维护、防风固沙、海岸防护等生态系统服务功能重要性，取各项结果的最高等级作为生态系统服务功能重要性等级。

生态脆弱性评价——评价水土流失、石漠化、土地沙化、海岸侵蚀及沙源流失等生态脆弱性，取各项结果的最高等级作为生态脆弱性等级。

（2）农业生产适宜性评价。

在生态保护极重要区以外的区域，开展种植业、畜牧业、渔业等农业生产适宜性评价，识别农业生产适宜区和不适宜区。

评价指标：

种植业生产适宜性——以水、土、光、热组合条件为基础，结合土壤环境质量、气象灾害等因素，评价种植业生产适宜程度。

畜牧业生产适宜性——根据年降水量、温度以及当地自然地理条件确定畜牧业适宜区。

渔业生产适宜性——根据可捕捞渔业资源、鱼卵和幼稚鱼数量、天然饵料供给能力、水域环境、自然灾害等因素，确定渔业生产适宜区。

（3）城镇建设适宜性评价。

在生态保护极重要区以外的区域，开展城镇建设适宜性评价，着重识别不适宜城镇建设的区域。

评价指标：

一般将水资源短缺，地形坡度大于25°，海拔过高，地质灾害、海洋灾害危险性极高的区域，确定为城镇建设不适宜区。

2. 承载力评价

（1）农业生产承载规模评价。

评价指标：

耕地承载规模：从水资源的角度，可承载的耕地规模包括可承载的灌溉耕地面积和单纯以天然降水为水源的耕地面积；从空间约束的角度，将生态保护极重要区和种植业生产不适宜区以外区域的规模，作为空间约束下耕地的最大承载规模。

畜牧承载规模：通过测算草地资源的可持续饲草生产能力、养殖粪肥养分需求量和供给量，确定合理载畜量。

渔业承载规模：以可捕捞种群的数量和已开发程度为依据，以维护渔业资源的再生产能力和持续渔获量为目标，确定渔业捕捞的合理规模；以控制养殖尾水排放和水质污染为前提，以保证鱼、虾、贝、藻、参类正常生长、繁殖和水产品质量为目标，确定渔业养殖的合理规模。

（2）城镇建设承载规模评价。

评价指标：

从水资源的角度，通过区域城镇可用水量除以城镇人均需水量，确定可承载的城镇人口规模；通过可承载的城镇人口规模乘以人均城镇建设用地面积，确定可承载的建设用地规模；从空间约束的角度，将生态保护极重要区和城镇建设不适宜区以外区域的规模，作为空间约束下城镇建设的最大规模。

（三）"双评价"在国土空间规划中的应用（综合分析）

1. 资源环境禀赋分析

分析水、土地、森林、草原、湿地、海洋、冰川、荒漠、能源矿产等自然资源的数量（总量和人均量）、质量、结构、分布等特征及变化趋势，结合气候、生态、环境、灾害等要素特点，对比国家、省域平均情况，对标国际和国内，总结资源环境禀赋优势和短板。

2. 现状问题和风险识别

将适宜性评价结果与用地用海现状进行对比，识别空间冲突。判断区域资源环境承载状态，识别因生产生活利用方式不合理、自然资源过度开发粗放利用等引起的问题，研判未来变化趋势和存在风险。

3. 潜力分析

根据生态保护重要性、农业生产适宜性、城镇建设适宜性和承载规模结果，结合土地利用现状结构和管理要求，分析可开发为耕地、牧草地、渔业养殖和捕捞的空间分布和规模，以及可用于城镇建设的空间分布和规模。

4. 结论与建议

基于评价结果对国土空间格局的优化、主体功能分区的完善、三条控制线的划定、规划指标的确定和分解、重大工程的安排，以及相应的空间政策和措施提出相关结论和建议。

第二章　生态安全格局构建的理论基础

第一节　生态安全格局概念演化

一、相关概念梳理

与生态安全格局（ecological security pattern）内涵相似或相关的概念，主要有城市增长边界，生态网络，绿色基础设施、城市绿色基础设施，绿道，生态足迹等。

（一）城市增长边界

城市增长边界是限制城市无序扩张，存留绿色基础设施和生态空间的重要规划手段。城市增长边界的理念最早出现在1945年的大伦敦规划，当时在伦敦外围规划了绿带（green belt）以控制城市蔓延[8]。其后一些城市仿效伦敦编制绿带规划，但在实践中绿带能起到限制城市蔓延的作用不大。

第二次世界大战结束后，美国城市郊区化导致的城市无序蔓延促使城市增长边界这项规划手段诞生。城市增长边界的规划、实施也在一定程度上遏制了城市的快速扩张，改善了城市的生态空间结构。20世纪60—70年代，西方国家以城市开发边界为技术方案和管理手段控制城市蔓延而提出城市增长边界规划[9]。此概念最早由美国俄勒冈州塞勒姆市提出，即"城市增长边界就是城市土地和农村土地之间的分界线"，旨在以城市增长边界作为城市与农村土地、可开发的城市建设用地与不可开发的非城市建设地区的分界线。界线内土地用于城市开发与产业发展，界线外土地用于农林业及其他非城市建设的活动。1973年，美国俄勒冈州对州内所有的大城市划定城市增长边界，禁止超过城市增长边界新建居民区和公共交通系统，并鼓励市区内部土地的混合开发利用。城市增长边界最典型的应用城市是美国的波特兰市。波特兰市于1997年制定了《地区规划2040》，通过制定城市增长边界和加强公共交通发展来实现精明增长的策略。

对于城市增长边界的概念，"新城市主义"强调的是保护城市空间的自然特征，认为大都市区域是具有地理界线的有限空间，而这些地理界线主要由农耕地、地形地势、分水岭、海岸线以及区域公园或是河流湖泊等水域构成，且城市经济的发展不应使城市边界愈来愈模糊。因此，提出城市增长边界就是为了识别城市扩展空间当中哪些区域适合开发利用，哪些地区适宜生态保护，以及如何进行合理的开发，即城市增长边界为乡村边界与城市的边界。少数城市形成了永久性城市增长边界，代表城市的终极形态；也有一些城市按需求并依照一定的规则定期对城市增长边界进行调整[10]。

我国有学者认为：城市增长边界虽然外在表现为建设空间与非建设空间之间的界线，实质上体现了增长与约束、需求与供给、动力与阻力三项平衡，可看作城市功能区（functional urban region）、生态功能区（ecological function area）和农业功能区（agricultural function area）的等值线[11]。

（二）生态网络

生态网络（ecological network，以下简写为EN）最早起源于生物保护领域。20世纪80年代在欧洲出现生态网络的理念，当时是为了应对区域生态功能区面积增加和质量提高都受限的问题，以及人类活动导致的景观破碎化和生境面积萎缩已成为威胁野生生物生存的全球性问题[12]。野生动物保护措施最初仅限于在自然保护区或者国家生物公园中，经过长期的实践发现，将野生动植物栖息地片面地保护起来难以有效解决城市发展对野生动植物造成的影响。因此，通过景观连接恢复各个区域生态系统的动态性的措施比在非连接状态下片面地建造保护区更加有利于保障生态系统的可持续性[13]。

目前，不同的学科对于生态网络及其功能的理解各不相同。总体来说，生态网络具有以下特征：第一，生态网络是由生态廊道组成并且廊道的空间结构是线性的；第二，生态网络具有连接性；第三，生态网络的规划结果是一个整体的系统；第四，生态网络能维持生态系统的动态性。基于这些特征，将生态网络定义为基于景观生态学原理，在空间中利用线性廊道将区域内破碎的景观斑块进行有机的连接，以维持区域内生态系统的动态性、生物多样性、景观完整性等的生态廊道网络体系[14]。

（三）绿色基础设施、城市绿色基础设施

20世纪90年代，美国提出绿色基础设施的概念，它是与交通、桥梁等"灰色基础设施（gray infrastructure）"相对的国家自然生命保障系统[15]。

Benedict和Mcmahon将绿色基础设施定义为一个自然空间和其他公共空间相互联系的绿色空间网络，可以保留自然生态系统的价值和功能，提供清洁的空气和水，为人类和动物提供更广泛的利益。

美国国家环境保护局（USEPA）认为，绿色基础设施包括生态系统和人类的产品、技术和实践，使用自然系统或工程系统模拟自然过程，能提高整体环境质量和提供公用事业服务。

新西兰NSF奥克兰工作坊将绿色基础设施定义为与建筑环境相结合的自然和工程生态系统，能提供尽可能广泛的生态、社区和基础设施服务[16]。

在欧洲，绿色基础设施被定义为在城市和城市环境下，自然区域、半自然区域和经过设计与管理的其他空间环境组成的绿色空间，能提供广泛的生态系统服务（例如：提供栖息地、文化服务等）。更广泛的含义是一个促进生态系统的健康发展与可恢复性、促进生物多样性保护、通过提供生态系统服务造福人类的生态和空间概念。

城市绿色基础设施被认为是一种在城市环境中使用的绿色基础设施，是生态系统在人口稠密地区的绿色空间网络化的体现，包括街道树木、公园、绿色屋顶、绿色外墙、花园、城市森林、湿地，能在城市提供重要的生态系统服务。生态系统服务框架包括4大类服

务：支持（supporting）、提供（provisioning）、调节（regulating）、文化服务（cultural service）[17]。

（四）绿道

美国景观设计师弗雷德里克·劳·奥姆斯特德（Frederick Law Olmsted）是绿道的创始人[18]，他设计的波士顿公园系统是美国最早的城市绿道。美国的绿道通过不同的景观形式进化而来，并在大小、类型和功能上都是可变的。美国最新理念的绿道是"多目标"绿道，它们的覆盖范围从城市中线性的短城市绿地延伸到大的河谷和山脊。美国目前的绿道规划主要是用于连接沿海的河流。

美国户外游憩总统委员会（The President's Commission on Americans Outdoors）设想"生活的绿色廊道网络能够为人们提供接近他们生活的、可进入的开放空间，此廊道网络呈线形通过城市和农村，像一个巨大的循环系统，将美国的农村和城市空间、景观联系在一起[19]"。

在英国，将绿色开放空间融入城市的尝试可以追溯到20世纪初，埃比尼泽·霍华德（Ebenezer Howard）是城市周边绿化带理念的主要倡导者，是绿带概念的创始人。在20世纪，伦敦已经有了一系列的开放空间计划，其中最具影响力的是阿伯克隆比（Abercrombie）在1943年提出的连通开放空间计划。绿道提供了将更大的开放绿地与线性绿色走廊连接起来的方式。例如，伦敦1991年的绿色战略集中于一系列重叠的网络，每个网络都有其独特的特点。虽然英国最早的绿道旨在服务互动的社会需求，但人们已经认识到绿道也服务于娱乐和生态[20]。

绿道演化发展的三个不同阶段：第一个阶段的绿道由轴线、林荫大道和公园大道组成，是原始的绿道[21]；第二个阶段的绿道由以线形为导向的休闲绿道组成，这些绿道提供了进入河流、溪流、山脊线、铁路和城市结构中的其他走廊的通道；第三个阶段的绿道是包含多目标的绿道，除了娱乐和美化功能外，还涉及所有可持续发展的目标，包括：保护城市生物多样性、恢复生态服务、户外教育、替代交通、经济发展、增长管理和其他城市基础设施目标[22]。

（五）生态足迹

1992年，加拿大生态经济学家William E. Rees首次提出生态足迹的概念，他的博士学生Mathis Wackernagel[23]在1996年完善了生态足迹的概念并提出有关度量人类对资源与能源等生态消费的需求（即生态足迹）与自然环境所能提供的生态供给（即生态承载力）的差距的计算方法。

生态足迹指的是生产一个人、一个城市或一个国家等已知人口所消费的所有能源和资源以及吸纳这部分人口产生的所有废弃物所需要的生物生产面积（含水域和陆地）。通过将生态足迹与相应人口范围内自然供给人类的生物生产面积（生态承载力的量化）相比较，可以定量分析生态承载力能否满足城市经济日益发展的需求，以此判断某个区域的生态安全及可持续状况，该方法具有科学完善的理论基础和较为统一且普遍适用的指标体系。近年来，生态足迹作为衡量社会经济活动与生态环境之间影响程度的定量分析指标在国内外得到了广泛应用。

（六）生态控制线和生态红线

生态控制线是为保障城市基本生态安全，维护生态系统的科学性、完整性和连续性，防止城市建设无序蔓延，在尊重城市自然生态系统和合理环境承载力的前提下，根据有关法律、法规，结合城市实际情况划定的生态保护范围界线[24]。

2005年，深圳在全国首先提出的"基本生态控制线"，是为了控制因城镇化快速发展而导致城市空间的外拓式无序扩张和蔓延态势而确定的空间范围[25]。广州将基本生态控制线定义为：为避免城市建设用地的盲目扩张和城市土地的粗放利用，以市域大型生态斑块和生态廊道体系为基础，把水域保护区、生态保护区、成片的基本农田保护区以及生态廊道等非集中建设区以法定强制的方式控制下来形成的基本生态控制区域[26]。

生态红线是比生态控制线的保护力度更为严格，更为特殊的底线式生态系统保护界线。

2013年，《中共中央关于全面深化改革若干重大问题的决定》提到划定生态保护红线。2014年1月，原环境保护部印发《国家生态保护红线——生态功能基线划定技术指南（试行）》，对生态红线的内涵与外延进行了权威界定，该指南中界定的生态红线包括：生态功能红线（生态功能保障基线）、环境质量红线（环境质量安全底线）、资源利用红线（自然资源利用上线）[27-28]。随后，原环境保护部、水利部、原国家林业局和原国家海洋局均针对其管辖范围提出了生态红线的划定范围等内容[29]458-459。

综合有关部门对生态红线的定义，生态红线就是指对维护国家和区域生态安全及促进经济社会可持续发展，提升生态功能、保障生态产品与服务持续供给必须进行严格保护的最小空间范围[29]458。划定生态红线是维护国家生态安全的关键举措，建立生态保护红线制度是保障生态红线不被逾越的基础和根本保障。

2019年10月24日，中共中央办公厅、国务院办公厅印发了《关于在国土空间规划中统筹划定落实三条控制线的指导意见》（以下简称《意见》）。《意见》对生态保护红线给出明确的定义：生态保护红线是指在生态空间范围内具有特殊重要生态功能、必须强制性严格保护的区域[30]。

二、城市生态安全格局的定义

城市生态安全格局强调城市生态安全的空间存在形式，因而是生态安全和城市规划之间产生对话的有效途径[31]174。在空间尺度上，城市生态安全格局关注城市或城镇尺度的生态系统和土地利用类型的形状、比例、空间配置。综合国内外学者对生态安全格局的研究，本书将城市生态安全格局定义为：在受人类活动强烈干扰的生态系统内，以人地和谐为目的，通过对土地进行功能分类与合理景观布局，减轻自然灾害与人类活动对生态系统的影响，实现生态空间与人类活动空间的交互融合，保障生态要素与人的互动，维持生态系统结构和过程的完整性。

三、城市生态安全格局构建的原则和目标

（一）构建原则

综合城市生态安全格局构建的内涵、理论发展和实践情况，城市生态安全格局构建应当注意以下原则：

1. 系统性

城市生态系统由土地、交通、建筑、能源、资源、人口等基本结构要素构成。这些结构要素相互作用、分工明确，通过连续的物流、能流、信息流、货币流和人口流来维持城市生态系统的正常运作，最终实现城市生态系统的生长、发展及自我更新的演化过程[32]。而城市生态安全格局构建必须了解城市生态系统的结构，只有把握好城市生态系统中各结构要素之间的关系，才能在空间实现生态资源的合理配置，进而才能形成有利于城市生态系统运行的空间格局。

2. 综合性

城市生态安全格局构建涉及景观生态学、地理学、城市规划学等学科。在生态安全格局评价的指标构建过程中要考虑城市发展的多方面因素，尤其是体现多学科交叉特点的因素。在城市生态安全格局构建的实践中，要兼顾生态系统管理、城市规划等不同领域对于城市发展的诉求。

3. 可行性

城市生态安全格局构建具有较强的实践性，可用于指导城市的空间规划建设。因此，城市生态安全格局构建需要考虑城市发展现状和未来发展需求，提出切实可行的生态安全格局构建方案。

4. 针对性

不同城市、不同发展阶段，影响生态安全的干扰因素并不一样，因此，生态安全格局构建需要有针对性地识别生态安全问题，还要针对生态空间布局和生态资源配置的不合理之处进行有效调整。

（二）构建目标

城市生态安全格局构建应当实现以下目标：

（1）实现城市生态资源的合理配置，形成有利于城市可持续发展的生态空间格局。

（2）改善城市人居环境，考虑城市居民的需求，形成以人为本的城市生态安全格局构建方案。

（3）协调区域绿色基础设施建设，不同城市的生态空间格局互相适应，促进区域生态环境持续向好的方向发展。

第二节 生态安全格局构建的发展历程

一、生态城市发展理论

（一）生态城市概念及其创建标准

从《易经》《道德经》到康有为的《大同书》，从《太阳城》《明日的田园城市》到道萨迪亚斯的《生态学与人类聚居学》，人类从来没有停止过对理想生活与住区的积极探索与追求。当传统的城市聚落的自发的生态化思想逐渐转变为早期的生态觉醒，进而转变为生态自觉之后，人类的环境价值观发生了根本性的转变。一直沿用的传统发展模式已经不能够适应追求人与自然和谐共处的城市发展。在可持续发展广受关注的当今时代，人类的未来会怎样？城市的未来会怎样？国际社会对此十分重视，并开展了对"未来城市"的研究，从生态学的角度提出了面向未来的城市发展构想，确立了一个崭新的城市概念和发展模式——生态城市（Ecopolis）。生态城市是人类城市建设的生态价值取向的最终结果，是未来城市发展的必然趋向，同时也是可持续发展的人类住区形式[33]17。

生态城市概念的根源离不开生态学原理，生态城市把生态学原理运用到人类社会的发展当中，同时综合研究社会-经济-自然复合生态系统，并应用生态工程、社会工程、系统工程等现代科学与技术手段，最后建设出社会、经济、自然均可持续发展，居民满意，经济高效，生态良性循环的人类住区。在这个良好的人类住区环境中，人与自然和谐共处、互利共生，物质、信息和能量被高效利用，技术与自然充分融合，人的创造力和生产力能够得到最大限度的发挥，居民的身心健康和环境质量可以得到最大限度的保护[33]17。

城市生态系统中最基本的主体是人。城市生态系统需要维持正常的运行就必须从外部输入大量的物质能量，人类在进行正常生活和工作的时候会向外界输出大量废弃物——各种工业废弃物、污水、粪便和生活垃圾。因此，从自然生态系统的角度来考虑，生态城市应借鉴自然生态系统的运行方式，加强系统内部的循环与优化、实现物质与能量的高效利用，即提倡在城市发展中做到"少一点输入输出，多一点循环"，尽量减少从外界输入城市的物质与能量，尽量减少抛向自然的废弃物。

我们所说的生态城市中的"生态"不是狭义的生物学的生态概念，而是一个涵盖社会、经济、自然复合协调和持续发展的广义概念；生态城市中的"城市"在地理空间上也不再是"城市市"，而是"区域市"（城乡空间融合的含义），是人与自然和谐共生、和平共处的复合系统。因此，与过去城市以掠夺外界资源来促进自身繁荣的传统方式不同，生态城市采用既可以"供养"自然，又能供养人类的非掠夺性的自身发展方式。生态城市最普遍意义上的概念以一定区域社会、经济、自然持续发展为基础。当我们从世界范围来看时，每一个相对独立的国家、地区及城市之间也存在着千丝万缕的依存关系，要实现人类与自然的和谐共生，需要全球全人类共同努力，因此，生态城市是具有全球全人类意义的共同财富[33]17。

生态城市不同于我们平常所说的自然保护的"绿色城市"。"绿色城市"一般只是简单地增加绿色空间，单纯追求优美的自然环境等，而生态城市与之大不相同。生态城市的价值取向是以人与自然和谐共处，社会、经济、自然持续发展为主体，实现既能满足今世后代生存与发展的需求，又能保护人类自身的生存环境的双重目标。我国科学家钱学森首倡的"山水城市"构想与生态城市追求的最高境界其实都是人与自然和谐共处，而"山水城市"是具有中国特色的生态城市的一种提法。建设生态城市是人类保护自身赖以生存的环境的客观需要，是社会、经济和现代科学技术发展的必然结果，是实现全球全人类可持续发展的必然选择[33]17。

（二）生态城市规划设计方法

随着社会的发展，城镇化进程的不断加快，城市的规划和发展模式也在不断地改变。人们向往的生态城市并不是从天而降的，而是在现实城市的不断更新和改造中逐步发展起来的，是在继承原有城市一切文明的基础上有目的、有计划地发展与演化的结果。传统的规划方法、规划观念已不再适应当前的城市发展，建立引导城市"生态化"和适应生态城市建设的全新的规划设计方法体系是走向生态城市的基础，是建设高效、和谐、持续发展的生态城市的客观要求[33]18。

生态导向的整体规划设计方法是以传统规划方法为基础，摒弃传统规划价值观，以适应城市生态化建设而提出的。城市是一个复合系统，其中包括社会、经济、自然。以该复合系统作为规划对象，以可持续发展观作为指导思想，以人与自然和谐共处作为价值取向，这三者结合是生态导向整体规划设计的核心。另外，生态导向整体规划设计应用社会学、经济学、生态学、系统科学、生态工艺等现代科学与技术手段，通过分析利用自然环境、社会、文化、经济等各种信息，模拟、设计和调控复合系统内的各种生态关系，提出人与自然和谐发展的调控对策[33]18。

1. 生态城市的总体规划对策

对生态城市总体规划进行编制时，可以把当地的地球物理系统和社会经济系统紧密结合在一起考虑，以合理配置资源，确定人口密度和城市容量的健康关系，配置该城市相应的产业结构，合理调控人口密度、建筑密度、能耗密度及其分布等，从而提出社会-经济-自然复合生态系统持续发展战略、对策，引导和调控城市的发展方向，使人类与环境同时受益，建立人与自然和谐共生的居住环境。

2. 生态城市功能区规划设计对策

由多种不同功能的分区有机组合而成的功能综合体被称作生态城市功能区，它们作为城市不可缺少的一部分，各自发挥着不同的功能。现以居住区为例对生态城市功能区生态导向的整体规划设计的对策进行探讨。

居住区不仅仅有供人居住的"住"功能，同时也应为居民生活创造能够达到的最佳环境。不应给大自然系统过多的压力，应该保存和利用居住区本身的景观特征的乡土特性，应该把它构想为一个区域环境的受欢迎的组成部分，使其与主要的社会、政治、经济力量协调一致地发展。保护多样化的自然景观、创造优美的人工环境是居住区生态导向的整体规划设计的重点，居住区生态导向的整体规划设计要将人工打造的生活居住环境与天然形成的自然环境有机融合，创造出高质量的生态环境。人类居住区内要有良好的通风、采光、日照等条件，小气候宜人，可以在人行道采用生态化的"绿色道路"（路面上有孔隙，孔里种上绿草），以此增添居民可随时接触到的绿地和水，减少居住区内环境的"硬化"。在进行绿色景观建设的同时，根据条件可利用有机垃圾制造肥料在居住区发展种植业，既为居民提供多样的生活环境，又增加景观的生产性[33]19。

规划设计的主体是人。居住区生态导向的整体规划设计必须满足居民多层次、多样化的需求，创造多样性的居住环境。要满足居民"住"的需求，同时满足居民对运动、娱乐、交际、卫生、安全的需求，活动场所多样化、住宅空间多样化等需求都应得到满足。改变居住区物流、能流的途径，提高物质、能量的利用率，以改变居住区输入的是食物、水和能源，而输出的是高密度废气、高能耗的模式，从而提出社会-经济-自然复合系统持续发展战略，引导和调控城市发展方向，使人类与环境一起受益，最终建立人与自然和谐共生的居住环境。

3. 生态城市建筑空间环境设计对策

城市拥有大量的建筑物。这些建筑物都是在自然环境的基础上建造的，自然的生态环境就会被这些由砖瓦砂石、钢筋水泥形成的人造地貌、人工环境改变其自然演化过程，导致自然环境（地貌、气候、土壤、水、生物群落等要素）发生剧烈变化，自然环境的再生能力受到消极影响而日趋脆弱。用生态导向的整体规划设计方法指导建筑空间环境设计，运用一定的手段来减弱或消除这些消极影响，同时进行必要的自然环境还原与补偿，使其达到新的平衡，增强环境的健康性，提供舒适的城市空间环境[33]20。

（三）结语

当今时代是中国实现新型工业化和社会主义现代化的关键时期，高度城镇化时期也随之来临。城市的规划和发展需要我们不断地更新思想、转变理念和提高技术水平。城市的生态化建设需要建立引导城市"生态化"和适应生态城市建设的全新的整体规划设计方法体系，它在城市规划建设过程中起到极其重要的导向作用，引导着正确的城镇化方向和城市"生态化"，引导城市向着绿色、和谐、可持续发展的方向发展，最终让城市焕发更新的动力。

二、国外相关理论的演进过程

国外对生态安全的研究起源于生态风险评价。生态风险评价是为适应20世纪80年代出现的环境管理目标和环境管理观念的转变而被提出的[34]。国外的生态安全研究通常以环境安全评价的形式出现，此外，国外在生态系统评价和生态空间评价等领域的研究也在一定程度上对国内的生态安全格局构建利用和方法产生影响。

（一）生态风险评价

生态风险评价可以追溯到20世纪70年代的环境风险评价，早期的风险评价以单一化学污染物的毒理研究、人体健康的风险研究为主要内容。随着人们对生态环境问题的日益重视，风险评价的研究内容从单一化学污染物、单一受体发展到大的时空尺度，并开始考虑人类活动的影响[35]。

国外许多学者对生态风险评价的定义和研究方法进行了探讨，其中最广为接受的是1992年美国国家环境保护局发布的《生态风险评价大纲》对生态风险评价的定义：生态风险评价是一个评估不利的生态影响可能发生或者受体暴露在一个甚至多个风险源下正在发生风险的可能性的过程[36]。

一般生态风险评价包括四个要素：危害评价（hazard assessment）、暴露评价（exposure assessment）、暴露-响应关系评价（exposure-response assessment）和风险表征（risk characterization）（图2-1）。

生态风险评价的步骤如下：

（1）选取终点。

（2）干扰源的定性和定量化描述（例如：污染源的分布和排放量）。

（3）确定和描述可能受影响的区域环境。

（4）利用恰当的环境模型估计暴露的时空分布，定量确定区域环境中暴露与生物响应之间的相互关系。

（5）综合以上步骤的评价结果，得出最终风险评价[37]。

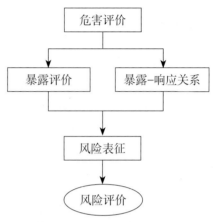

图2-1　生态风险评价体系

（二）环境安全和生态安全

20世纪90年代以来，环境恶化带来的影响愈发受到人们的重视，而人们对"安全"的理解也逐渐地从人体安全、生物安全等单要素的安全向多领域的综合安全转变，环境安全正是在此背景下应运而生[38]。

环境安全是指环境具备为生命活动提供支持的能力。它包括以下3个要点：

（1）防止环境受到损害或从损害中恢复的能力。

（2）避免发生环境冲突或对环境冲突的发生做出响应的能力。

（3）从内在的道德价值观出发保护环境[39]。

生态安全概念以国际应用系统分析研究所（IIASA）于1989年提出的定义为代表：生态安全是指使人的生活、健康、安乐、基本权利、生活保障来源、必要资源、社会秩序和人类适应环境变化的能力等方面不受威胁的状态，包括自然生态安全、经济生态安全和社会生态安全，组成一个复合人工生态安全系统[40]。

环境安全研究较为关注环境的变迁、恶化对人居安全造成的威胁，相比之下，生态安全研究更为关注人类活动对环境产生的消极影响[41]（表2-1）。部分学者认为，在当今人工主导环境对自然环境造成的影响愈加剧烈的背景下，学界应该把自然环境当作潜在的受威胁对象来考察人类活动对环境产生的影响[42]。

表 2-1 环境安全和生态安全内涵的比较

形式	研究层次	研究领域	威胁源	代表人物
环境安全	个体或聚落	各环境要素	环境变迁、恶化/资源消耗	Eckersley
生态安全	生物圈	生态领域	人类活动	Dalby

（三）生态系统与生态空间评价等其他相关理论

1. 生态系统服务

生态系统服务是指人类社会从自然生态中所能获得的益处[43]。生态系统服务研究起源于20世纪70年代后期，国外学者在对生态系统实用功能的关注下提出了生态系统服务概念；到了90年代，生态系统服务研究集中于对生态系统的社会经济价值评价[44]。2005年，由联合国组织出版的《千年生态系统评估报告》极大地推动了生态系统服务在实践上的应用[45]。

目前，国外对生态系统服务的研究主要集中在生态系统服务分类、生态系统服务的形成及其变化机制、生态系统服务价值化这几个方面[46]。其中，生态系统服务价值的评价方法主要有市场价值评估法[47-48]、物质量评估法[49]、能值分析法[50]。

2. 生态系统健康

目前生态学界尚未形成生态系统健康的统一定义，其中，Rappor认为生态系统健康是指生态系统维持自身组织结构完整性和从外界侵害中得以恢复的能力，而健康的生态系统应该是稳定的、可持续的[51]。生态系统健康评价研究的推进得益于国际生态系统健康学会（International Society for Ecosystem Health，ISEH）的成立，ISEH的首要目标是提供用于评价地球生态系统的基础理论和方法，核心任务是鼓励人们理解人类活动、生态变化、人体健康之间的重要关联[52]。

早期，对生态系统健康的度量包括活力、恢复力和组织3个基本方面，但随着相关研究的推进，许多研究不再局限于这一指标体系。生态系统健康评价的方法可分为指示物种法与指标体系法，其中，指标体系法又可细分为VOR综合指数评估法、层次分析法、主成分分析法、健康距离法等[53]。

3. 生态系统管理

生态系统管理是指从保护生态资源和维持生态系统服务功能出发，在人类适度地、可持续地利用生态资源的前提下，对不同尺度的区域进行管理的过程[54]。由于生态系统管理涉及多个地区尺度和多个研究领域，不同的行政部门对生态系统管理的理解也有所不同[55]。

生态系统管理的目标和关键在于实现人与自然之间可持续的和谐发展，本质上就是维护系统的平衡，实现人、社会、自然组成系统的协调发展。国内外学者总结了各领域生态系统管理方法包含的要素（表2-2），提出了生态系统管理的基本概念框架[56]。

表 2-2 生态系统管理的基本要素

基本要素	要素含义
可持续性	生态、社会、经济和文化的可持续发展是生态系统管理的前提，通过理解生态系统和构建生态模型来了解和描述生态系统的下述特征，实行生态系统管理

（续表）

基本要素	要素含义
系统视角	多尺度性：生态系统涉及基因、物种、种群、景观等多个层次，且层次间存在着相互作用关系 复杂性和相关性：多尺度间的相互关系及其导致的复杂系统结构，以及复杂结构支持的重要生态过程 动态性：生态系统不是静止不变的，它始终处于变动和进化过程中
广泛的时空尺度	生态系统过程发生在一系列不同的时空尺度上，应该在生态边界内实行生态系统管理——传统的资源管理面对的时空尺度都不足够大。生态系统管理往往是跨越行政、政治和所有权尺度的
人是系统的一部分	人影响着生态系统，不应该将人从自然中分离出来，而应该在寻求生态系统可持续发展的过程中将人类作为一分子考虑进来
制定社会目标	生态系统管理是一个社会过程，人类的价值取向在管理目标的设定过程中起到决定性的作用
共同决策	生态系统管理的空间大尺度特性使得管理必然是一个共同决策的过程，涉及政府机构、民间组织、非政府机构和私营主与工业企业

资料来源：田慧颖，陈利顶，吕一河，傅伯杰：《生态系统管理的多目标体系和方法》，《生态学杂志》2006年第25卷第9期第1147～1152页。

三、国内相关理论的演进过程

（一）复合系统理论的提出

1984年，王如松与马世骏在其共同发表的《社会-经济-自然复合生态系统》一文中提出"社会-经济-自然复合生态系统"的理论，明确指出城市是典型的社会-经济-自然复合生态系统[57]。在此基础上，王如松对城市问题和生态城市进行了深入的研究[58]。在上述复合生态系统的基础上，我们对其中的自然系统增加划分了水、土、气、生、能等基本要素（图2-2），从而进一步结合生态安全格局构建中涉及的水生态安全、用地安全、大气安全、生物安全等相关内容。

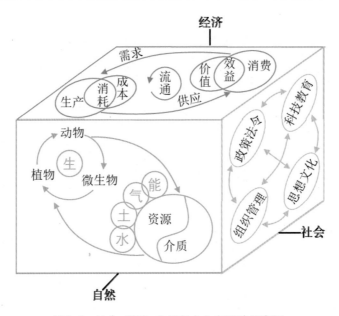

图2-2 社会-经济-自然复合生态系统示意图

资料来源：马世骏，王如松：《社会-经济-自然复合生态系统》，《生态学报》1984年第4卷第1期第1～9页。

20世纪90年代，国内对生态安全的研究逐渐从早期的有关概念探讨、理论研究发展到生态风险评价、生态系统评价，且特别注重生态安全格局的研究。生态安全格局成为生态安全面向应用与管理研究领域的热点。

随着全球气候、景观、人口、传染病和资源等方面的问题愈加严重，在20世纪80年代后期产生了生态安全的概念，它是由环境管理目标和环境管理观念转变过来的。生态安全广义上是以国际应用系统分析研究所提出的定义为代表，是指使人的生活、健康、安乐、基本权利、生活保障来源、必要资源、社会秩序和人类适应环境变化的能力等方面不受威胁的状态；狭义上是指自然和半自然生态系统的安全[59]。在80年代后期产生了风险管理的政策，生态风险评价因此得到发展。2000年，国务院发布了《全国生态环境保护纲要》，在国家层面首次明确提出"维护国家生态环境安全"的目标，认为国家生态安全是生态保护的首要任务。

（二）生态安全格局概念的提出与发展

景观生态学的发展为研究生态系统结构和过程提供了直观视角，在20世纪90年代末期，有部分生态学研究人员尝试运用景观生态学的观点理解生态安全，并在此基础上提出生态安全格局的概念。俞孔坚等人给出了生态安全格局的定义：生态安全格局是城市发展赖以持续的生态基础设施，它为城市及其居民提供综合的生态系统服务，维持城市生态系统结构和过程的健康与完整，是维护区域与城市生态安全、实现精明保护与精明增长、建设宜居城市的基本保障和重要途径[60]20。

20世纪90年代初，北京大学俞孔坚教授在国际上首次提出了生态安全格局的理论和研究方法，并从多个尺度进行国土生态安全格局的研究。俞孔坚等人在《国土生态安全格局：再造秀美山川的空间战略》《区域生态安全格局：北京案例》《"反规划"途径》等著作中指出了生态安全格局的重要性。俞孔坚等人以浙江省台州市为案例，系统地介绍城市物质空间的"反规划"途径，通过建立保障土地生命系统完整性和地域特色的生态基础设施，在宏观、中观和微观三个尺度上定义城市空间发展格局和形态[61]（表2-3）。

表 2-3 反规划与正规划的空间关系

尺度	反规划（区域和城市EI规划）	正规划（城乡建设物质空间规划）
宏观 （>100km²）	区域EI总体规划：在什么地方不可以建设。引导和框限城市整体空间格局	城镇体系规划和城市总体规划：在什么地方建设什么
中观 （>10km²）	如何控制不建设区域和景观元素：（1）城市分区EI；（2）主要EI元素，如生态廊道的控制性规划。作为建立城市内部结构和进行形态控制的基础	分区规划和控制性详细规划：如何进行建设
微观 （<10km²）	地段EI修建性规划和设计：（1）通过地段城市综合设计，使区域和城市EI的服务功能导入城市机体内部；（2）进行EI的局部设计以最大限度发挥EI的服务功能。作为地段城市土地利用的基础	城市地段控制性规划和修建性详细规划：建设成什么样子

资料来源：俞孔坚，李迪华，刘海龙，等：《基于生态基础设施的城市空间发展格局——"反规划"之台州案例》，《城市规划》2005年第9期第76～80页。

在进入21世纪后，国内对区域和城市生态安全格局的研究逐渐成为主流。马克明等人对区域生态安全格局的概念、研究内容、相关理论进行了详细论述，认为区域生态安全格局的构建对于恢复生态系统和保护生物多样性具有重要作用[62]。黎晓亚等人基于这一概念及其理论基础，通过对景观生态规划原则的增补，提出了区域生态安全格局设计的初步原则和方法[63]。

欧定华等人给出了区域生态安全格局规划的确切定义，并论述了景观生态分类与适宜性评价、景观格局演变分析与动态模拟、生态安全预测预警、空间规划决策技术方法等区域生态安全格局规划相关支撑理论和技术方法[64]163。

陈利顶等人在分析生态安全内涵、生态安全概念辨析和生态安全格局构建基本原则的基础上，结合城市生态系统特点，提出了城市生态安全格局构建的目的、基本原则和基本框架[65]。

任西峰等人立足于城市规划的空间规划途径，将城市生态安全作为应对城市空间增长和促进生态环境保护的整体性对策，通过对景观生态学理论的增补，厘清城市生态安全的概念及城市生态安全格局的空间模型，分析城市生态安全格局规划的特点，研究城市生态安全格局规划的定量分析方法以及格局优化、干扰分析、预案研究等空间规划途径[31]173。

彭建等人在系统梳理生态安全格局相关概念内涵的基础上，从热点区域、生态源地指标筛选、生态阻力面设置与修正、相关研究成果应用等方面阐释了区域生态安全格局构建的同期研究进展；同时提出了区域生态安全格局构建的重点方向，即生态安全格局构建的重要阈值设定、有效性评价、多尺度关联和生态过程耦合[66]407。

四、国内外的实践

城市生态安全格局构建的可行性需要用理论结合实践进行验证，因此，国内外学者通过大量的案例研究，不断提升城市生态安全格局构建的可行性，同时，也采用规划的手段，从绿色基础设施、绿道、城市增长边界等方面进行了生态建设的实践探索。

（一）有关城市生态安全格局的主要案例研究

方淑波等人在对兰州市土地利用、生态价值以及社会经济驱动因素分析和评估的基础上，建立了由生态保障体系、缓冲体系以及过滤体系构成的区域生态安全格局，指出建设生态缓冲体系是兰州市区域生态安全格局构建的关键[67]。

俞孔坚等人运用景观安全格局理论和地理信息系统（GIS）技术，通过对水文、地质灾害、生物、文化遗产和游憩过程的模拟分析，构建了不同安全水平的综合生态安全格局，并以生态安全格局为刚性框架，模拟了北京城镇扩张格局[60]19。

李月辉等人选择6个生态控制因素在沈阳市构建了包括优先发展、适合发展、限制发展和严禁发展等4个等级的生态安全格局，揭示了生态安全保障下沈阳市城市空间扩展的趋势[68]。

张小飞等人将常州市建筑物、水系、道路、主要山体、绿带和公园，依据其主要功能差异，划分为红色景观、灰色景观、蓝色景观和绿色景观，评价其网络功能与结构，并依据不同功能网络间的相互作用，划定功能相互制约的功能敏感区域，结合土地利用方式不当造成的环境敏感区域，构建常州市城市生态安全格局[69]。

苏泳娴等人利用景观安全格局原理和地理信息系统空间分析方法，构建了包含基本保障格局、缓冲格局、最优格局3个级别的水安全格局、地质灾害安全格局、大气安全格局、生物保护安全格局和农田安全格局，叠加得到佛山市高明区综合生态安全格局[70]1524。

周锐基于景观安全格局理论、高分辨率遥感影像、GIS技术和遥感（RS）技术，从景观类型、建设密度、生态价值、生态适宜性、生态敏感性等5个方面建立城镇扩展的阻力因素评价体系，运用最小累积阻力模型（MCR）计算研究区城镇空间扩展过程需要克服的综合累积阻力，在此基础上依据其阻力阈值将研究区划分为优先建设区、适宜建设区、限制建设区和禁止建设区4个等级，最终形成常熟市辛庄镇城镇扩展的生态安全格局[71]。

储金龙等人运用高分辨率遥感影像识别生物多样性保护、水资源安全、地质灾害规避3类生态用地，并采用GIS空间分析技术并基于多因素综合评价，将生态用地划分为极重要、较重要、一般重要3个级别。利用最小累积阻力模型，获得了安庆市高、中、低不同安全水平的综合生态安全格局[72]。

江源通等人对与平潭岛的城市生态安全关系密切的6个关键生态因素进行深入分析，并通过层次分析法和GIS空间叠置法综合多要素分析平潭岛的生态敏感性，构建了平潭岛城市生态安全格局[73]。

朱敏等人以底线型生态用地为源，基于最小累积阻力模型，以阻力阈值作为分级边界，划分不同安全水平的生态用地区域，进而确定源间生态廊道、辐射道与战略点，构建海口市生态用地安全格局[74]。

耿润哲等人将水环境安全格局与大气环境安全格局纳入城市综合生态安全格局的评价框架，将GIS空间分析技术、ArcSWAT模型、WRF-Chem空气质量模型等进行耦合，对水环境、大气环境、石漠化、生物多样性、自然人文环境、基本农田等6项生态安全格局因素进行分析，将贵州省贵安新区生态安全格局划分为底线、满意和理想3个不同等级[75]。

（二）相关规划理念的实践

1. 绿色基础设施

英国在绿色基础设施建设中取得了重大成果，他们认为绿色基础设施是实现城市可持续发展的重要手段。英国伦敦东部的绿网项目是按照绿色基础设施理论和方法进行规划的项目，其目标是重建和增加开放空间，建立一个高质量互联的公共空间系统，连接城市中心、主要河流、工作地和居住地，发挥绿色基础设施的生态功能。绿网项目已被证明拥有生态、社会和经济效益[76]。

美国佛罗里达州规划与实施绿色通道项目，旨在建立一个使居民、野生生物、环境都能受益的州内绿色通道和绿色空间相互连接的网络系统。

2001年美国马里兰州推行绿图计划（Maryland's Green Print Program），识别州内的绿色基础设施——一个大的生态型网络中心，把多个网络中心通过绿道或连接环节连接形成全州绿色基础设施网络系统，减少因发展带来的土地破碎化等负面影响，并通过收购地役权保护绿色基础设施。

2. 绿道

城市绿道的功能具有多样性，一些城市绿道的建设以建造城市公共开放空间为目的，一些绿道建设则与城市生态恢复相结合。

由美国景观设计师奥姆斯特德于1900年完成规划设计的"翡翠项链——波士顿公园绿道系统"被认为是史上第一条真正意义的绿道。它是将城市公园与公园通过绿地连成系统，形成完整"翡翠项链"状的公园体系。

1943年的伦敦开敞空间规划就引入"绿道"的设想，用绿色通道将伦敦城内的开敞空间与伦敦周边的开敞空间连接起来，创建伦敦的"绿色通道网络"。1976年以后，伦敦开敞空间规划提出"绿链"（green chains）的理念：主要通过一些林荫道、绿化带、景观带和其他步行路等将邻近的大型开敞空间有机串联起来，形成由不同类型的绿色通道组成的"绿链"。

1991年，新加坡开始建立一个串联全国绿地和水体的绿色网络，这个绿色网络由区域公园、新镇公园、邻里公园、公园串联网络四级体系组成。2015年，新加坡公园绿地面积达到1 763 hm^2，其中包括26个区域公园、11个新镇公园、192个邻里公园，道路绿化带面积达到4 200 hm^2。公园串联网络被称为"城市中的绿道"，通过连接山体、森林、主要的公园、隔离绿带、滨海地区等，形成通畅的长达40 km的绿道，为城市居民提供了一个休闲娱乐的绿色空间。

2016年10月，我国武汉市东湖绿道系统项目在第三次联合国住房和城市可持续发展大会上被作为样板工程向世界推介。东湖绿道一期全长为28.7 km，分为湖中道、湖山道、磨山道、郊野道4条主题绿道以及4处门户景观、8大景观节点，串联了东湖的磨山、听涛、落雁3大景区。其还预留了13处"动物通道"，将东湖与周边鱼塘湿地、农田、林地等生态斑块相连，尽最大努力降低人对动物活动的干扰。绿道沿线设置了24座驿站，平均间距为1.2 km。驿站内设有休息设施、淋浴室、医疗设施、图书馆、自行车租赁点等。绿道全线共有近3 000个厕位，男女厕位按1∶1.5比例配置。

（三）国内外研究与实践的差异

面向城市生态建设的需求，从生态风险评价发展到生态安全评估，并引入景观生态学的研究范式，开拓出了生态安全格局这一研究领域。目前，城市生态安全问题已经成为城市地理学的一项重点研究内容。基于多学科交叉视角，引入自然地理学、景观生态学、地图学等多个学科的研究方法，运用景观安全格局理论、指标最优化模型、地理信息系统空间分析、元胞自动机模拟技术等手段，分别从城市的水文、地质、生物、大气环境等方面进行生态安全格局单因素和综合因素的分析评价，并构建相应的生态安全格局。

国内外研究与实践仍存在一定的差异，具体表现如下：

（1）与国外的生态风险评价、生态系统服务评价等研究相比，国内的生态安全格局构建研究更强调通过对生态空间的落实解决生态系统的管理和生态问题（图2-3）。

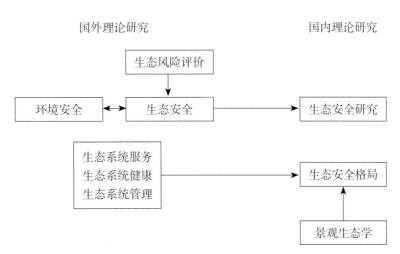

图2-3　国内外相关理论研究与生态安全格局关系图

（2）目前基于不同研究视角的生态安全格局研究方案众多，但这些方案普遍缺少对生态过程与格局形成机理的深入解析。

（3）目前生态安全格局构建尚未形成统一的评价体系和评价准则，这会给生态安全格局构建在城市规划中的应用带来一定困难。

第三节　区域生态安全格局构建的空间布局

一、空间辨识

区域生态安全格局面向特定层次生态安全需求，是对保障区域自然生态过程和生态系统服务具有关键意义的点、线、面状要素的时空量序格局，是对景观生态学格局与过程互馈理论的实践应用[77]3384。生态安全格局作为对山水林田湖草生命共同体的重要保障，其深化了要素关联、过程耦合、功能协同的国土空间系统认知，不仅满足了国土空间生态保护修复的重大需求，还将进一步推动中国景观生态学向大尺度、多功能、可持续方向研究拓展。

区域生态安全格局构建离不开对关键生态要素（如节点、斑块、廊道乃至整体网络）的空间识别及其生境恢复与重建；通过构建区域生态安全格局，可以实现对特定生态过程的有效调控，从而保障生态系统功能及服务的充分发挥[66]409。

确定生态源地是生态安全格局构建过程中的基础工作。将对区域生态过程与功能起决定作用的，以及对区域生态安全具有重要意义或者担负重要辐射功能的生境斑块，识别为确保区域生态安全的关键地块，即确定生态源地。作为不同类型的生物物种、种族、群落居住地的生态系统，生态源地是物种维持以及扩展的源头，能够提供重要生态服务，具备连续且完整的景观格局特性，因此，确定生态源地能对生态系统退化等潜在问题进行预防[78]。相应地，生态源地的选取方法主要包括定性的生态系统结构判定，以及定量的生境重要性、景观连通性、生态敏感性等准则[66]410。

廊道，即生物的通道，是生态网络体系中对物质、能量与信息流动具有重要连通作用的，尤其是为动物迁徙提供重要通道的带状区域。廊道设计以生物迁移、交流为目的，需要考虑不同生物的特性，针对不同生物进行设计。生态廊道的识别工具主要包括斑块重力模型、综合评价指标体系、最小累积阻力模型等。由于最小累积阻力模型在水平空间扩张过程分析方面的良好适应性和可扩展性，可以较好地模拟物种在空间运动过程中受景观阻力作用的大小，因此最小累积阻力模型被大量应用于生态网络格局和生态安全格局的构建中。

确定战略节点是生态安全格局构建过程中不应忽视的环节。若阻力面在生态源地所处位置下陷，在最不容易到达的区域高峰突起，两峰之间会有低阻力的谷线、高阻力的脊线各自相连；而多条谷线的交会点，以及单一谷线上的生态敏感区、脆弱区，则构成影响、控制区域生态安全的重要战略节点。将以上各种显露的、潜在的景观组分进行叠加组合，就形成特定安全水平下的生态安全格局。

二、空间布局

生态安全格局的构建需要考虑系统性、综合性、可行性、针对性等原则。将通过空间辨识出的缓冲区、源间联结、辐射道、战略点等显露的、潜在的景观结构组分叠加组合，就形成某一安全水平上的生物保护安全格局。不同的安全水平要求有各自相应的安全格局，每一层次的安全格局都是根据生态过程的动态和趋势的某些阈值来确定的[79]11。

目前生态安全格局的分析方法包括多情景比选、多元指标建模、空间网络分析等，并在分析过程中多采用综合评价指标体系方法对实际情况进行模拟，其中比较成熟的有"压力—状态—响应"模型（及在其基础上发展而来的"驱动力—状态—响应"模型、"驱动力—压力—状态—影响—响应"模型等）、景观指数格局评估模型、系统动力学模型等。对生态格局的空间特征的研究主要是对生态敏感性、资源承载能力等指标的计算和分析，对生态格局的空间研究则主要是基于景观生态学中"斑块—廊道—基质"的模式构建生态格局框架[80]。

通过对生态过程的研究和分析，设计针对性的生态安全格局，可以实现对生态过程的有效控制。对生境和物种分布格局之间某些生态过程的分析，对如何构建缓冲区、连接廊道、保护斑块具有重要意义。当外部威胁导致景观内部变化及功能丧失时，廊道功能也会降低甚至消失，因此，连接度十分重要，生境数量及空间格局共同决定着物种的丰富度及可持续性。对于连接度的研究，最初主要集中在结构连接度上，缺少对生态过程的考虑。从生态学的角度出发，对不同个体利用的景观及实际生态流的评价，需要注重功能连接度。功能连接度不仅考虑现有生境单元的物理连接，还考虑基质渗透性、一系列垫步石或其他连接元素，而不只是物理上的远近程度[77]3387。国内外有关连接度的研究越来越多，例如在保护区及区域尺度上利用阻力模型进行功能分区和格局构建。近年来，不同特征及复杂程度的指数得到发展，用以探究景观连接度的状态、趋势和相关的生态过程。

空间布局变化通过与生态过程的相互关系影响生态系统服务，反之，也可以基于生态系统服务、生态过程进行空间布局优化。生态过程与空间布局的关系涵盖范围十分广泛，包括从自然生态过程、社会经济过程到自然景观和人文景观等方面。在景观或区域尺度上，除了将自然生态过程作为系统内部主要因素来考虑外，还需要更多地结合社会经济、人文等过程，这需要运用系统分析和模型模拟方法。空间布局构建及优化，可适度抑制有害的生态过程，改善有利的生态过程，实现区域生态安全。

三、空间布局的生态目标——生物多样性

生物多样性是指所有来源的形形色色的生物体，这些来源包括陆地、海洋和其他水生生态系统及其构成的生态综合体。这包括物种内部、物种之间和生态系统的多样性。生物多样性是支撑区域可持续发展的物质基础，它为人类提供生产、发展、享受之需，与每一个人息息相关。无论是对于自然生态系统的整体性或是对于人类可从中获取的生态系统服务而言，生物多样性都是必不可少的。

生物多样性是人类生存和发展的物种基础。近几十年来，我国坚持生态优先、绿色发展，虽然已采取了一系列措施改善生态环境质量，然而生物多样性快速下降的趋势并未得到显著减缓，不断有野生生物丧失栖息地，自然生境在空间上面临着破碎化、岛屿化等问题，这些严重影响了生态系统的稳定和协调发展。

完整的生境斑块是区域生物多样性的重要源地，它确定了生境的生物多样性价值，间接代表生境可提供的生态系统服务。廊道对于加强区域间自然生境的连接度，稳定生态结构，保护全域生态安全的价值不容忽视。通过设置廊道，构建生态网络来维持和增加生境的连接，可增加生态斑块之间的相互联系，保护生物多样性。尤其是在物种丰富度较高的区域，构建生态网络可以促进区域物种的迁移和交流，保证其生境的连续性和完整性。生态网络可将破碎孤立的生态斑块连接起来，为区域物种迁徙交流提供安全的生态廊道，扩大物种的生境范围，形成连通的生态系统，容纳更多的物种。

四、空间布局的非生态目标——区域可持续发展

高强度的经济开发活动对生态环境产生的负面效应不断加剧，深刻改变了区域生态基底[81]1096，并引发越来越多的生态环境问题，如生态系统退化、生物多样性丧失、土地沙化和水土流失加剧等，由此导致的生态危机和灾害严重威胁人类自身的安全。一旦生态环境问题的累积超过一定限度，将会危及区域和国家生态安全，影响经济社会可持续发展。为此，生态安全问题日益受到关注，已成为各国必须共同面对并亟待解决的重要科学问题。

生态安全是可持续发展的核心，生态安全与发展问题的实质体现在社会经济活动超过了生态系统的承载能力，而生态承载力是衡量区域人地关系和谐发展的重要依据。只有科学测评区域生态承载力，才能以此约束、指导国土空间规划等相关规划和政策的制定。生态承载力是动态变化的，受到自然环境、产业布局、人口规模、开发程度等因素影响。如何提高生态脆弱区的生态承载力向来颇受关注[81]1096。

生态安全网络是以各生态源地为核心，生态战略点为线索，各类廊道为骨架进行构建的

一体化发展布局。国内外学者将构建区域生态安全格局作为提高区域生态承载力、调控生态过程、实现区域可持续发展的有效手段[81]1096。

区域生态安全格局的构建是为了实现生态安全目标而采取的具体措施,需结合区域特点设定发展目标[81]1098。区域生态安全格局的构建目标是保护区域生物多样性,维护生态平衡,维持生态系统结构与过程完整,保障生态资产基础,同时控制、改善区域生态环境问题,提高区域生态承载力,实现区域可持续发展。

第三章 生态安全格局构建与监管的技术方法

第一节 方法体系与程序

构建生态安全格局前，需要对研究区域的生态系统进行分析，获取及分析区域的生态问题，而生态问题多与区域的资源环境有关。因此，对区域生态要素和生态空间进行识别，分析生态位，再到生态问题的辨识均来源于区域资源环境调查结果（图3-1）。本章主要介绍区域资源环境调查的一些指标和相关要素；阐述遥感调查、野外地面调查等调查方法；对资源

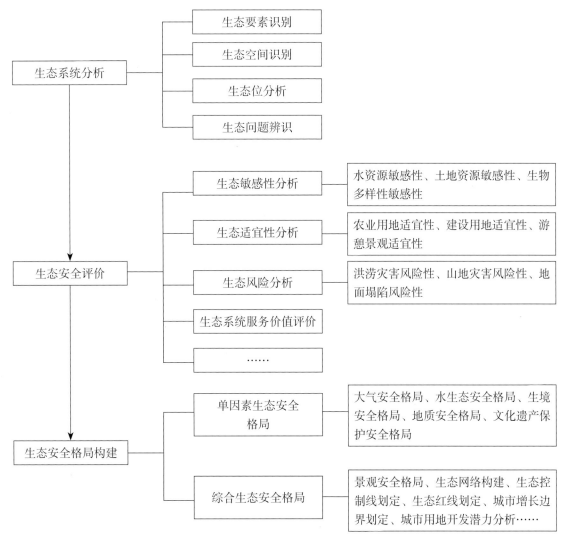

图3-1 生态安全格局构建技术路线示意图

环境调查的流程作详细描述；结合最新的科技发展成果和研究动态，介绍一些环境监测与预警技术。

第二节　区域资源环境的调查

一、调查指标和要素

构建生态安全格局需要因地制宜，即根据当地的生态环境现状、资源禀赋以及社会经济、人文情况进行规划和构建。因此，在构建生态安全格局前，必须进行区域资源环境的调查，因而需要一套准确、客观的调查指标体系，对当地情况进行调查。根据不同的侧重点，调查指标大致可以分为以下几类：区域生态环境现状，区域生态安全格局现状，区域综合资源禀赋，区域生态敏感程度，区域生产、生活、生态功能，区域交通区位条件等。

区域生态环境现状主要包括：

（1）气候条件：太阳辐射、温度、降水、气象灾害等。

（2）土壤条件：土壤结构、土壤肥力、土壤侵蚀、土壤退化以及土层厚度等。

（3）水资源：水资源总量、水质、水资源供需情况等。

（4）立地条件：地貌类型、高程、坡度、坡向等。

（5）生物资源：植被、动物、生物组成及生物多样性等。

（6）环境条件：大气污染、水污染、土壤污染、固废污染等。

区域生态安全格局现状主要包括重要生态功能区、重要生态安全屏障、水源涵养保护区、水土保持区、生态红线保护区、生物多样性保护区、防风固沙保护区、地质灾害危险区、土地利用类型、土地利用结构、区域开发强度、景观安全格局、景观破碎程度等的分布位置、特点和边界。将这些指标在空间上进行叠加分析，便可绘制出当地的生态安全格局的现状，这便于对当地生态安全格局进行规划与构建。

区域综合资源禀赋主要指区域的资源潜力和资源开发的优势度、吸引力。资源潜力就是指各种自然资源——土地、水、森林、草原、海洋等的开发利用潜力。资源开发的优势度和吸引力是一类资源相对于同一区域内其他资源或其他地区同一类资源在质量、数量、开发后产生的效益等方面优越程度大小的度量指标。可以借助热力学系统中的可用能分析法，来对区域资源品质和资源禀赋进行评价，评价时需注意以下两点：①要进行自然资源条件的评价，需充分掌握区域内自然资源类型、区位、丰度、开发程度、保护现状等信息，为区域生态安全格局构建提供基础；②要进行人文资源禀赋的评价，需对当地的人文资源进行全面的梳理和发掘，并对其开发利用现状进行分析，培育并提升当地的文化内涵。

区域生态敏感程度是区域生态安全格局构建中需要重点考虑的内容。在进行生态敏感程度评价时，需要综合考虑区域地形、坡度、植被丰度、植被覆盖类型、降水、气候、地质灾害频率等指标，通过遥感、地理信息系统等技术对这些指标进行合并和叠加分析，以求得区域生态敏感程度的级别和空间分布。主要用于对土地侵蚀敏感程度、地下水污染敏感程度、地表水污染敏感程度、地质灾害敏感程度、特殊景观价值敏感程度等的评价。而区域生态安全格局构建主要包括景观的自然保护价值、风景旅游价值、美学价值、娱乐价值、历史文化价值等的构建。

区域生产、生态、生活功能，可以具体细分为生产性功能、承载性功能、景观性功能、历史文化性功能、生态功能、储蓄和增值功能及休闲娱乐功能等。对区域三种功能进行评价的技术，就是通过对各指标的综合评判，筛选、确定区域国土空间的主要功能、特色功能和后续可开发功能潜力。在生态安全格局的构建中可重点考虑基于土地利用和土地覆被类型引入生态系统服务功能价值。或者采用收益还原法、模拟市场法等对该区域国土资源的经济功能、社会承载功能和生态系统服务功能的价值进行评价。

对区域空间交通区位条件的评价可分为两个方面：①结合地区的自然地理位置，根据区域的资源要素基础、地形条件、邻接状况来判断交通区位状况；②结合区域社会经济发展规划，判断地区在整个区域经济发展框架中的功能定位，进而评判区域生态安全格局构建中的经济基础和项目定位。交通区位条件评价可为区域生态安全格局构建提供指引，如对农业生态系统进行安全格局构建时，可充分发挥当地的区位优势，提升农地质量，保护农地规模的同时，也能兼顾塑造农业景观，发展旅游业。

二、调查方法

（一）遥感调查法

1. 遥感技术

遥感，广义上指的是从远处探测、感知目标物体或事物的技术，即不直接接触目标物体表面，从远处通过某种平台上装载的传感器探测和接收来自目标物体的特征信息，然后对所获取的信息进行提取、分析、加工、处理和应用的综合性技术系统。遥感技术主要解决地球表层信息的获取手段问题。

遥感具有获取数据快、数据信息量大、受限制因素少等特点。一个完整的遥感系统由遥感平台、传感器、信息传输系统、地面接收系统、图像处理与应用系统等组成。遥感从其工作原理上可以分为以可见光与多光谱遥感为代表的被动遥感和以雷达遥感为代表的主动遥感；从工作平台类型上可以分为车载遥感、无人机遥感、航空遥感、航天遥感等；根据传感器工作波段不同可以分为紫外遥感、可见光遥感、红外遥感、微波遥感等。

随着遥感技术的迅速发展，现代遥感技术已表现出多传感器、高分辨率与多时相的特征。从静态到动态，从区域到全球，从地面到太空，从多光谱到高光谱，从有限的空间分辨率到多空间分辨率，这些都是现代遥感技术不断发展的方向与目标。遥感应用分析也从单一遥感资料向多时相、多数据源的融合与分析过渡，从静态分析向动态监测过渡，从对资源和环境的定性调查向计算机辅助的定量自动制图过渡，从对各种现象的表面描述向软件分析和计量探索过渡。目前，遥感技术已被广泛应用于气象、地质、地理、农业、林业、陆地水文、海洋、测绘、污染监测及军事侦察等领域，成为一门实用的、先进的探测技术。

2. 遥感图像处理的常规操作

遥感调查法作为区域资源环境调查的基本方法之一，其信息提取技术流程包括辐射校正、几何校正、图像融合、图像镶嵌、图像裁剪、图像增强、投影变换、遥感信息提取、分类精度评价以及各种专题处理等一系列操作，以达到其技术目的。

辐射校正，指对由于外界条件、传感器和传输系统等因素产生的辐射误差进行校正，是消除或纠正图像数据中依附在辐射亮度中的各种失真的过程。辐射校正包括传感器端辐射校正、大气校正、地表辐射校正等。

几何校正，是指对传感器平台受高度、姿态、速度、地球自转及大气折射等因素影响而产生的原始图像的几何失真进行校正，分为几何粗校正及几何精校正。

图像融合，是指将低空间分辨率的多光谱图像或高光谱数据与高空间分辨率的单波段图像重采样生成一幅高分辨率多光谱图像的遥感图像处理技术。经过图像融合后的图像既有高光谱数据的特征，又有高空间分辨率的特征。常用的图像融合方法包括HSV变换、Brovey变换、Gram-Schmidt Pan Sharpening、主成分变换、Color Normalized变换等。遥感调查人员根据被融合图像的特征和融合目的选取合适的融合方法。

图像镶嵌，是指在一定的数学基础控制下把多景相邻遥感图像拼接成一个大范围、无缝的图像的过程。图像镶嵌可去除冗余信息，压缩信息存储量，经过处理形成的图像能更加有效地表达信息。

图像裁剪，是指裁剪出研究范围内的遥感影像，常按行政区划边界或自然区划边界进行图像裁剪。

遥感信息提取即图像解译，是对遥感影像上的地物特征进行综合比较、分析、推理和判断，从而提取出地物目标信息的过程，常用方法有目视解译法和计算机信息提取法。目视解译法也称目视判读，是以地物的几何特征和光谱特征的空间反映为判读依据，用人工的方法判读遥感影像，提取目标地物信息的过程。常用的计算机信息提取法指的是遥感影像计算机自动分类，即利用计算机图像识别技术将遥感图像自动分为若干类别。计算机自动识别分类方法分为监督分类与非监督分类两种，此方法提高了遥感图像信息的提取速度。

分类精度评价，是进行遥感影像分析的重要环节。误差矩阵（又称混淆矩阵或列联表）可以用来描绘样本数据的真实类别属性和识别结果的关系，是最常用的分类精度评价方法。混淆矩阵的重要指标参数有总体分类精度及Kappa系数等。

（二）野外地面调查方法

进行野外地面调查能更好地了解生态安全格局构建的区域内的实地情况。常用的野外地面调查方法包括：影像解译法、全野外调绘法、综合调绘法等。

1. 影像解译法

影像解译法是基于调查区域的遥感影像先根据不同的地物在影像中表现出的几何形状、大小、色调、纹理等特征建立各类地物的解译标志，然后在遥感影像上识别、分析、判读、解译各类地物的方法。各类型地物在遥感影像中呈现的空间特征与波谱特征可用于识别和区分不同地物类型，这些典型的影像特征是解译各类地物的基础，可作为影像解译标志。建立影像解译标志是影像解译的前提，可通过影像色调与色彩、形状、大小、阴影、相互位置关系等特征建立解译标志。解译标志分为直接解译标志与间接解译标志。直接解译标志指可在遥感影像中直接观测到的特征，包括地物的几何形状、大小、色彩、色调、阴影、反差、位置、相互关系等。把在直接解译基础上需要经过分析、判别才能识别和推断其性质的影像特征确定为间接解译标志，如耕地、林地、草地等土地类型。

在建立影像解译标志后，利用解译标志和实践经验对遥感影像进行识别，从而获取各类型地物的边界。内业解译时可参考以往调查的土地利用图件成果、土地利用数据库，交通及水利等相关部门的资料，将解译出来的地物类型的名称、界线、相关属性等信息预先标绘在调查底图上，然后再到实地逐一核实、修改、补充调绘、进行确认。

2. 全野外调绘法

全野外调绘法是指持调查底图直接到实地，将影像所反映的信息与实地情况一一对应识别，并将各种地物类型的经纬度和界线用规定的符号、线划在调查底图上标绘出来，同时将地物属性标注在调查底图上，最终获得能够反映调查区域国土开发利用状况的调查图件和资料的过程，这些图件和资料将会作为内业数据库建设的依据。

全野外调绘法需选择合理的方法、步骤、程序，在保证调查质量、提高调查效率的同时应尽量减轻劳动强度。在安排野外调绘时应注意以下几点原则：①要在外业实地调查核实之前设计好调绘路线，尽量以路程最短的路线通过需要调绘的所有地物。②站立点尽量选择在易判读的明显地物上，该地物要尽可能地势高，视野广，如山顶或崖壁顶端。③调查核实应采用"远看近判"的方法，即远看可以看清物体的总体情况及相互关系，近判可以确定具体地物的准确位置，将地物类型的界线、范围、属性等调查内容调绘准确。④根据调查底图绘制比例尺，建立实地地物与影像之间的大小、距离的比例关系，需在调查地物的过程中进行记录与计算相关数据。⑤对于隐蔽的地物类型，可采取询问当地群众的方式进行调查。

3. 综合调绘法

综合调绘法不同于全野外调绘法，是综合内业解译、外业核实与补充调查的调绘方法。综合调绘法分为3个步骤，分别是资料收集、内业解译、外业实地核实与补充调查。

在内业解译前需对调查区域进行广泛的资料收集和整理，如土地利用数据、土地调查的图件和资料、当地自然地理状况、交通图、水利图、河流湖泊分布图、农作物分布图、地名图等。这些资料主要分为七大类：①以往调查形成的土地利用数据库、土地利用图、调查手簿、田坎系数测算资料、城镇地籍调查图件等资料。②各种界线资料，包括国界线、沿海滩涂界线、民政部门的行政区域界线等。③土地开发、复垦、整理，生态退耕设计、验收的图件、文字资料等。④针对调查区域需要收集与调查要求有关的其他资料，如农业结构调整、生态治理、水利工程、新建大型建设用地等项目的审批资料、设计图、竣工图等。⑤公路等交通资料。⑥河流、水库、湖泊等资料。⑦动植物、生物多样性等生态资料。

内业解译采用的方式有三种：直接目视判读标绘、立体判读标绘及利用已有的土地利用数据库与调查底图进行套合解译及标绘。其解译步骤与影像解译法的解译步骤相同，需从影像中判断地物类型和界线，并标绘在调查底图上。

外业实地核实和补充调查阶段，需要明确将要核实和补充的重点查看内容，既要对内业解译的成果进行全面核实，又要突出重点，提高工作效率。

三、调查流程

调查流程主要包括以下5个程序：准备工作、内业解译、外业调绘、成果整理和检查验收。

（一）准备工作

准备工作主要包括方案准备，组织准备，制订工作计划、仪器及用品准备、资料准备等。

在方案准备阶段，需要根据国家级或省级自然资源行政主管部门的总体调查方案，结合当地实际情况、基础条件，从调查任务、工作流程、人员安排、实施保障等多方面制订科学合理的工作方案。

在组织准备阶段，首先需要建立涉及各行各业的领导机构以落实调查开展前及调查过程中的组织协调工作。这些专门的机构能对项目人员、仪器设备及项目经费等方面进行充分的部署和调度。其次，生态安全格局构建是一项技术性较强的工作，因此组织专业队伍是保证调查质量的基本条件。最后，做好技术准备，需要制订规范的作业方案、详尽的技术规程和细则作为调查操作规范。

经过组织准备阶段后，需进行工作计划的制订，仪器及用品的准备，以及资料的准备。资料的准备包括当地的地形图、遥感影像资料、调查图件资料、国土资源利用数据库、自然地理状况、交通图、水利图、河流湖泊分布图、农作物分布图、地名图等相关资料的收集整理。

（二）内业解译

内业解译包括建立解译标志与影像解译两个过程，其解译步骤与影像解译法的解译步骤相同。

（三）外业调绘

外业调绘包括区域利用现状调绘与权属调查两方面。区域利用现状调绘分为调绘线路设计、确定站立点与调查核实3个步骤，与全野外调绘法的步骤类似。

对于城镇的权属调查，需通过公告等方式通知本宗地权利人、相邻宗地权利人和调查人员共同到现场，由本宗地权利人和相邻宗地权利人指界，认定界址点和界址线。界址认定后，调查人员需与双方宗地权利人对认定的界址点现场设界标，绘制宗地草图，勘丈界址边长及关系边长，并将界址种类和现场界址调查勘丈成果填写到地籍调查表上并签字盖章。

农村的权属调查途径与城镇权属调查有所区别。农村权属调查过程中，土地权属调查人员需与土地权利人、相邻土地权利人同时到场，经过审阅提供的权属资料和实地指界等阶段，依法对土地进行确权。若权利人能够出示权源文件，且确认权源文件能被现行法律法规认可，则按照权源文件来确认土地所有权和使用权的归属，根据权源文件上记载的土地位置、界址、权属性质、土地用途、权利人等信息在调查底图上直接标绘。此外，也可以通过土地权利人、相邻土地权利人双方现场指界共同认定土地边界来确认土地权属界线和归属。

对于土地权利人、相邻土地权利人双方均不能提供权源文件或双方对权属边界认识不一致的情况，可通过协商确权，确认土地权属。

（四）成果整理

成果整理分为数据源处理与数据库建设两大环节。

数据源处理就是根据数据源质量的要求，对外业调绘成果的合法性和准确性进行质量的检查与处理。整理人员需按照"依据充分、记录严格、实事求是"的处理原则，对数据进行质量检查，包括检查图形数据精度是否在误差范围之内，检查正射影像图等数据源的位置精度，检查外业记录表的规范性、完整性、逻辑一致性，并对照图件检查对应关系，检查数字形式数据源的数据格式、数学基础和数据精度，检查宗地属性资料的规范性、完整性，并对照地籍图对宗地属性进行对应关系检查等。

数据库建设是成果整理的另一个重要环节。对于不同的调查对象，数据库的建设标准也有所不同。通常，数据库建设主要包括几何校正、分层矢量化或分层矢量数据提取、分幅数据接边、数据拓扑处理、属性数据采集、数据检查与入库等内容。

（五）检查验收

调查成果检查验收，主要包括完整性检查、总体技术方法检查、调查底图检查、数据库成果检查、地物类型一致性检查、调查图件及调查记录检查、权属调查成果检查、专项调查成果检查、图件成果检查、数据汇总统计表检查、报告检查、外业检查等，由相关检查单位出具检查报告。

四、监测与预警技术

（一）"天-空-地"一体化的监测技术

"天-空-地"一体化监测技术中，"天"指的是利用卫星数据来核查各时间节点内区域生态安全格局构建的进程，从而及时发现存在的问题。"空"是指利用飞机、无人机遥感对项目区域进行航拍，确认实施进程中存在的实际问题。"地"则是指在地面上采用综合的监测手段，实施精细化的动态监测。"天-空-地"一体化监测技术主要包括航空遥感监测技术、无人机遥感监测技术、3S技术集成与物联网监测技术等。

1. 航空遥感监测技术

航空遥感监测技术系统具有机动灵活和快速反应的能力，并能快速地抵达需要进行监测的区域中获取现场图像，在实施动态监测中发挥着重要作用。监测人员可根据不同监测目的和任务，有针对性地选择相应的传感器及配套系统。在获取图像数据后，通过"机-地"传输系统将航拍图像快速传输到地面接收站，由地面快速图像处理系统实施快视、图像预处理、人机交互解译等专题处理操作，从而让监测人员对当地生态安全格局构建的现场执行状况有所了解。此技术可以让相关监管主体和责任方及时掌握项目的运行进展、建设质量，并判断项目运行过程中可能存在的问题及风险等。

2. 无人机遥感监测技术

无人机遥感监测技术作为继传统航空、航天遥感监测技术之后的新一代遥感监测技术，可快速获取地理、资源、环境等空间遥感信息，完成遥感数据的采集、处理和应用分析，具有高机动性、经济、安全等优势。无人机是一个运载传感器的平台，其核心任务就是搭载特定传感器。随着计算机技术的不断发展，以及无人机遥感监测技术在环保领域的应用不断深入发展，面向环境监测领域的传感器在数字化、轻型化、探测精确化等方面不断发展，极大地推动了无人机遥感监测技术在动态监测领域的应用。如：可见光传感器主要针对引水河道两岸和水体的风险源进行航拍监视；多光谱传感器主要针对生态环境遥感，微型合成孔径雷达基本不受天气和日光影响，可以对生态安全格局构建项目的实施进展及工程细节实施监测。此外，影像拼接技术、数据实时传输存储技术等的快速发展与完善也极大地促进了无人机遥感监测技术的推广和普及。

3. 3S技术集成与物联网监测技术

在生态安全格局构建的调查中，3S技术扮演着十分重要的角色。GPS主要用于定位和导航，具有速度快、精度高、无须通视、可全天候作业和测量操作简单等优势。此外，GPS测量数据可直接导入ArcGIS软件平台中，避免了传统方法中由多次转绘、清绘带来的误差。目前，随着3S技术的日益成熟，3S技术集成在生态安全格局构建项目的动态监测中表现出良好的应用前景。

应用3S技术集成和物联网监测技术，能够快速、有效地解决地面调查监测中的种种难题。在基础调查阶段中，需要判断生态安全格局构建项目相关的地物信息真实性及细节，进行地物识别、地物测量、信息采集、整理记录等一系列操作。这些操作均可以充分利用3S技术对资料进行数字化操作和管理，克服传统手工方法存在的定位难，精度低，记录准确性与实操性低等诸多问题。3S技术在解决上述操作难题的同时，也能通过建设数据库，为后续对信息变更、调整进行系统化监管提供技术基础，还能构建生态安全格局的修复信息报备与综合监管的技术平台，保证生态安全格局构建的报备信息的全面、真实、准确与及时，实现对各级各类多功能生态安全格局构建项目的全程、全面、集中统一监测监管的目标。

生态安全格局构建也因3S技术的发展，更加注重有关土地利用现状/变更数据库与调查数据采集系统的耦合，3S技术在整合土地利用信息的空间统计、查询、汇总、制图、制表、自动变更等多种工程和程序上发挥着重要的作用。基于多年的土地调查工作形成的海量的土地资源调查数据，是国家空间基础建设的重要组成部分，也是进行生态安全格局构建的重要支撑。

（二）动态监测与云端计算技术

1. 动态监测

动态监测是生态安全格局构建技术研究的主要及有效手段，其应用可结合通信、智能、仿生等先进技术，研究自然地理环境要素之间的相关关系，并进行长期持久观测、实验、总结和验证生态安全格局构建技术，这主要包括在线监测和模拟仿真两个方面。

在线监测，其主要功能就是通过有线或无线的方式实现数据的采集和保存，还包括数据浏览、历史曲线查询和分析、数据分析和信息共享等。生态安全格局构建的技术研究中，经常需要工作人员对项目实施后的生态质量变化进行监测。传统的监测工作主要以人工现场采样和实验室分析为主，这种方法由于采样频率低、样品数据分散，不能及时反映生态安全格局构建的相关信息，而难以满足需求。在线监测的最大优势就在于可以实时、快速、准确地获得监测数据，为工程技术研究和工程质量监测提供足量的数据。在线监测系统通常由传感器和有线或无线网络采集节点，以及安装软件平台的应用服务器等模块组成。其中，传感器需要根据监测的参数进行选择，在进行生态安全格局构建的过程中，常用到的监测参数包括土壤水分、温度、电导率、地下水水位、沟渠水位、pH值、生物多样性、植被覆盖率、景观破碎程度等，也会包含一些气象参数，如风速、风向、太阳辐射、空气湿度、降水等。

模拟仿真技术，就是指应用计算机对系统的结构、功能和行为以及参与系统控制的人的思维过程和行为进行动态化且比较逼真的模仿。它是一种描述性技术，也是一种定量分析的方法。模拟仿真能通过某一过程和某一系统的特定模式，来描述该过程或该系统，然后用一系列有目的、有条件的计算机仿真模拟实验来刻画系统的特征，从而得出数量指标，为决策者提供有关这一过程或系统的定量分析结果，以此作为决策的依据。此技术具有缩短实验周期和节约成本的优点，虽然模拟计算量受到有限元划分、边界条件和初始条件变化的影响，但其实验周期比传统分析方法短很多，传统分析方法需要近半年或更长时间才能完成一次监测实验，而计算机模拟仿真技术只需要几天就能完成一个实验，拥有其他方法不可比拟的优点。在当前以及未来，模拟仿真技术也必将成为科学研究的重要手段。

2. 云端计算技术

云端计算技术是一种基于互联网的大众参与式的计算模式，其计算资源（包括计算能力、存储能力、交互能力等）是动态的、可伸缩的、被虚拟化的，而且此技术均以服务的方式提供。云计算是一种基于互联网模式的计算，是分布式计算和网格计算的进一步延伸和发展。云计算可以支撑信息服务社会化、集约化和专业化，云计算中心通过软件的重用和柔性重组来进行服务流程的优化与重构，从而提高利用率。云计算促进软件之间的资源整合、信息共享和协同工作，形成面向服务的计算模式。云计算能够快速处理海量数据，并同时向上千万的用户提供服务。因此，云端计算技术在生态安全格局构建的动态监测中具有广泛的应用前景。

（三）监测评价及预警分析技术

1. 监测与评价

对生态安全格局构建的监测与评价，需按照"部门监管，省级总负责，市、县人民政府组织实施"的工作布局进行，建立以信息技术为手段的监测监管工作体系，实现信息统计分析制度化、信息督导检查制度化、信息工作通报制度化，保障生态安全格局构建信息的全面、准确、真实、及时，摸清各级各类生态安全格局构建项目的方法和目标，为监管工作提供基础数据支撑。

在监管技术体系的建设上，通过上述的3S技术、动态监测技术和云端计算技术等，构建"天–空–地"一体化的生态安全格局构建监测监管技术体系，并从国家层面进一步提升综合监测监管水平，为实现生态安全格局构建的总体目标提供全方位的技术支撑。

2. 预警分析

生态安全格局构建的对象是特定区域的生态系统，包括了生态系统基础网络安全的构建、水环境及湿地生态系统的安全格局构建、生物多样性和景观的生态安全格局构建、区域的生态修复等。监管人员需对这几个方面可能产生的问题进行预警，应具有一套全面的预警流程，包括警源分析、警兆选择与测算、警度划分、预警信号输出、排警措施等5个步骤。警源来自可能对生态系统造成影响的各项生态安全格局构建工程，比如在对某些水环境及湿地生态系统进行生态安全格局构建的过程中，人为的介入会一定程度上改变该地区各种地物类型的面积和分布，使得原本较为自然的生态系统改变为人工生态系统，如湿地公园等，这容易造成景观异质性、自然性降低。警兆的选择大致分为资源效应、生态环境和景观格局三大类，具体的指标需结合当地的实际情况和生态安全格局构建中可能造成的负面影响进行细分。

第四章　城市生态安全格局构建

第一节　生态安全格局构建框架

生态安全格局（ecological security pattern）是城市自然生命支持系统的关键性格局。它维护城市生态系统结构和过程健康与完整，维护区域与城市生态安全，是实现精明保护与精明增长的刚性格局，也是城市及其居民持续地获得综合生态系统服务的基本保障。

在我国，生态安全格局被认为是实现区域或城市生态安全的基本保障和重要途径。其中，生态安全格局的构建方法是生态安全格局研究的重点和难点。基于生态适宜性和垂直生态过程进行的生态敏感性和生态系统服务的重要性分析，是辨识关键生态地段的常用方法，目前已被广泛应用于研究领域和规划领域[82]1190。

生态安全格局旨在解决如何在有限的国土面积上以最高效的景观格局维护土地生态过程、游憩过程、历史文化过程等的安全与健康的问题。因此，生态安全格局构建通常是综合生态敏感性分析和生态系统服务功能分析，评价区域生态安全空间结构，基于景观要素划分生态安全等级，并通过情景分析进行多方案比选，确定路径最科学、最适宜的生态安全格局，使其既能够合理保护生态环境，又在一定程度上不妨碍社会经济发展。

"反规划"是应对我国快速的城镇化进程和在市场经济下城市无序扩张的一种物质空间的规划途径[83]。"反规划"不是不规划，也不是反对规划，它是一种景观规划途径，本质上讲，是一种通过优先进行不建设区域的控制，来进行城市空间规划的方法。但"反规划"也不是绿地优先的概念，它是一种逆向的规划程序，是以生命土地的健康、安全为前提和以持久的公共利益的名义进行的规划，而不是从眼前城市土地开发的需要出发来做规划。"反规划"在提供给决策者的规划成果上体现的是一个强制性的不发展区域，即构成城市发展的"底"，定义未来城市空间形态，并为市场经济下的城市开发松绑[84]。

因此，通过"反规划"的方法建立一个战略性的生态安全格局，可以高效地保障自然生态过程的完整性和连续性，为城市及其居民提供多种多样的生态系统服务；同时，以生态安全格局引导城市扩展，为城市未来发展留出足够的空间，从而实现精明增长与可持续发展的"双赢"。

本书论述的生态安全格局构建研究案例是基于"反规划"途径的研究框架（图4-1）进行的。

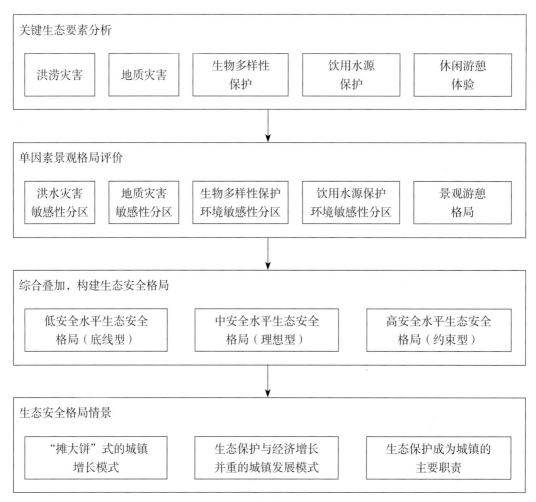

图4-1 "反规划"途径的研究框架

第二节 生态安全评估

一、生态敏感性与生态安全

生态敏感性是指生态系统对人类活动干扰和自然环境变化的敏感程度，说明发生区域生态环境问题的难易程度和可能性大小。生态敏感性评价实质上是对现状自然环境背景下潜在的生态环境问题进行明确的辨识，并将其落实到具体的空间区域。显然，深入分析和评价区域生态敏感性，了解其空间分布状况，能为制定预防和治理生态环境问题的区域政策提供科学依据。

构建战略性的生态安全格局可以解决如何在有限的国土面积上以最高效的景观格局维护土地生态过程、游憩过程、历史文化过程等的安全与健康的问题。因此，在城市生态安全格局构建中，需要对城市中的典型生态问题相对应的生态过程表征进行剖析，而生态敏感性分析则是识别这些生态问题和评价生态问题对应生态过程的基础。

二、生态系统服务功能与生态安全

生态系统服务是指人类从生态系统中获得的效益。生态系统的服务功能多种多样，本研究对与人类生存密切相关的水源涵养、土壤保持、气候调节、噪声消减、休闲游憩、遗产保护等功能进行评价。

生态系统服务作为人类从生态系统获得的所有效益，是实现生态安全的前提和保障。生态系统服务功能的评价结果，可以作为制定生态保护决策和土地利用优化配置对策的基础，也可作为生态安全格局构建中的源地识别和生态过程评价的依据。

第三节　案例分析

一、总体思路

本研究以广西壮族自治区梧州都市区为研究区（图4-2），作为城市生态安全格局的研究代表，综合生态敏感性评价和生态系统服务功能评价，评价城市化地区生态安全空间结构。将生态安全格局划分高、中、低三个等级，并通过多方案比选，确定适宜的生态安全格局，使其既能够合理保护地方生态环境，又在一定程度上不妨碍社会经济发展。

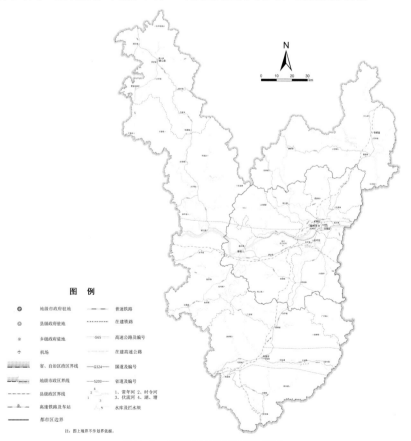

图4-2　梧州都市区范围示意图

二、生态敏感性评价的指标构建

针对梧州都市区的生态关键问题，确定生态敏感性因素主要包括洪水灾害风险、地质灾害风险、生物多样性保护和饮用水源保护等四大类（表 4-1）。对资源环境要素与区域资源现状进行匹配分析，确定研究范围内生态类型对资源开发的限制性，进而划分敏感性等级。

表4-1 生态敏感性评价指标体系

评价目标	评价指标	等级
生态敏感性	洪水灾害风险	高敏感性
		中敏感性
		低敏感性
	地质灾害风险	高敏感性
		中敏感性
		低敏感性
	生物多样性保护	高敏感性
		中敏感性
		低敏感性
	饮用水源保护	高敏感性
		中敏感性
		低敏感性

（一）洪水灾害风险评价

洪水是一种频发而且危害严重的自然灾害。洪水灾害风险评价则是对洪水风险区遭受不同强度洪水的可能性进行定量分析和评估，目标是建立符合洪水自然过程的安全格局。因此，开展洪水灾害风险评价对风险区土地的合理利用与投资、洪灾预防与管理、洪灾保险制度的建立以及灾期的快速评估和辅助决策等具有重要意义。

研究区的洪水灾害发生频率高，灾害波及范围广，且随着洪泛区人口的增加、经济的发展、土地利用的集约化，洪泛区遭受洪水袭击并致灾的可能性日益增大。确定水位、洪水频率、河道容量三个重要的评价因素，通过GIS技术，采用径流模型和数字高程模型进行洪水过程的模拟，进而评判洪泛区的受灾程度，得到梧州都市区洪水灾害风险敏感性分区结果（图4-3）。

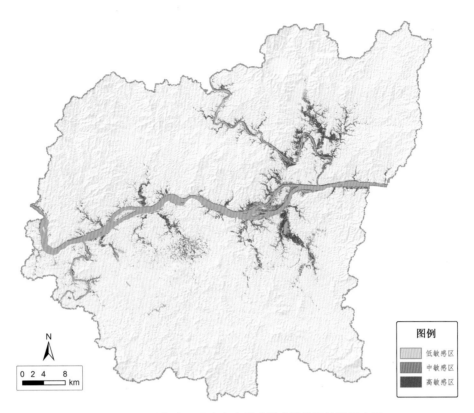

图例
低敏感区
中敏感区
高敏感区

图4-3 梧州都市区洪水灾害风险敏感性分区结果示意图

梧州都市区地势低，江河水位变化幅度大，极易发生洪水灾害。洪泛区沿水域向两岸扩展，从河流向河岸推进。该地区遭遇的洪水威胁主要来自两方面：

一方面是西江洪水，洪水主要来自上游柳江、红水河、郁江、桂江，而附近的支流濛江和北流河洪水的汇入，对西江特大洪水的形成也有直接影响。一般，自浔江上游到下游经过两次或多次降雨才会形成梧州市的较大洪水。根据历史资料分析，洪涝多发于每年的6月至8月。一般情况，梧州市区较大洪水主要以柳江和红水河来水为主，以郁江、桂江和其他支流来水为辅。

另一方面，梧州市区及周边范围普降大暴雨，也会造成本地高水位的洪水。市区内涝的成因，主要是普降大暴雨，同时还有大量工业废水和生活污水需要排放，排水量超过排涝能力而形成内涝积水。

（二）地质灾害风险评价

地质灾害是指在地质作用下，地质自然环境恶化并造成人类生命财产损毁或人类赖以生存与发展的资源、环境遭受严重破坏的过程或现象，是对人类生命财产和生存环境产生损毁的地质事件。地质灾害主要包括崩塌、滑坡、泥石流、地面沉降、海水入侵等。地质灾害风险具有随机性、模糊性、不均衡性等特点。

地质灾害风险评价的目的是风险决策和管理，目前以定量评价、半定量评价为主，定性评价为辅。通常，将地质灾害风险评价分为3个步骤。

第一，风险鉴别。鉴别风险的来源、范围、特性及与其行为或现象相关的不确定性，这在很大程度上界定了风险的本质特征。地质灾害危险性分为历史灾害危险性和潜在灾害危险性。历史灾害危险性是指已经发生的地质灾害的危险性，通过对历史灾害的调查分析确定。潜在灾害危险性是指那些可能发生的地质灾害的危险性，在调查历史地质灾害规律和地质灾害活动条件的基础上分析确定。

第二，风险量化与度量。风险量化是指利用主客观概率评估发生灾害的可能性，模拟风险源与其可能产生的影响之间的关系，得出各种可供选择的风险概率。风险度量主要是对地质灾害活动程度和危害能力的分析评判。反映地质灾害活动程度的基本指标是地质灾害的活动强度（或活动规模）、活动频次（或发展速率）、活动范围以及延续时间等。

第三，风险评价。确定地质灾害活动参数，圈定地质灾害危害范围，划分危害强度，得到地质灾害风险敏感性分区结果（图4-4）。

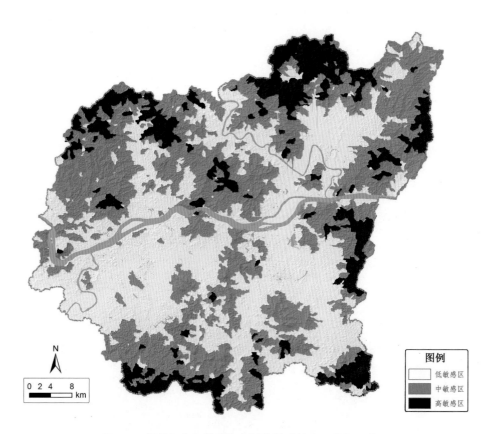

图4-4　梧州都市区地质灾害风险敏感性分区结果示意图

（三）生物多样性保护的环境风险评价

生物多样性包含三个层次的含义：遗传多样性，即指所有遗传信息的总和，它包含在动植物和微生物个体的基因内；物种多样性，即生命机体的变化和多样化；生态系统多样性，即栖息地、生物群落和生物圈内生态过程的多样化。相应的生物多样性保护也分别在环环相扣的多个生物空间等级层次上进行，即景观或生态系统综合体层次、群落层次、物种层次、种群层次和基因层次。生物多样性的空间等级层次与其空间位置和格局紧密相关，因此，本研究强调对景观系统和自然栖息地的整体保护，力图通过保护景观的多样性来实现生物多样性的保护。

　　梧州都市区整体的植被覆盖度高，生物多样性资源丰富，重要保护的植物和动物与植被覆盖度成正比。因此，本研究将保护物种、自然保护区及植被绿量三个要素作为生物多样性保护的环境风险评价的重要因素。研究发现，生物多样性保护环境高敏感区主要分布在植被覆盖度较高、海拔较高的地区。这些高敏感区主要位于规划区北部和东部山区的余脉地区，森林景观连通性高，形成一定范围的植被覆盖区，因此动植物种类也相对丰富（图4-5）。

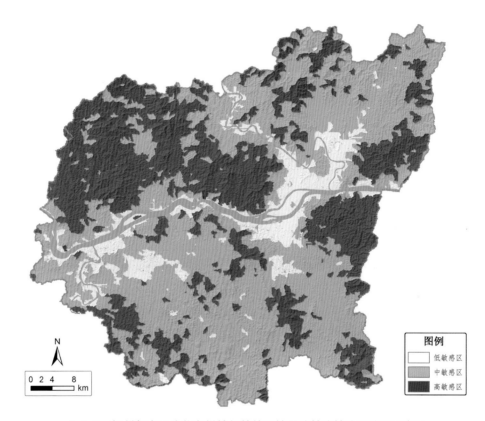

图4-5　梧州都市区生物多样性保护的环境风险敏感性分区结果示意图

（四）饮用水源保护的环境风险评价

　　水源是人类赖以生存和生活的重要生态环境要素之一。城市水资源短缺和饮用水源污染已成为全球范围的重大问题和人类社会共同关注的焦点。根据国家《饮用水水源保护区污染防治管理规定》和《广西壮族自治区饮用水源保护区环境保护管理条例（草案）》，梧州市加强了对集中式饮用水源地的保护。

　　桂江是梧州市境内居民重要的饮用水水源之一，保护桂江水环境及保障居民供水安全对梧州市具有重大意义。面对梧州市城镇化的快速发展，如何协调沿江开发与饮用水源地保护之间的关系是梧州都市区规划亟待解决的问题。本研究将桂江及其河岸带土地面临污染的环境敏感性作为最主要的评价指标，并辅之以河岸带土地利用状况，进行饮用水源保护的环境风险评价。结果表明，从陆地到河流，水环境抵御污染的能力下降（图4-6），通常情况下，河岸带500 m范围内都应当尽可能减少陆源污染。

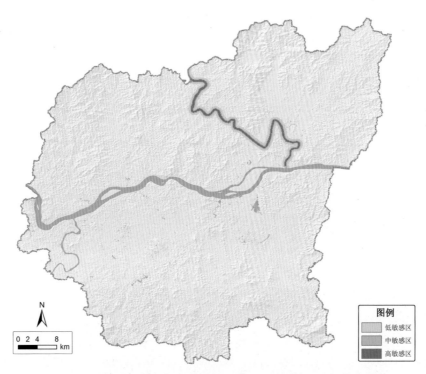

图4-6　梧州都市区饮用水源保护的环境风险敏感性分区结果示意图

三、生态系统服务功能评价的指标构建

（一）水源涵养功能

1. 水源涵养重要性评价方法

根据不同生态系统的水源涵养能力来评价区域生态系统水源涵养的重要性。根据被研究区所处流域的地理位置及其对整个流域水资源的贡献来评价。按不同生态系统类型下水资源保障及洪水调蓄的重要性，可以分为极重要、重要和一般重要3个级别（表4-2）。

表 4-2　水源涵养重要性分级

生态系统类型	重要性
常绿落叶阔叶混交林、常绿针叶林、常绿阔叶林、常绿针阔混交林	极重要
落叶阔叶林、经济林、针阔混交林	重要
灌丛	重要
农业区及其他地区	一般重要
河流、湖泊、水库	极重要
河岸带、湖滨带	重要

四、生态安全格局情景构建

以GIS技术为基础，综合生态安全研究经验和景观生态的规划方法，识别重要生态因子，分析关键景观格局与过程，通过空间模拟和预案研究进行生态安全格局研究。

（一）情景1：低安全水平生态安全格局（底线型）

低安全水平生态安全格局是底线型的生态发展模式，将给城镇造成极大的环境风险。该模式仅仅保护受灾最严重、生态效益最高的绿地，城镇"摊大饼"式发展，缺少必要的生态约束，这将必然导致生态效益的整体降低，城镇受灾风险进一步加剧（图4-8）。

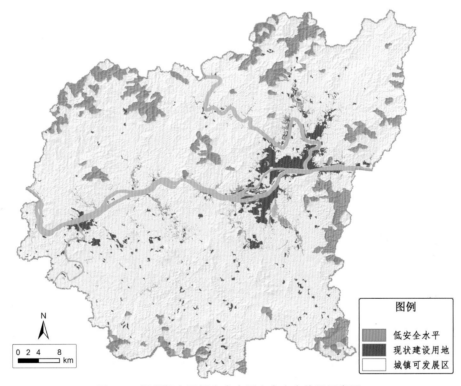

图4-8 梧州都市区低安全水平生态安全格局示意图

（二）情景2：中安全水平生态安全格局（理想型）

中安全水平生态安全格局是适宜的生态发展模式，可兼顾生态保护与城镇可持续发展。在该模式下，大部分的生态绿地得到保护，灾害敏感度相对较高的地区和区域性的自然保护区也受到严格保护，禁止城镇开发。同时，将受灾风险程度较低、生态效益较低的地区作为城镇发展的备用地区，既满足了生态安全需求，又给城镇发展留出了必要空间，是相对合适的生态安全格局（图4-9）。

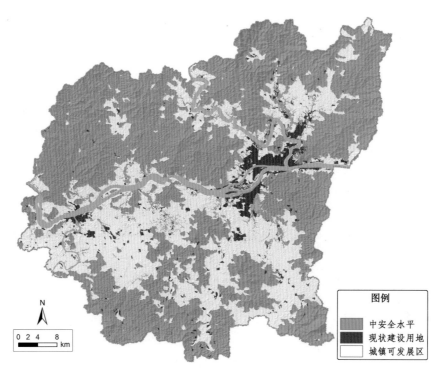

图4-9　梧州都市区中安全水平生态安全格局示意图

（三）情景3：高安全水平生态安全格局（约束型）

高安全水平生态安全格局是约束型的生态发展模式。在该模式下，生态保护成为城镇的主要职能，城镇95%左右的土地作为生态绿地并受到严格保护，城镇发展规模仅能保持现状。梧州作为区域性的生态城市，在更大的地域范围内发挥生态效益，承担区域的生态职能（图4-10）。

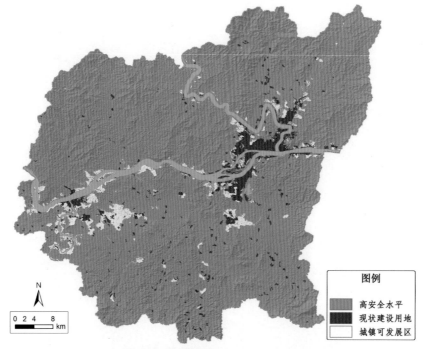

图4-10　梧州都市区高安全水平生态安全格局示意图

（四）理想生态安全格局选择

　　基于上述生态安全格局的情景分析，本研究认为，中安全水平生态安全格局最适合梧州都市区的发展，是理想的、令人满意的安全格局（图4-9）。中安全水平生态安全格局较好地维护了生态基础设施和生态系统服务，有效地降低了自然灾害对人类的影响，保护了生态功能和景观功能较高的绿地，同时还为城镇发展留有必要空间，利于实现城镇的可持续发展（表4-6）。

表4-6　理想生态安全格局用地分析

土地性质		面积/km²	占规划区比重/%
研究区		3 151.00	100.00
生态控制区	水域面积	119.08	3.78
	生态保护绿地	1 935.61	61.43
建设用地		115.12	3.65
城镇可发展区		981.19	31.14

（五）基于生态敏感性评价和生态系统服务功能评价的构建方法评析

　　生态敏感性评价和生态系统服务功能评价在生态安全格局构建中各有侧重，生态敏感性评价针对区域典型生态问题和聚焦生态过程，而生态系统服务功能评价侧重于对生态环境质量的评判。两者在生态安全格局构建中互补，以两者为基础构建的城市生态安全格局与城市生态安全格局的内涵和主旨较为契合，且具有较高的可行性。

第五章　生态网络构建

第一节　城市生态网络与生态安全格局

城镇化是人类活动的明显表征。城镇化导致的生境破碎和生物多样性下降是生态学家关注的重要课题之一[86-89]。生态网络是景观生态中连接生态斑块、节点、基质的关键结构，能够将森林、湿地、农田以及草地等生态系统有机结合，从而减弱生境的破碎化对生物种群之间的有效交流造成的阻断和众多物种的局部绝灭效应。基于生态网络的生态安全格局的划定可以优化地区生态基底，为生态保护与恢复提供更加精确的空间决策依据，同时为城市空间扩张提供科学合理的空间指引[90]。

城市生态网络是由生态节点、廊道、缓冲区、自然保护区等组成的网络状景观[66]408。合理构建城市生态网络是维护城市生态安全，实现区域可持续发展，建设生态城市的一种高效、可行的空间途径。城市生态网络空间分析及其格局优化，对改善城市生态景观破碎化，解决城市发展与生态保护矛盾，增进城市空间与生态网络之间的耦合关系和保障城市生态环境可持续发展具有重要意义[91]。城市生态网络规划是生态安全格局规划（构建）的重要应用途径[92-93]。

在城市生态网络规划中，生态网络的构建需要识别突出的生态问题，尊重城市生态现状，构建利于维护城市生态系统和提升城市生态环境质量的生态网络空间。生态安全格局构建的技术方法在生态规划中具有较强的适用性，基于生态现状的评价结果为城市生态网络空间的落实提供重要的依据。因此，国内出现了越来越多的城市生态网络规划与城市生态安全格局构建相结合的案例。

第二节　分析思路与评价方法

在生态网络构建之前，需要进行生态安全评价。本书设计了生态敏感性与生态干扰、生态风险、生态安全三个层级的评价模型，将综合得到市域范围生态安全格局；进而采用连接性建构、渗透性建构、均衡性建构三类技术方法来构建城市生态网络。

一、构建过程和层次分析法

在辨识生态安全现状空间资源的基础上，先对市域生态安全现状空间资源进行生态敏感性评价和生态干扰评价，然后通过生态敏感性评价和生态干扰评价的叠加分析，综合得出市域生态风险评价和生态安全评价，进而形成市域生态安全格局的空间分布。安全格局的整个构建过程如图5-1所示。

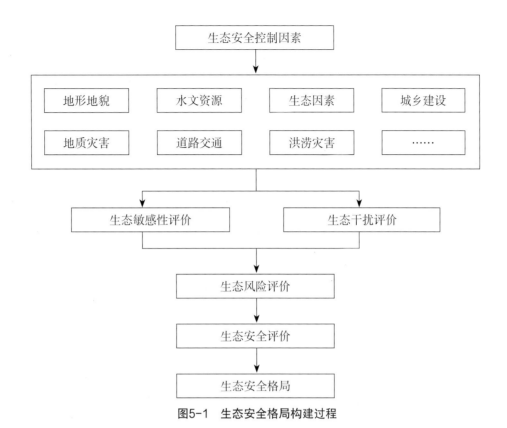

图5-1　生态安全格局构建过程

图5-1所述各个评价中的指标权重主要通过层次分析法确定。层次分析法（analytic hierarchy process，AHP）是一种定性和定量相结合的，系统化、层次化的多指标决策分析方法，也是目前实际应用中使用和研究最多的方法。运用层次分析法确定评价指标的权重，通常情况下可以按以下的步骤进行。

（一）建立递阶模型

在应用层次分析法之前，要建立相应的评价指标体系，即对评判对象进行层次分析，确立清晰的分级指标体系，例如目标层A、准则层B、指标层C，给出评判对象的因素集和子因素集，按照评价指标体系的基本关系构建一个递阶层次结构模型（图5-2）。

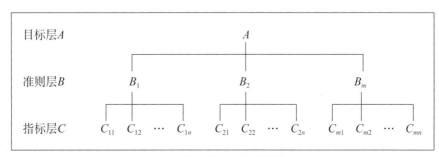

图5-2　指标递阶层次结构模型图

（二）构造判断矩阵

专家在将两个因素进行比较时，需要有定量的标度用以确定每一个指标的重要程度。标度采用重要程度1~9标度表（表5-1）。

表 5-1 层次分析法中1~9标度表

标度b_{ij}	含义	说明
$b_{ij}=B_i/B_j=1$	同等重要	表示因素B_i与B_j比较，具有同等重要性
$b_{ij}=B_i/B_j=3$	稍微重要	表示因素B_i与B_j比较，B_i比B_j稍微重要
$b_{ij}=B_i/B_j=5$	明显重要	表示因素B_i与B_j比较，B_i比B_j明显重要
$b_{ij}=B_i/B_j=7$	非常重要	表示因素B_i与B_j比较，B_i比B_j非常重要
$b_{ij}=B_i/B_j=9$	绝对重要	表示因素B_i与B_j比较，B_i比B_j绝对重要
$b_{ij}=B_i/B_j=2,4,6,8$	中值	上述两相邻判断的中值
倒数	反比较	表示因素B_j与B_i比较得到的标度b_{ji}，则$b_{ji}=1/b_{ij}$

运用两两比较法，对各相关因素的相对重要性进行两两比较评分，根据中间层的若干指标，可得到若干个两两比较的判断矩阵。判断矩阵的构成是：先给出递阶层次中的某一层因素和一个评价目标，比如第i层的因素B_1，B_2，…，B_n，以及相邻的上一层（i-1）层次中的一个因素A_k（评价目标），两两比较第i层的所有因素对A_k因素的影响程度，将比较结果以数值的形式写入矩阵表，即可构成A-B判别矩阵。表5-1中，$b_{ij}=B_i/B_j$，表示对A_k这一评价目标而言，b_{ij}为判断因素B_i与因素B_j对A_k的相对重要性的数值表现形式。

（三）层次单排序

每一层对上一层次中某因素的判别矩阵的最大特征值λ_{max}对应的归一化特征向量$W=(w_1，w_2，…，w_n)^T$的各个分量w_j，就是本层次相应因素对应上一层次某因素的相对重要性的权重排序权重值，即相应指标的单排序权重。层次单排序一致性检验方法请参考《数学建模算法全收录》。

（四）层次总排序

逐层计算各层次中的诸因素关于总目标层的相对重要性权重。计算方法是将最后一层各因素的权数乘以上一层受控因素的相对权数，从而形成各个因素对于总目标的绝对权重。对层次总排序也需要做一致性检验，此检验同单层次单排序一样由高层到底层逐层进行。若通过总排序一致性检验，则所求得的权重值就是指标的最终权重。层次总排序一致性检验方法请参考《数学建模算法全收录》。

二、生态敏感性评价

生态敏感性反映了区域生态系统在遭遇外界各种干扰时，产生生态环境问题的概率大小和之后进行生态修复的难易程度。在进行生态敏感性评价之前，需构建评价体系并选取生态敏感性因素，明确评价模型及方法，确定评价标准并最终明确生态敏感性的空间分布。

（一）评价方法

选取地形地貌因素、洼地因素、水文资源因素、自然灾害因素、生态资源因素和土地利用作为生态敏感性评价主因素，并结合研究区域特征细化为生态敏感单因素，构建由主因素与单因素构成的生态敏感性评价体系。各指标权重主要通过层次分析法获取。

（二）生态敏感性分区

结合各生态敏感性因素开展单因素专项评价，并采用综合叠加分析法，结合因素权重进行加权叠合，得出综合生态敏感性评价。在此基础上，依据研究区生态及地域特征，对综合评价数值结果进行合理的区间划分，将评价区划分为生态高度敏感区、较高敏感区、中度敏感区、较低敏感区和低度敏感区，形成生态敏感性的空间分布图。

三、生态干扰评价

生态干扰可分为自然干扰和人为干扰。生态干扰评价主要考虑人为干扰对生态景观及生态安全造成的影响。

（一）评价方法

一般道路交通、基础设施、生态要素、城乡建设是以人类活动为主的生态干扰主因素。生态干扰评价应结合研究区的生态与地域特征并细化为生态干扰单因素，构建由主因素与单因素构成的生态干扰评价体系，进而确定评价指标与权重。各指标权重主要通过层次分析法获取。

（二）生态干扰分区

通过对上述的人类活动干扰因素的叠加分析，得到最终的生态干扰分析结果。在此基础上，依据研究区的生态与地域特征，对综合评价数值结果进行合理的区间划分，将评价区划分为生态高度干扰区、较高干扰区、中度干扰区、较低干扰区和低度干扰区，并形成生态干扰状况的空间分布图。

四、生态风险评价

近年来，由于人类开发活动频繁，生态环境问题加重，生态风险评价逐渐成为研究和解决环境问题的重要手段。生态风险的评价结果对于区域生态安全格局构建具有重要的指导作用。

生态风险评价采用矩阵分析法，针对生态敏感性评价及生态干扰评价展开关联叠加分析，综合得出生态风险评价。

生态敏感性评价值（矩阵A）（表5-2）及生态干扰评价值（矩阵B）（表5-3）应依据评价区的具体状况进行合理确定，并在此基础上，构造两者的叠加矩阵C（表5-4）。

表5-2　生态敏感性评价值（矩阵A）

生态敏感性分级	赋值
高度敏感	1
较高敏感	3
中度敏感	5
较低敏感	7
低度敏感	9

表5-3　生态干扰评价值（矩阵B）

生态干扰分级	赋值
低度干扰	1
较低干扰	3
中度干扰	5
较高干扰	7
高度干扰	9

表5-4　生态敏感性与生态干扰叠加（矩阵C）

分级	低度干扰	较低干扰	中度干扰	较高干扰	高度干扰
低度敏感	1	3	5	7	9
较低敏感	3	9	15	21	27
中度敏感	5	15	25	35	45
较高敏感	7	21	35	49	63
高度敏感	9	27	45	63	81

五、生态网络构建思路

构建多层次、多功能、立体化、网络化的生态网络，可达到避免水土流失，涵养水源，保护生态环境，保证河流的行洪安全和景观游憩功能，提高人居环境、生态系统的稳定性等规划目标。

首先，以生态安全评价为基础，构建理想城市安全格局。其次，采用连接性建构、渗透性建构、均衡性建构等方法，评估城市生态要素在网络构建中的作用。最后，基于生态分析评估及生态空间架构，构建城市生态网络，明确生态网络功能建构与空间建构内容。

（一）连接性建构

连接性建构以生态连接为核心手段，通过生态廊道的直接连接方式加强各要素的空间连续（图5-3），或是通过暂栖地、生态溪沟等间接连接方式提升空间邻近程度，建立城市生态功能的有机联系，确保生态过程能在不同生态要素之间顺利进行。

生态网络的连接性建构是针对生态绿地进行直接连接，或者通过踏脚石、暂栖地或溪沟的方式建立生态绿地的间接性连接（图5-4），进而构建统一生态基质的基质连接方式（图5-5）。

图5-3　生态廊道直接连接

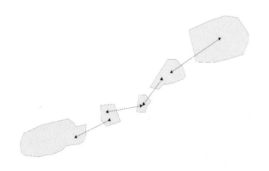

图5-4　生态绿地间接性连接

（踏脚石、暂栖地或溪沟）

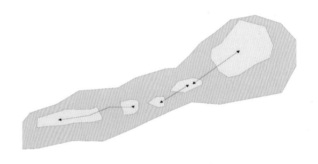

图5-5　基质连接

（二）渗透性建构

渗透性建构以生态空间镶嵌为核心手段，通过空间蔓延格局与镶嵌形态等方式，加强生态向着其他类型空间的融合与渗入，促进生态系统与城市系统的耦合与渗透，提升生态网络综合功能效益。

通过生态斑块面积、斑块周长、斑块密度、平均分形维数、优势度指数等生态学指标表征渗透性建构的结果。

斑块面积（patch area，PA）：斑块面积不仅影响物种分布和生产力水平，还影响能量和养分的分布。斑块面积越大，能支持的物种数量越多，物种的多样性和生产力水平也随着斑块面积的增加而增加，物种多样性与斑块面积显著相关。

$$PA_{ij} = a_{ij}\left(\frac{1}{10000}\right) \tag{5-1}$$

式中：PA为斑块面积，单位为hm^2；$i =1$，$\cdots$，m，为斑块类型；$j =1$，$\cdots$，n，为斑块数目；a_{ij}是第 i 类斑块中的第 j 个斑块的面积，单位为m^2。

斑块周长（patch perimeter）：反映各种扩散过程（能流、物流、物种流等）的可能性。斑块的形状对生物的扩散、动物的觅食，以及物质和能量的迁移都有重要影响。

斑块密度（patch density，PD）：每单元面积的斑块数，斑块密度即

$$PD = \frac{m}{A} \tag{5-2}$$

式中，PD为斑块密度；m为景观中所有斑块类型数目；A为研究区域的总面积。

分形维数（fractal dimension，FD）：描述景观斑块形状的复杂程度。分形维数FD越趋于1，斑块的自相似性越强，斑块形状越有规律。斑块几何形状越趋于简单，表明斑块受扰动的程度越大。

$$FD = \frac{2\ln\dfrac{P}{4}}{\ln A} \tag{5-3}$$

式中，FD为分形维数；A为研究区景观总面积；P为周长。

优势度指数（dominance，D）：反映景观中某种斑块类型支配景观的程度。优势度大，表明各斑块类型所占比例差别大，其中一种或某几种斑块类型占优势；优势度小，表明各类型所占比例相当；优势度为0，即$D=\ln m$时，各斑块类型所占比例相等，没有某一类斑块占优势。

$$D = \ln m + \sum_{i}^{m} P_i \ln P_i \tag{5-4}$$

式中：D为景观的优势度；m为斑块类型总数；P_i是第i类型斑块出现的概率。

渗透性网络构建主要采用平均边缘指数（ED）和平均分形维数（MPFD）进行，两者通过式（5-1）至式（5-4），采用Fragstats 3.3软件Grid格式计算。

（三）均衡性建构

均衡性建构以科学、合理的生态空间分布为核心手段，结合空间分析及发展需求，通过调整并优化生态空间集散程度与疏密关系，增强生态网络面向城市的整体功能效益，提升生态系统服务的有效性。

以生态需求为导向，综合研究区生态功能、土地覆被、热力分布、绿地密度等要素，得到绿地使用密度评价结果，以此作为均衡性建构的理论依据。

建构流程：通过土地覆被、用地分类评价和热力的叠加分析，首先得到生态绿地使用需求密度；其次，结合绿地现状，进行绿地密度分析；最后，在前两步基础上，进行绿地使用密度评价。

第三节 案例分析

一、研究区概况

阜阳市位于安徽省西北部，华北平原南端，北部与黄河决口扇形地相连，南部与江淮丘岗区隔淮河相望。2020年阜阳市全市总面积10 118.17 km²，总人口1 080万人，常住人口820万人。阜阳市全境属平原地形，地势平坦，因此进行生态安全评价及生态安全格局构建可较少考虑地形起伏因素，较为适合作为常规的生态安全格局和生态网络构建的典型研究区域。

二、生态安全评价

（一）生态敏感性评价结果

针对阜阳市的生态现状，主要选取地形地貌、洼地、水文资源、土地利用、自然灾害、生态资源等因素作为生态敏感性评价指标（表5-5）。

表5-5 阜阳市生态敏感性评价指标体系

一级指标	二级指标	三级指标名称	三级指标范围	三级指标敏感性	三级指标权重	二级指标权重
生态敏感性	地形地貌	数字高程模型（DEM）	5～24	高度敏感	0.6	0.15
			25～29	较高敏感		
			30～33	中度敏感		
			34～37	较低敏感		
			38～50	低度敏感		
		坡度	0～0.72	低度敏感	0.2	
			0.72～5.96	较低敏感		
		地形曲率	凸	低度敏感	0.2	
			平	中度敏感		
			凹	高度敏感		
	洼地	洼地	洼地范围	高度敏感	1	0.15
	水文资源	河流水面	>2 000	低度敏感	1	0.25
			1 000～2 000	较低敏感		
			500～1 000	中度敏感		
			200～500	较高敏感		
			<200	高度敏感		
	土地利用	土地利用类型	建设用地	低度敏感	1	0.1
			耕地、未用地	较低敏感		
			园地草地	中度敏感		
			水域湿地	较高敏感		
			林地	高度敏感		

（续表）

一级指标	二级指标	三级指标名称	三级指标范围	三级指标敏感性	三级指标权重	二级指标权重
生态敏感性	自然灾害	地质灾害	非易发区	低度敏感	0.3	0.15
			低易发区	中度敏感		
			高易发区	高度敏感		
		洪涝灾害	1	低度敏感	0.7	
			2	较低敏感		
			3	中度敏感		
			4	较高敏感		
			5	高度敏感		
生态敏感性	生态资源	归一化植被指数（NDVI）	0	低度敏感	0.4	0.2
			0.01~0.20	较低敏感		
			0.21~0.30	中度敏感		
			0.31~0.50	较高敏感		
			>0.50	高度敏感		
		生物栖息地	建设用地	低度敏感	0.6	
			农田园地	中度敏感		
			湿地林地	高度敏感		

阜阳市较多区域为较低敏感区，占比为32.48%，其次为中度敏感区，占比为30.63%，较高敏感区占比较少（图5-6、表5-6）。评价结果是阜阳市的生态系统敏感性较低，生态条件良好。

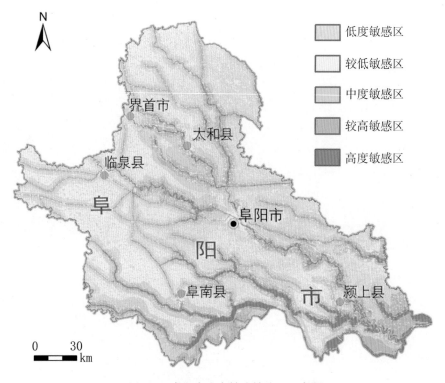

图5-6 阜阳市生态敏感性分区示意图

心保护区、边缘交融区和外围缓冲区）构建。

（二）生态空间要素识别

根据市区范围内现状生态空间资源，将阜阳市区现状生态空间资源划分为基础型要素、利用型要素、威胁型要素3种生态空间要素类型（表5-11）。

表 5-11 阜阳市区生态空间要素构成表

序号	要素类型	生态空间构成
1	基础型要素	自然保护区
		风景名胜区
		水源保护区
		水库、河流湖泊
		湿地、滩涂
		其他类型生态用地
2	利用型要素	公园绿地
3	威胁型要素	地质灾害区
		矿产开采区
		洪涝灾害区

1. 基础型要素

基础型要素是在生态空间资源中受人类活动影响最小的，对区域生态发展起最基础作用的自然生态要素。阜阳市区基础型要素主要为：河流湖泊（颍河、泉河、茨河、老泉河、七渔河、阜颍河、中清河、一道河、二道河、西清河、六里河、五道河、南城河、东城河、二里井河、老茨河、阜临河、双清河、西湖等）、水源保护区（茨淮新河水源保护区）、风景名胜区（颍州西湖省级风景名胜区、五河口风景名胜区）、自然保护区（颍州西湖省级保护区）、湿地（颍州西湖国家湿地公园、颍泉泉水湾湿地公园、颍东区东湖湿地公园）等，面积约为388.50 km^2，占阜阳市区总面积的19.85%。

2. 利用型要素

利用型要素是在生态空间资源中因人类发展的需求而发生改变或改造，具有潜在生态、景观、游憩功能的半自然生态要素。利用型要素与人类生存与生活紧密相连，阜阳市区利用型要素主要为公园绿地（抱龙桥公园、古西湖生态公园、老泉河公园、刘琦公园、东三角公园、大观塘公园、翡翠公园、文峰公园、双清河公园、华侨沟公园等），其主要功能为生态、景观、游憩，面积约为4.89 km^2，占阜阳市区总面积的0.25%。

3. 威胁型要素

威胁型要素是在生态空间资源中由于人类在生产、生活过程中的不合理利用超出了生态自修复极限，造成自然环境难以逆转的毁灭性破坏，从而形成的不适宜动植物及人类生存的要素空间；或是部分因自然力的作用形成的不适宜人类居住生活的要素空间。包括地质灾害区（地面沉降区、采空塌陷区、膨胀土变形区、河岸崩塌区）、矿产开采区（淮南煤炭矿区）、洪涝灾害区（易发生洪涝灾害的区域，如沙颍河洼地等）等，面积约为398.45 km²，占阜阳市区总面积的20.36%。

（三）生态网络构建

1. 连接性构建

在生态连接性构建实例分析（图5-12）中，现状生态要素为独立斑块，十分破碎，没有空间联系性；通过50 m、100 m和200 m缓冲阈值分析，可以看出，当阈值为50 m和100 m时，生态斑块还是独立斑块，没有建立空间连接；当阈值为200 m时，生态斑块就有机联系起来，形成连通性，可以进行生态流的传输，确保了生态过程在不同生态要素间的顺利进行。

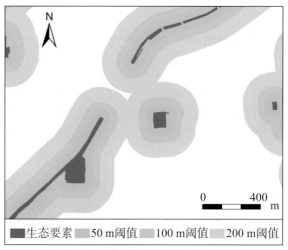

图5-12　阜阳市区生态连接性构建实例分析

结合对阜阳市区现状资源的分析，对市区生态要素的连接性进行构建，具体方法如下：

首先，以阜阳市区识别的水域、林地、风景名胜区和保护区、湿地公园、公园绿地、防护绿地等生态要素为基础（现状分析总斑块数量为3 452个），分别以50 m、100 m、200 m、400 m、800 m作为直接生态连接的连接阈值进行分析，确定直接连接构建的斑块数量及连接斑块的空间分布。其次，以直接连接分析为基础，确定以踏脚石、暂栖地或溪沟为生态连接方式的间接性生态构建空间布局。然后，在上述分析基础上，解析生态基质现状和形成特点，确定基质连接的空间构建。最后，综合直接连接、间接连接和基质连接三类生态连接方式，形成连接性构建的生态空间布局。

（1）构建过程。

以阜阳市区主要的现状生态要素为基本分析的斑块，现状生态要素总斑块数量为3 452个，分别以50 m、100 m、200 m、400 m、800 m作为直接生态连接的连接阈值进行分析（表5-12），确定直接连接建构的斑块数量及连接斑块的空间分布。

表5-12　阜阳市区连接性构建不同阈值下生态网络连接度评价

距离阈值/m	连接斑块数/个	连接斑块数目占比/%
50	1 656	47.97
100	2 128	61.65
200	2 573	74.54
400	2 964	85.86
800	3 405	98.64

（2）连接性结果分析。

综上分析，200 m的阈值连接斑块数目占比达到了74.54%，主要的生态空间斑块已经连接，形成了空间连通性，生态连接性明显提升，破碎程度很小，而且空间要素的相互重叠部分明显小于400 m和800 m阈值。从生态网络建构、生态效益等角度出发，200 m阈值为合理、生态效益最好的阈值。

2. 渗透性构建

（1）构建过程。

通过生态斑块面积、斑块周长、平均分形维数、优势度指数等生态学指标表征渗透性构建的结果。

渗透性网络构建主要采用平均边缘指数（ED）和平均分形维数（MPFD）进行，两者通过式（5-1）至式（5-4），采用Fragstats 3.3软件Grid格式计算。可以得到，阜阳市区的现状平均边缘指数ED为0.002 28，现状平均分形维数MPFD为1.45（表5-13）。

依托生态资源，加强生态绿地与建设空间的耦合交融，生态空间边界蔓延多样化，自然延伸且向着城市建设空间镶嵌，促进网络综合功能效益的提升。阜阳市区建构提升后的平均边缘指数（ED）和平均分形维数（MPFD）分别为0.003 46和1.53。

表5-13　渗透性构建不同阈值下生态网络连接度评价

渗透性构建指标	现状值	构建后
平均边缘指数（ED）	0.002 28	0.003 46
平均分形维数（MPFD）	1.45	1.53

（2）结果分析。

阜阳市区的平均边缘指数（ED）由原来的0.002 28上升为0.003 46，平均分形维数（MPFD）由原来的1.45上升为1.53。通过生态网络的渗透性构建，使得生态向着其他空间类型融合与渗入，促进生态系统与城市系统的耦合与渗透，使生态网络综合功能效益提升。

3. 均衡性构建

首先，通过土地覆被、用地分类评价和热力的叠加分析得到生态绿地使用需求密度；其次，结合现状绿地进行绿地密度分析；最后，在前两个分析结果的基础上进行绿地使用密度评价。

（1）构建过程。

1）人口热力分析。

绿地使用密度与人口关系密切，因此，可以先通过人口的热力分析，对阜阳市区的人口密度进行分析。阜阳市中心城区热力最高，建筑面积和人口密度均较高，人均绿地占比低；市中心周边和乡镇村所在地的热力较低，人口密度较低；湿地公园、水源保护区、风景名胜区等区域的热力最低。

2）热岛效应分析。

通过遥感影像反演、分析，可以得到阜阳市区热岛效应分析的结果。阜阳市区中心城区、城镇建设区域的热岛效应最强，为阜阳城市的热源。主要原因是城区密集的建筑群、纵横的道路桥梁，构成较为粗糙的城市下垫层，因而对风的阻力增大，风速减低，热量不易散失。湿地公园、水源保护区、风景名胜区的热岛效应相对较小。

3）用地分类评价和生态绿地需求。

阜阳市中心城区和乡镇建设用地生态适宜性最低；其次为农田；湿地公园、水源保护区、风景名胜区的生态适宜性高（图5-13）。原因是市中心城区和乡镇所在地，以建设用地为主，现状生态用地占比较小，生态适宜性低。

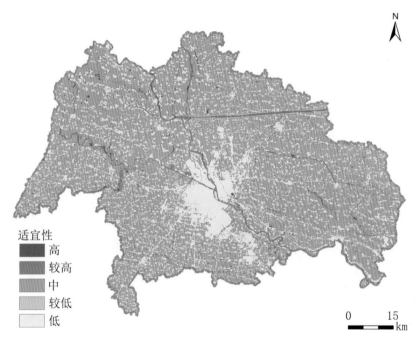

图5-13 阜阳市区用地分类评价结果示意图

生态绿地使用需求密度分析结果（图5-14）表明：中心城区对生态绿地使用需求密度最高，向外围方向生态绿地使用需求密度依次降低；乡镇对生态绿地使用需求密度较高；农田、湿地、保护区等对生态绿地使用需求密度低。中心城区人口热力高，人均生态绿地面积低，导致中心城区对生态绿地使用需求密度高，这也是本规划的出发点之一。

4）绿地密度分析。

绿地密度分析结果（图5-15）表明：颍州西湖省级风景名胜区、颍东区东湖湿地公园的绿地密度最高；颍泉泉水湾湿地公园、茨淮新河水源保护区、颍泉河绿地密度次之；阜阳市区东部、南部等地绿地密度最小。

5）绿地使用密度评价。

绿地使用密度评价结果（图5-16）表明：颍州西湖省级风景名胜区、颍东区东湖湿地公园、颍泉泉水湾湿地公园、茨淮新河水源保护区等区域绿地使用密度最高；越到外围绿地使用密度越低；市区东部等地绿地使用密度最小。

（2）绿地使用评价结果分析。

通过对阜阳市区人口热力、热岛效应、用地分类评价、生态绿地需求以及绿地密度的分

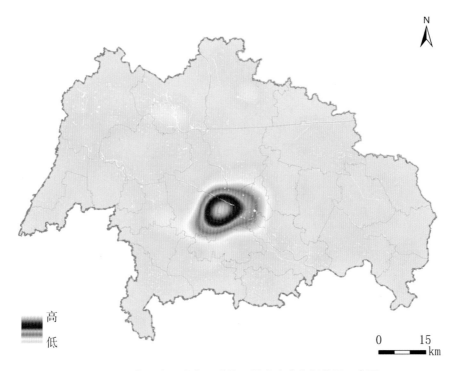

图5-14 阜阳市区生态绿地使用需求密度分析结果示意图

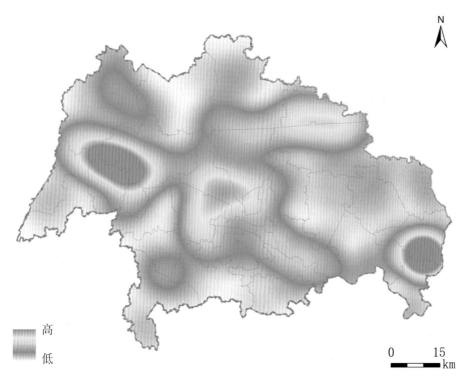

图5-15 阜阳市区绿地密度分析结果示意图

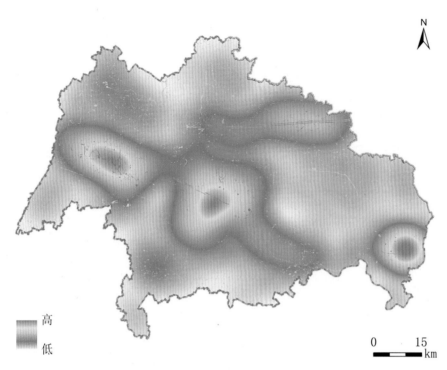

图5-16　阜阳市区绿地使用密度评价分析结果示意图

析，得到了绿地使用密度评价结果，结果表明：颍州西湖省级风景名胜区、颍东区东湖湿地公园、颍泉泉水湾湿地公园、茨淮新河水源保护区等区域绿地使用密度最高；越到外围绿地使用密度越低；市区东部等地绿地使用密度最小。此分析结果是阜阳市区生态安全型、生境保育型、缓冲防护型、风景游憩型、农业生产型功能性网络构建以及阜阳市区生态网络结构规划的重要依据。

五、市区生态网络构建结果

　　生态网络构建以阜阳市区的自然生态资源为本底，辨识了核心水域、核心生物栖息地等核心生态区域，明确了生态发展轴、生态走廊、生态环带等核心生态廊道，提出市区"一环、两河、两湖、多廊"的生态网络结构（图5-17）。

　　"一环"：环绕阜阳市中心城区的永久性城市绿带，具有防止城市蔓延扩展、缓冲城市建设行为、调节地表径流，以及景观、游憩等作用。

　　城市绿带：综合河流、湿地公园、城乡绿道等生态要素，形成环绕阜阳市区的城市绿带。

　　"两河"：将阜阳市区两条最主要的城市河流颍河和泉河作为生态轴，主要承担景观、游憩、人居环境提升、生物迁徙、涵养水源、行洪滞洪、防洪防涝等功能。

　　"两湖"：西湖和东湖，主要功能为自然景观营造、滨水游憩、湿地保育、改善城市环境、涵养水源、防洪防涝等。

　　"多廊"：以阜阳市中心城区为核心，以主要河流和道路为载体，形成放射状与环状的多条绿色廊道。

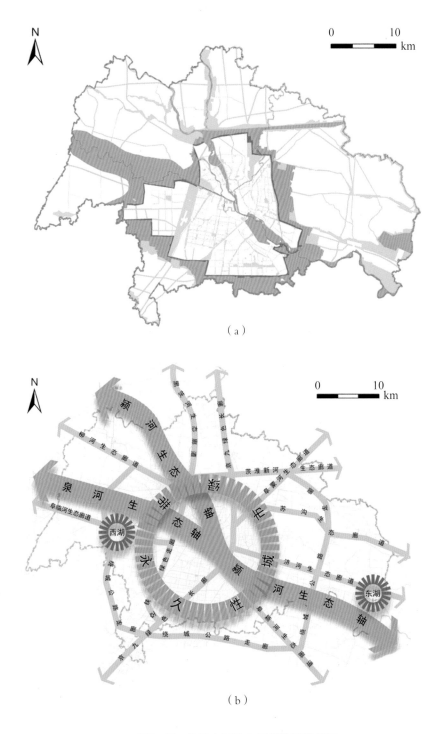

（a）

（b）

图5-17　阜阳市区生态网络构建结果图

（a）市区生态网络布局；（b）市区生态网络结构。

第六章　生态安全格局构建的尺度差异

第一节　不同空间尺度下的生态安全格局

在区域和城市建设发展过程中，生态环境遭到破坏，以及耕地、林地面积减少，都是普遍存在的重大问题。解决这些问题需要精明的保护——用最节约、最集约的方式来保护生态环境，为区域和城市的未来发展提供空间。水资源短缺、地下水超采、洪水灾害、城市内涝、生物栖息地丧失、文化遗产遭到破坏等，这些问题都是密切相关的。通过对区域和城市生态资源的梳理和整合，可以建立一个集约的战略性空间格局——生态安全格局。

不同空间尺度下的生态安全格局关注重点有所不同。如在国家及省域尺度上，较为关注国土宏观尺度上的关键区域与生态功能区等；而在市域尺度上，较多注重生态系统的供给服务和文化服务[94-95]。

区域生态安全格局构建是建立在对区域生态环境进行调查和分析的基础上，通过对区域的生态适宜性进行包括生态敏感性分析、生态系统服务价值分析、城镇发展政策导向分析的综合评价进行生态安全格局情景分析，进而构建区域生态安全格局。区域生态安全格局构建是化解生态保护与经济发展之间矛盾冲突的有效途径，其研究具有重要理论和现实意义[64]163。

城市生态安全格局构建是通过对城市建设用地进行增长潜力分析，构建战略性的城市生态安全格局，限制城市蔓延扩张。城市生态安全格局构建对于城市生态系统、城市景观、城市环境承载力等都具有重大的影响。

中心城区生态安全格局构建基于对中心城区范围内的生态斑块、景观廊道、景观基质等进行分析，包括山体、河流湖泊、农田、水库等，进而构建中心城区的生态景观格局[96]。中心城区生态安全格局构建对整体景观环境塑造、生态环境系统化、绿地水体保护等都具有促进意义。

第二节　总体思路与框架

本研究应用生态环境承载力评价相关方法，在对研究区土地资源、水资源、森林资源等自然生态资源现状进行调查及对其社会经济发展进行综合分析的基础上，从生态安全保障的需求出发，依据生态系统的完整性和稳定性，分析生态系统的结构—过程—功能，识别需要重点保护的敏感区域、敏感带、敏感点，构建理想生态安全格局，并以此为基础，针对都市区进行建设用地增长潜力和空间发展方向评价，针对中心城区构建生态景观格局。最后提出多尺度生态安全格局的实施战略（图6-1）。

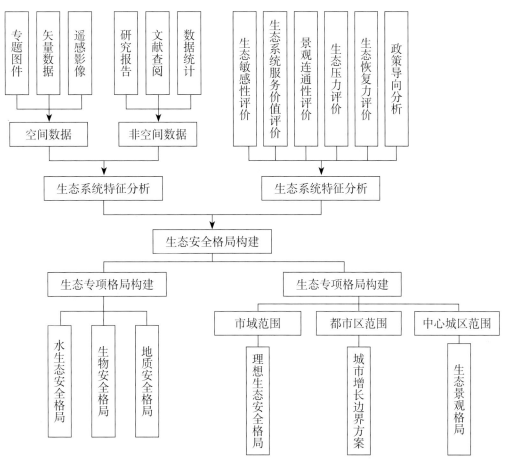

图6-1 多尺度生态安全格局实施技术路线图

（1）生态要素现状调查。

在收集整理研究区内自然、社会、人口、经济等方面的资料和基础地理空间数据的基础上，进行现有生态要素调研和分析，主要包括地形、地貌、地质、气候、水文、土壤、生物、大气环境质量、水环境质量、景观、社会、经济、文化等，充分了解区域的生态系统结构、生态过程、生态潜力与制约因素。

（2）生态敏感性评价。

在生态环境现状调查的基础上，充分考虑研究区主要生态环境问题及原始驱动力，应用遥感及地理信息系统技术，开展对研究区土壤侵蚀、石漠化等生态环境因素的敏感性分析，并在单因素分析的基础上，对整个研究区的生态系统敏感性进行综合性评价。

（3）生态系统服务功能重要性评价。

根据研究区典型生态系统服务功能的能力和生态系统特点，从水源涵养、水土保持、生物多样性保护等角度分析各类生态系统的服务功能及其对研究区域可持续发展的作用与重要性，并依据其重要性划分不同等级，明确其空间分布，然后综合各项生态服务功能分布，提出综合生态服务功能重要性分区，以反映生态系统服务功能的空间分异规律。

（4）生态安全格局构建。

采用地理信息系统空间分析技术，对不同生态要素的敏感性进行评价，构建专项生态安全格局和综合生态安全格局，形成生态保护建议方案。

一、生态系统特征分析

（一）生态单元的构成

生态单元（ecological unit），可以定义为存在于一定空间和时间中的与其环境相互作用的具有一定结构和功能的生命单元。生态单元有个体、种群、群落、生态系统和生物圈这5个基本等级层次[97-98]。

生态单元概念在资源管理和开发中已广为应用，并被运用到生态安全格局的构建中。在构建过程中，根据研究区域的空间特征，采用不同的方法进行生态单元的划分。

（二）生态问题辨识

城市的发展带来了一系列的生态问题，包括空气质量变差、土壤污染、水污染、生物多样性降低等。生态问题给城市发展带来了极大的负面影响，对生态问题的研究，有助于生态安全格局的构建。不同区域的现状不同，关注的主要生态问题也不同。

二、生态安全水平分析方法

（一）生态水文结构分析

水系格局与河流连通会影响水体交换能力和水功能区水质状况，特别是水系连通性与水流的自净能力和纳污能力有着密切联系；水系格局与河流连通能扩大河流的汇源作用，也可增强河流蓄滞洪水的能力，有利于防洪和水资源的合理分配；另外，水系格局与河湖连通可以增加河流湿地面积，提供更多的生物栖息地，有助于更好地保护生物多样性及河流生态系统完整性。

1. 水系提取与河网分级

根据便于操作的原则，目前平原区水系主要按照河道的规模、功能、地位进行分级。遵照分级标准，利用ArcGIS软件的水文分析功能对水系、河网进行分级。

2. 汇水过程和汇水单元分析

水环境问题的发生受到地表生态水文过程的制约，具有整体性和系统性。在一定地貌格局控制下，流域具有层次性和分维特征，因而生态水文格局是具有层次性的组合系统。在利用数字高程模型（DEM）提取河网信息的基础上，利用ArcGIS软件的水文分析功能，分别对水流方向、汇流累积量等进行计算，最后获得流域划分图。

（二）洪涝灾害风险分析

地形与洪涝危险程度密切相关。地形对洪涝的形成的影响主要有2个方面：地形高程及地形变化程度。地形高程越低，地形变化越小，越容易发生洪涝。河网的分布在很大程度上决

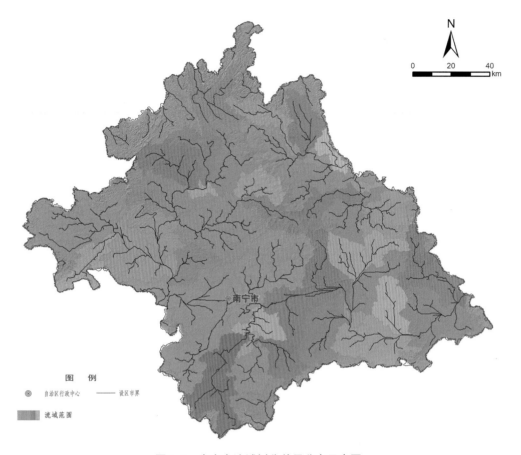

图6-4　南宁市流域划分单元分布示意图

（二）洪涝灾害风险分析

本研究依据集水区的内涝积水量，采用数字高程模型，利用ArcGIS软件的"等体积法"模拟不同重现期时，易出现洪涝灾害的区域（图6-5）。强降雨是南宁市洪涝灾害的致灾源，降雨量是评估模型中的主要输入变量。根据《南宁市城市水系控制规划报告》查得设计暴雨成果，取50年一遇24h降雨量264 mm，并通过综合径流系数和ArcGIS软件的等体积法推求24h产水量和平均淹没水位高。利用ArcGIS软件的水文分析功能和DEM模型估算无防洪堤坝情况下的南宁市淹没风险区（图6-6）。

（三）洪涝灾害风险分布

根据分析结果，南宁市遭受洪涝灾害威胁的区域主要分布于南宁市北部的丘陵山区的低洼地带和河网汇水地段，这些地区河道水流暴涨暴落，易遭受洪水威胁。在南宁市南部和南宁市区平原地段，受流域性强降雨和外江洪水作用影响，分布于左江、右江及低洼地带的这些地区的自然地形排水条件不好，且市区河流经过不断的人工改造，逐步演化为人工管理下的工程化系统，支涌被覆盖，绿地减少，地表排水条件的改变使得河流逐渐丧失了其自然的泄洪蓄洪的功能，易遭受内涝威胁。

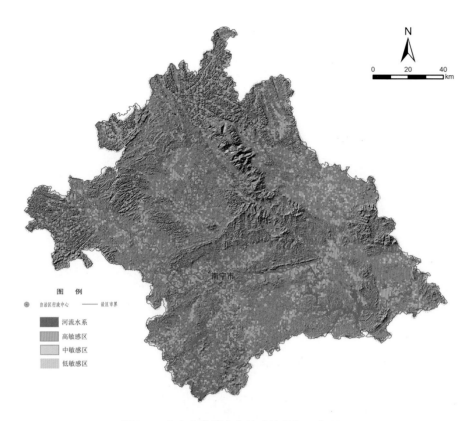

图6-5 南宁市洪涝灾害敏感性分析示意图

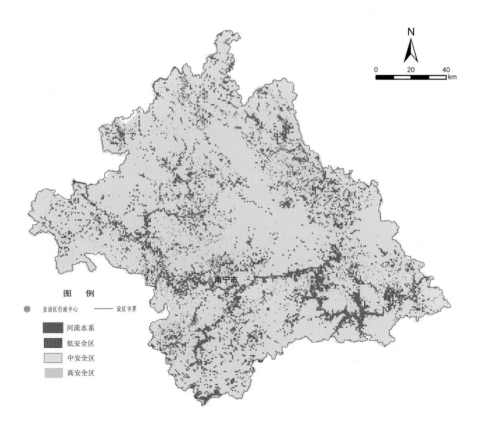

图6-6 南宁市防洪安全格局示意图

（四）地质灾害易发性分析

采集南宁市的地理数据和相关信息，利用地理信息系统软件绘制出南宁市区域地质灾害易发性分布图（图6-7）。

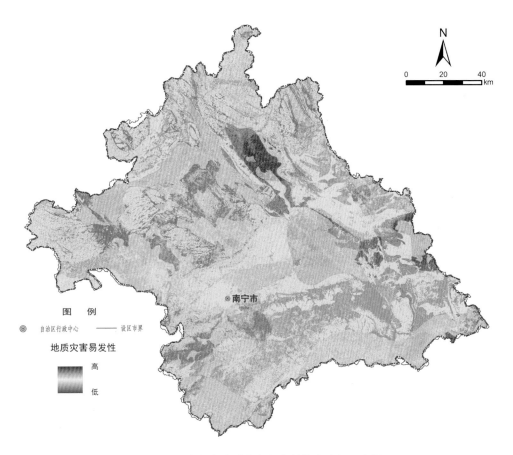

图6-7　南宁市地质灾害易发性综合分析示意图

（五）生态敏感性评价

本研究采用ArcGIS软件的空间叠加分析功能生成评价结果图（图6-8）。结果显示：生态敏感性较高的地方，多为自然保护区地带，这些地方生物多样性丰富，需要进行严格保护。生态敏感性越低的地方，越接近人类建成区，人工生态系统是主要生态系统类型。

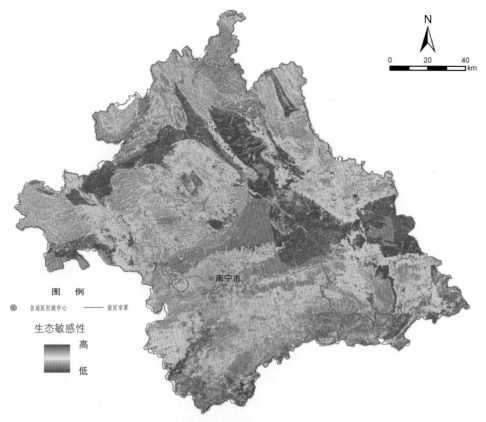

图6-8　南宁市生态敏感性评价示意图

三、市域范围生态安全格局构建

本研究综合生态敏感性评价、生态系统服务价值评价，以及有效遵从以上位规划为主的城镇发展政策导向，科学评价南宁市的生态安全空间结构（图6-9）。

（一）生态敏感性评价

评价南宁市生态敏感性是建立在对生态环境现状的调查与分析的基础上，根据社会-经济-自然复合生态系统理论和景观生态学技术方法，应用遥感及地理信息系统技术，结合基础资料、图件，充分考虑主要生态环境问题及原始驱动力进行的。对南宁市生态环境进行的生态敏感性评价主要针对洪涝风险、水质安全、地质灾害风险、生境安全等要素进行评价，并在各专项生态环境要素的敏感性评价的基础上，进行区域生态敏感性综合评价。

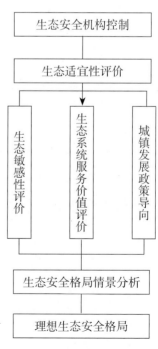

图6-9　南宁市生态安全格局评价方法

综合洪涝风险、水质安全和地质灾害风险，以及生境安全等要素进行南宁生态敏感性评价（表6-2），将南宁市全市域分为三个敏感性等级：高敏感区、中敏感区和低敏感区（图6-10、表6-3）。

表6-2　南宁市生态敏感性评价指标体系

评价目标	评价指标	等级
生态敏感性	洪涝风险	高敏感性
		中敏感性
		低敏感性
	水质安全	高敏感性
		中敏感性
		低敏感性
	地质灾害风险	高敏感性
		中敏感性
		低敏感性
	生境安全	高敏感性
		中敏感性
		低敏感性

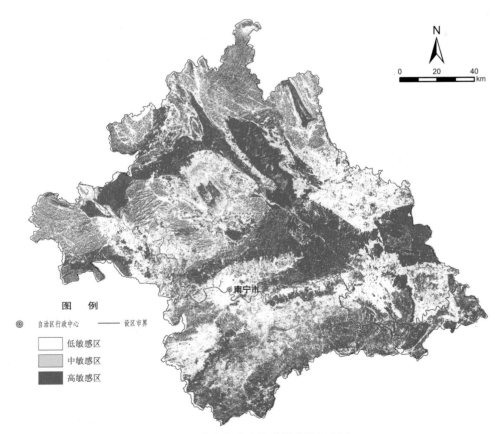

图6-10　南宁市生态敏感性分区示意图

表6-3 南宁市域敏感性分区统计分析表

分区	高敏感区	中敏感区	低敏感区
面积/km²	9 059.52	4 225.04	8 827.44
比例/%	40.97	19.11	39.92

（二）生态系统服务价值评价

本研究参考Costanza[100]及谢高地等人[101]的生态系统服务价值系数，参照中国陆地生态系统单位面积生态服务价值当量表，定义1 hm²全国平均产量水平的农田每年自然粮食产量的经济价值为1，其他生态系统服务价值当量是指该生态系统产生的生态服务功能相对于农田食物生产服务功能的贡献大小。结合南宁市自然生态用地情况，将生态服务价值当量表适当调整，使之适合南宁市土地利用的实际情况（表6-4）。各类生态用地单位面积的生态服务功能总价值系数的大小关系为：河流水系>园林绿地>农用地>裸地。

表6-4 南宁自然生态用地单位面积生态服务功能价值系数　　　　　　　单位：元/hm²

生态服务功能	土地利用类型			
	河流水系	园林绿地	农用地	裸地
气候调节	14 528.95	14 785.13	2 978.18	334.83
水源涵养	33 077.13	7 207.54	1 356.93	123.35
水土保持	1 722.51	7 684.19	2 590.49	299.58
废物处理	26 169.17	3 031.05	2 449.51	458.18
生物多样性保护	6 544.47	7 947.68	1 797.48	404.89
食物生产	933.98	581.54	1 762.23	35.25
原材料	616.79	5 251.45	687.28	70.49
娱乐文化	8 224.31	3 665.44	299.58	322.93
合计	9 1817.31	50 154.02	13 921.68	2 049.5

根据各生态用地类型的面积和其生态服务功能单价，运用如下公式计算南宁市总生态用地的生态系统服务价值。

$$\mathrm{ESV} = \sum\nolimits_{i=1}^{n} A_i E_i \qquad （6-2）$$

式中，ESV为南宁市总生态用地的生态系统服务价值；E_i为土地利用类型的单位面积生态服务功能价值；A_i为土地利用类型的分布面积。

（三）生态安全格局情景分析

本研究以GIS技术为基础，综合生态敏感性评价和生态服务价值评价结果，采用评价因素赋值和图形叠加法，进行空间模拟和预案研究，对南宁市生态安全格局展开情景分析（图6-11至图6-13）。

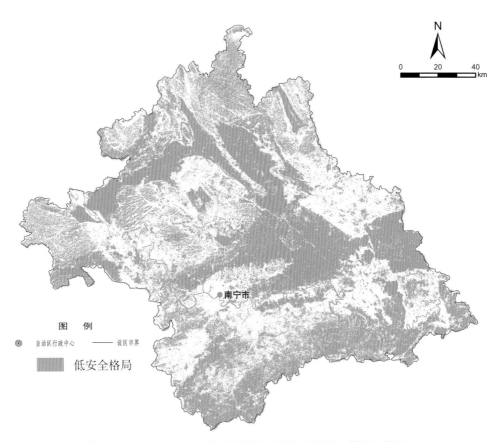

图6-11　南宁市生态安全格局情景（低安全格局）模拟示意图

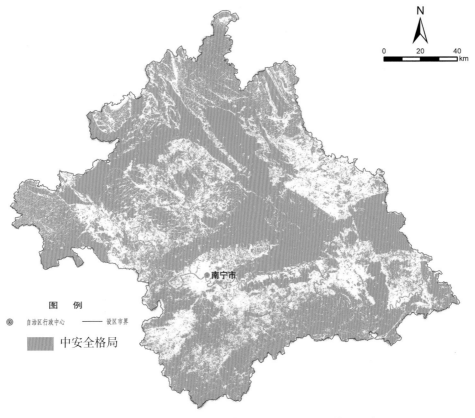

图6-12　南宁市生态安全格局情景（中安全格局）模拟示意图

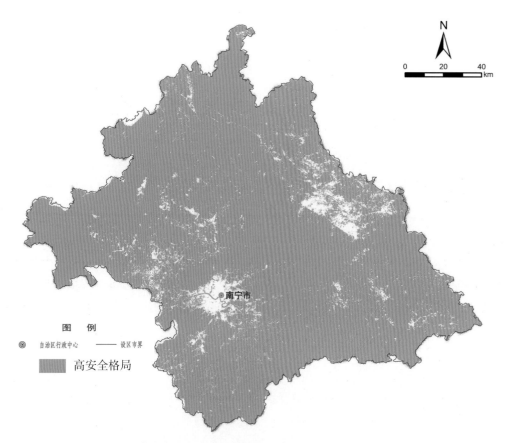

图6-13 南宁市生态安全格局情景（高安全格局）模拟示意图

（四）理想生态安全格局构建

理想生态安全格局强调绿地结构与生态经济可持续发展的协调。根据生态安全格局情景分析，具有合理的绿地结构的是中安全格局，这种空间布局也是最具有生态经济效益的形式，能够为南宁市全市创造634.48亿元的生态价值。

基于上述原因，本研究认为，中安全格局最适合南宁市的发展，是理想的、令人满意的安全格局。它能较好地维护生态基础设施和生态系统服务，有效地降低自然灾害对人类的影响，保护了生态功能和景观功能较高的绿地，同时为镇发展留有必要空间，有利于实现城乡的可持续发展。

在理想生态安全格局下，南宁市域范围内的生态安全用地量为13 284.54 km²，占全市范围的60.07%（表6-5）。

表6-5 理想生态安全格局用地分析

类别	土地性质	面积/km²	占规划区比重/%
生态控制区	河流水系	429.73	1.94
	园林绿地	11 821.77	53.46
	农用地	1 033.04	4.67
非生态控制区	建设用地	8 827.46	39.92
合计（市域面积）		22 112	100

四、都市区生态安全格局构建

（一）针对市域理想安全格局的修正

南宁市总体市域范围内构建的理想生态安全格局的基础地图比例尺较大，在针对局部地区进行理想生态安全格局研究时，需要提高地图精度，对小比例尺范围内的生态安全格局进行修正。

小流域划分方法通常用于辨识河网地区的生态保护用地。小流域是指以分水岭和出口断面为界的一个独立而完整的自然集水区域，一般通过DEM和高分辨率的遥感影像得到。以ArcGIS软件为平台，利用其水文分析模块，通过DEM提取水流方向、生成无洼地DEM、汇流累积流量计算、河网的提取、流域的分割等步骤，可以得到研究区的小流域；并可通过计算得到其流域面积、水流长度、平均坡度、坡度分级，以及小流域内每条沟道的长度、沟道比降、沟壑密度等小流域空间特征。因此，本研究采用小流域划分的方法对南宁都市区范围理想生态安全格局进行修正。

基于城市逾渗理论，通过建设用地规模反推绿地规模，南宁都市区范围内合理的绿地规模应当控制在都市区范围的50%～70%，也就是4 285～5 999 km²。原始中安全格局绿地总量为4 949.68 km²，占都市区范围的57.76%。而经过修正的中安全格局的绿地规模为5 409.45km²，占都市区范围的63.12%，符合逾渗理论模型计算的绿地指标要求（图6-14）。

（二）都市区生态安全格局控制

通过对南宁都市区城镇建设用地增长潜力进行分析，构建战略性的都市区生态安全格局。南宁都市区的生态空间战略要素为生态绿地和邕江流域。以邕江流域为主线，串联城镇组团。生态绿地在城镇组团间形成绿色隔离区，防止城镇无序扩张。

南宁都市区共包括五个城镇组团，分别为武鸣组团、隆安组团、中心城区组团、南部组团和东部组团。武鸣组团和隆安组团位于邕江流域上游，这两个组团的水环境对流域下游的水生态安全和居民饮用水源有着重要影响；中心城区组团是城镇居民最集中的一个片区，邕江饮用水源取水口恰好位于该组团内，因此，中心城区的城镇规模控制和污水排放对下游的东部组团起关键作用；东部组团包括六景—峦城—良圻的建成区，其生态位较低，容易积聚污染物；南部组团主要是机场组团，其生态小系统相对独立，对其他组团和整个都市区生态系统的影响都比较小，是城镇扩展较优地区（图6-15）。

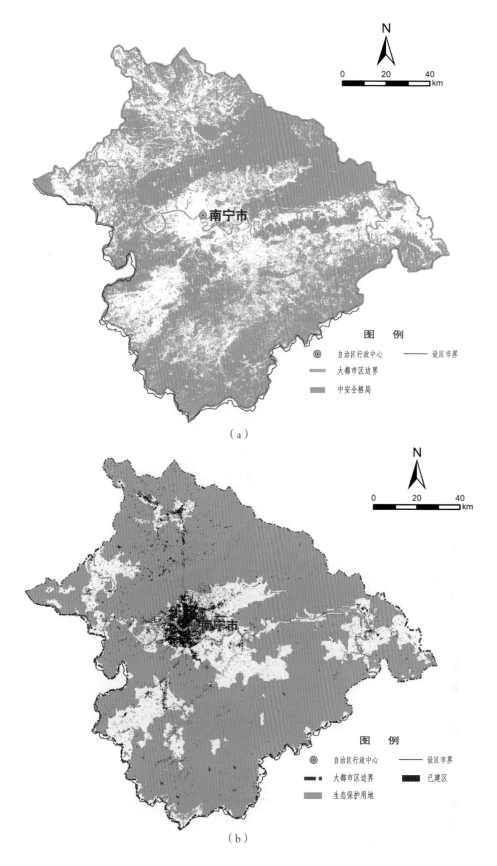

图6-14 修正前后的南宁都市区理想安全格局的模拟示意图

（a）修正前的理想安全格局；（b）修正后的理想安全格局。

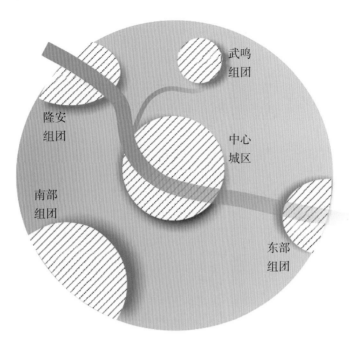

图6-15 南宁都市区的城镇组团

　　鉴于上述分析，本研究认为流域上游的武鸣组团、隆安组团应当适当控制城镇发展规模和工业发展规模，以保证下游饮用水源安全；中心城区应提倡集约发展，既要容纳足够的城镇人口，又要满足下游地区饮用水水质要求；东部组团具有较低生态位，容易聚集污染物，在都市区外更大的区域中发挥着更重要的生态作用；南部组团与其他组团间的相互影响较小，具有良好的城镇发展条件，是城镇规模扩大的择优地区。

五、中心城区生态绿地景观格局构建

（一）生态景观特征分析

1. 生态斑块

　　南宁市中心城区现有的生态斑块主要为低山丘陵、农田和水库河面，分布于东部邕江两侧、环城高速以西和城市建成区内。这些生态斑块是中心城区内的主要生态景观资源之一。目前存在的主要问题是生态斑块空间分布不均匀，西少东多，且除青秀山风景名胜区外，其他生态景观绿地的可达性较差，对城市居民的辐射范围较小（图6-16）。

2. 景观廊道

　　南宁市中心城区内的线状生态景观资源主要为河流湖泊。邕江、18条内河（马巢河、凤凰江、亭子冲、水塘江、良庆河、楞塘冲、八尺江、石灵河、石埠河、西明江、可利江、心圩江、二坑溪、朝阳溪、竹排冲、那平江、四塘江、大岸冲）及部分人造湖泊构成自然景观廊道。

　　虽然目前的生态廊道资源充足，邕江加快了南宁市中心城区内部生态系统的循环和交流，但内河水质下降在一定程度上影响了生态系统稳定性。

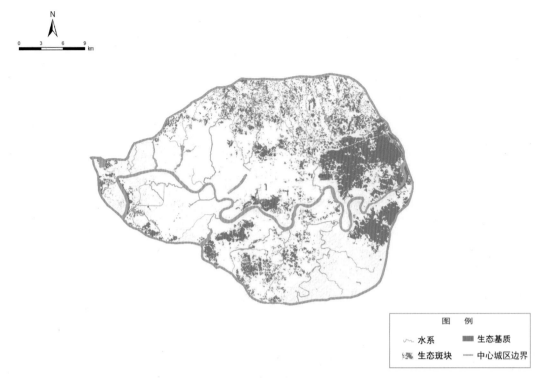

图6-16　南宁市中心城区生态景观特征现状示意图

3. 景观基质

南宁市中心城区主要发挥城镇职能，尤其是环城高速内城市建成区比例较高，因此南宁市中心城区的生态景观基质主要位于中心城区外围，由山体构成，将中心城区环抱其中。

（二）生态景观格局构建

南宁市中心城区属于河谷盆地，其外部有山体环抱，环城高速内生态景观资源比外部稀缺。同时，南宁中心城区内南北向的生态流通畅，而东西向的生态流较差；邕江北部小生态系统循环能力高于南部小生态系统的循环能力。

针对景观特征目前存在的主要问题，采用景观连通性和景观优势度分析，构建南宁市中心城区网络状的生态景观格局（图6-17）。本研究主要从三方面规划南宁市中心城区生态景观：

（1）打造多个生态景观节点，充分发挥城区内生态景观节点的辐射作用，加强居民可达性。将生态景观节点分为城市型和城郊型两类，构建11个生态景观节点。其中城市型节点2个：青秀山风景名胜区和五象岭森林公园；城郊型景观节点9个：金沙湖水库、罗文水库、老虎岭森林公园、罗伞岭水库、东山水库、天堂岭郊野公园、牛湾郊野公园、良凤江国家森林公园和红同郊野公园。

（2）构建多条景观廊道。一方面，要依托内河水面构建水系景观廊道，强化南北向生态流；另一方面，要依托道路构建道路景观廊道，加强环城高速、高新大道环线、白沙大道—沙井大道环线等环形道路，以及秀厢路、民族大道、五象大道、良玉大道等横向道路的绿化，疏通东西向生态流。

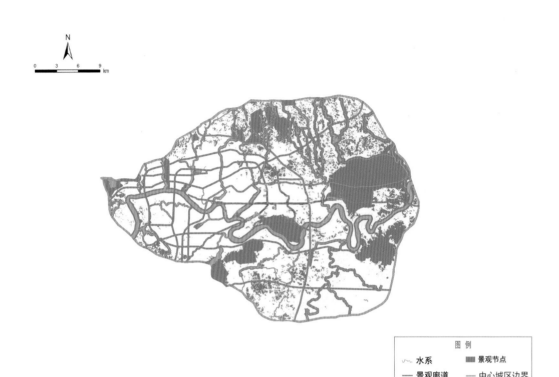

图6-17　南宁市中心城区生态景观格局示意图

（3）保护南宁市中心城区外围生态景观基质。外围山体是维护中心城区内小生态系统平衡的关键生态要素，是市区空气净化和水质净化的重要生态保障。保护北部高峰岭—大明山一脉山体；保护并尽可能修复逃军山的森林，扩展与市区的绿色通道规模，加强与牛湾郊野公园的联系；加强金鸡山—良凤江国家森林公园—红同郊野公园的生态联系，维护现有生态通道不中断，保护森林和水资源。

（三）中心城区生态景观结构

根据南宁市中心城区生态景观格局，构建"一环、多脉"的网络状叶脉结构的中心城区生态景观（图6-18）。

"一环"为围绕南宁市中心城区的外围生态绿环。城市外围大型集中连片的绿色生态空间是区域和城市的大型氧源绿地和生态支柱，在城市生态系统中承担着大型生物栖息地的功能，是保护和提高生物多样性的基地，对区域和城市生态安全具有重大影响。该环线将城郊生态元素贯通为一体，是中心城区与外围生态系统的分界线，是实现城区内部生态系统和外部生态系统生态交换的关键地区。

"多脉"包括主脉和侧脉。主脉为邕江干流，是南宁城区内最重要的生态要素，可将城郊流动的生态元素输送到城区，推动城区内的生态循环。侧脉为城市内河及相关连通通道，可将城区内各个角落的生态元素引入城市内河。侧脉与主脉相连，实现侧脉和主脉之间生态元素的交换，最终完成城郊—城市内部整个系统的生态流动，维护生态系统平衡。

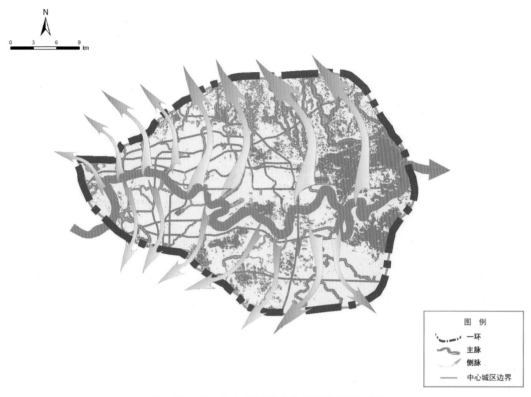

图6-18　南宁市中心城区生态景观结构示意图

第七章　小流域生态安全格局构建

流域生态安全格局规划研究具有重要的研究意义和实践意义。从研究尺度上看，流域生态安全格局研究范围小，尺度精细，问题明确。从研究方法上看，流域生态安全格局构建的方法是小尺度研究的应用探索，对在小流域开展生态安全格局研究具有示范意义。从实践上看，该研究能够为流域综合整治提供理论依据，实现与相邻小流域整合，形成小流域内"小系统"与相邻多个小流域组成的"大系统"并存的局面，有利于促进发改、财政、规划、国土、环保、建设、农林、水利、相关镇（街）场等部门机构的密切合作，也为小流域内发展提供了系统整合、整体思考、协同发展的思路。

第一节　小流域生态安全格局构建总体思路与框架

在小流域尺度下的生态安全格局构建中，前期需要收集与研究区有关的空间数据和非空间数据（图7-1）。基于收集的数据资料，分析研究区生态系统特征，诊断该区存在的生态环境问题，划分研究区内的河流流域单元。在此基础上，分别从水资源、耕地资源、森林资源、水源涵养能力、地质灾害等方面研究、评价流域单元的生态适宜性，应用GIS技术多因子空间叠置方法，形成生态适宜性综合评价。根据区域发展的需要，研究评价建设用地增长潜力，结合生态适宜性综合评价，构建综合生态安全格局，并从生态安全保障的需求出发，采用多因子叠置分析方法，依据生态系统的完整性和稳定性，识别需要重点保护的敏感区域，构建理想生态安全格局。在理想生态安全格局情境下，研究确定区域生态建设目标与原则、功能区划，制定区域建设指引，提出针对性的生态建设行动计划，实现区域的生态文明建设。

（一）生态环境现状调查

在收集整理研究区内自然、社会、人口、经济等方面的资料和基础地理空间数据的基础上，分析区域生态要素，主要包括地理地貌、气候、水文、生物、土壤等，充分了解研究区各小流域资源环境和生态状况，还应了解城镇建设、经济发展、人口增长及其对生态环境的影响，识别区内主要的生态环境问题。

（二）小流域单元划分

基于DEM划分流域的方法识别研究区内部各流域的边界与覆盖范围，划分研究区内各流域单元，为后续分析工作奠定研究基础。

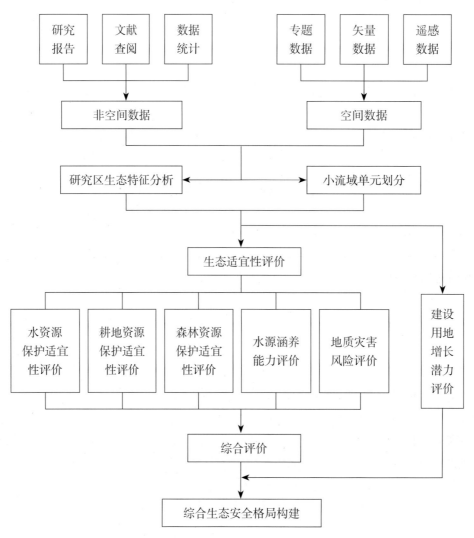

图7-1 小流域生态安全格局构建技术路线图

（三）生态适宜性评价

在生态环境现状调查的基础上，充分考虑研究区内主要生态环境问题及其影响因素，应用遥感及地理信息系统技术，分别对水资源、耕地资源、森林资源等生态环境要素进行适宜性分析，以及对水源涵养能力、地质灾害风险进行评价，用GIS技术多因子空间叠置方法，形成生态适宜性综合评价。在此基础上，结合区域发展的需要，研究评价建设用地增长潜力，确定城镇建设的增长潜力区。

（四）生态安全格局构建

以生态适宜性综合评价和建设用地增长潜力评价的结果为依据，构建综合生态安全格局。

第二节 生态适宜性评价

生态适宜性评价是指分别从水资源、耕地资源和森林资源三方面进行适宜性评价，以及对水源涵养能力和地质灾害风险进行评价。在单一生态要素评价的基础上，将上述评价进行综合，形成生态适宜性综合评价。

一、水资源保护适宜性评价

水资源保护适宜性评价的主要内容是评价人类建设活动对水资源保护适宜区的占用情况。通过对水资源土地保护适宜性地区与建设用地进行叠加评价，得到水资源保护适宜性冲突地区和适宜性较好的地区。

二、耕地资源保护适宜性评价

粮食安全历来是关乎国家政治、经济全局的重大问题，任何一个国家的经济发展、社会稳定和国家安全都必须建立在粮食安全的基础上，而粮食安全保障是建立在保障耕地安全的基础上的。耕地是农业生产的基础，为农村人口提供了主要的生活保障，是城市居民生活资料的主要来源。耕地安全事关粮食安全、社会稳定、社会可持续发展，也是生态文明建设的需要。因此，保护耕地就是保护生命线。

耕地资源保护适宜性从耕地适宜性与当前耕地资源空间分布的角度进行分析。对林地类型、NDVI、DEM、耕地类型等数据进行叠加分析、聚类分析和现有耕地缓冲区分析，得出耕地资源保护适宜性等级（图7-2）。

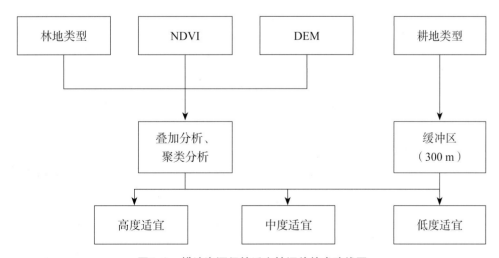

图7-2 耕地资源保护适宜性评价技术路线图

三、森林资源保护适宜性评价

森林资源保护适宜性是从林地类型的功能角度来确定森林资源的重要性，并结合森林分布与林地类型来划分（图7-3）。生态经济林侧重生态功能，是区域生态系统的重要组成部分；经济林则侧重林业经济功能，发展林业生产；景观游憩林的主要功能是提供旅游休闲场所。

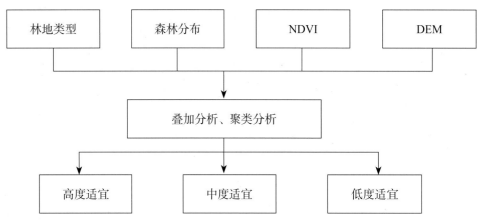

图7-3　森林资源保护适宜性评价技术路线图

四、水源涵养能力评价

水资源总量是由地表水资源量和地下水资源量相加扣除重复计算量而得的。水源涵养是指养护水资源的举措。水源涵养能力评价主要是基于对森林涵养水源能力的评价。具体的方法如下（图7-4）。

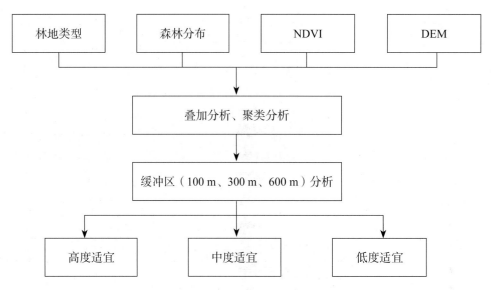

图7-4　森林涵养水源能力评价技术路线图

五、地质灾害风险评价

在景观生态学理论中，地质灾害因素对物种迁移会产生影响，而地形起伏较大、地质灾害频发的山地地区的生态安全状况也具有一定的特殊性和差异性。因此，在生态适宜性评价中，要考虑地质地形因素，并根据地质灾害易发区分原则和方法进行地质灾害风险评价。

六、生态适宜性综合评价

生态适宜性综合评价是综合水资源、耕地资源和森林资源保护适宜性评价和水源涵养能力评价，以及地质灾害风险评价，从生态安全保障的需求出发，运用空间叠置分析方法，形成生态适宜性综合评价（图7-5）。

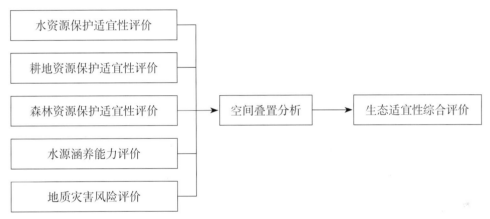

图7-5 生态适宜性综合评价技术路线图

第三节 案例分析

一、研究区概况

本研究选取厦门市的同安区作为研究区进行小流域尺度的生态安全格局构建。同安区是厦门市最大的行政区，土地总面积为669.36 km² [102]。同安区地势西北高，东南低。同时，区内溪涧纵横，且流向差异大，水系呈树枝状。同安区的河流水文特征使其流域单元内部的生态条件具有差异性，进行基于小流域尺度的生态安全格局构建具有可行性。

二、小流域单元划分结果

在对河流汇水区和河网结构进行分析的基础上，以主干河流为生态系统划分依据，将同安区划分为四个流域单元，分别是东西溪流域、埭头溪流域、官浔溪流域、龙东溪流域（图7-6）。

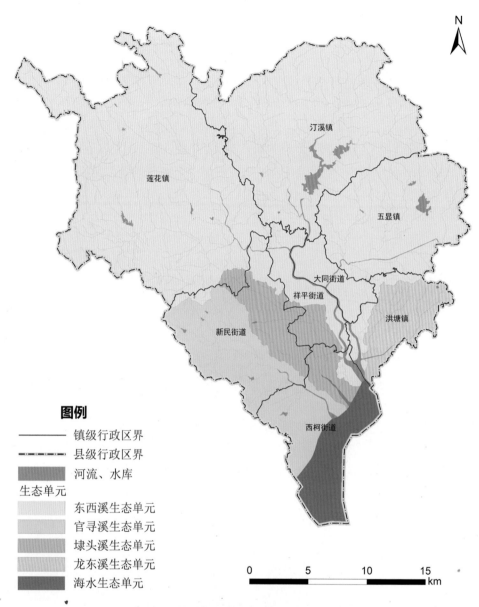

图7-6 厦门市同安区流域单元结构示意图

三、小流域生态适宜性评价

（一）水资源保护适宜性评价

  水资源保护的适宜性评价主要从地表水资源的水环境质量的角度考虑，以河流水系为边界起始，分别作100 m、300 m和600 m缓冲区，其中100 m内水资源保护适宜性为高度适宜，100～300 m范围为中度适宜，300～600 m范围为低度适宜。在此基础上，将水资源保护适宜性与建设用地进行叠加分析，建设用地处于水资源保护适宜性越高的范围，与水资源保护的冲突越大，水资源越容易受到人类活动的影响。建设用地处于水资源保护适宜性为高度适宜范围则为高度冲突，处于中度适宜范围则为中度冲突，处于低度适宜范围则为低度冲突。

　　缓冲区分析的主要依据是洛伦斯等[103]的研究发现——森林缓冲带中的沉积物大多来自对周围耕地的侵蚀，河流缓冲距离至少在80 m时才能发挥对沉积物滞留的作用。库珀等[104]也发现类似的结果，在森林100 m范围内滞留了50%以上的沉积物，河道边的河漫滩湿地内沉积了另外25%的沉积物。这两个研究表明，在类似河流系统，宽度为80～100 m的河岸植被缓冲带能减少50%～70%的沉积物。在保障河流水环境质量的情况下，水资源保护高度适宜设定范围为100 m。当缓冲区宽度达到600 m后，在保护水环境质量的同时，缓冲区还能够为动植物的迁徙与传播提供廊道，为鱼类与乔木种群营造良好的生存环境。因此，低度适宜边界设定为600 m。综合考虑，取100 m内范围水资源保护适宜性为高度适宜，保障水质的重点区；取100～300 m范围为中度适宜区；取300～600 m范围为低度适宜（图7-7）。

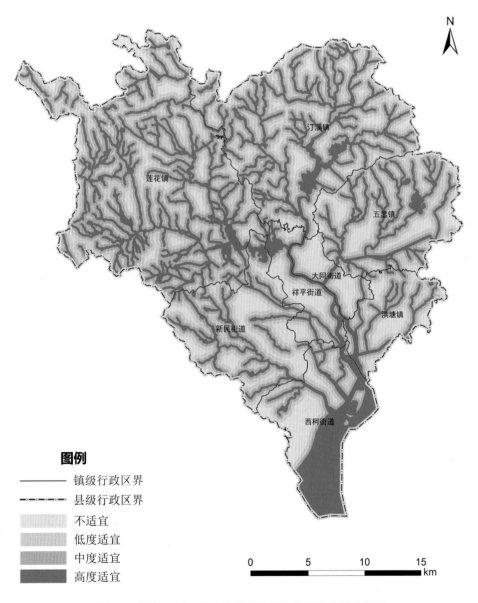

图例

────── 镇级行政区界
─‧─‧─ 县级行政区界
　　　 不适宜
　　　 低度适宜
　　　 中度适宜
　　　 高度适宜

0　　5　　10　　15 km

图7-7　厦门市同安区水资源保护适宜性评价结果示意图

（二）耕地资源保护适宜性评价

　　耕地资源保护适宜性评价从耕地适宜性与当前耕地资源整体空间分布及类型的角度进行分析。对耕地类型、林地类型、DEM、坡度等数据进行叠加分析、聚类分析和现有耕地缓冲区分析，缓冲范围为300 m，评价得出耕地资源保护适宜性等级：高度适宜、中度适宜、低度适宜。森林具有涵养水源、改良土壤等生态功能，对耕地资源保护具有重要的作用，这类耕地资源保护适宜性等级较高。在耕地资源保护适宜性较好的范围内应减少人类建设活动。

　　耕地资源整体空间分布比较零散，主要分布在同安区中心城区外围。耕地资源保护适宜性中高度适宜范围是原有耕地，中度适宜区主要是现有林业用地类型，对耕地具有保障作用，还是备用耕地。低度适宜区分布于不适宜区周边，用地类型以其他农用地、林地为主。不适宜区主要是建设用地和坡度大、海拔高的北部丘陵山区（图7-8）。

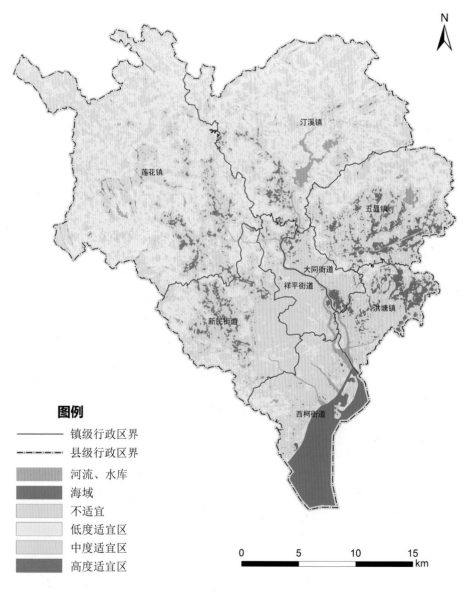

图7-8　厦门市同安区耕地资源保护适宜性评价结果示意图

（三）森林资源保护适宜性评价

同安区森林覆盖率为53.7%，森林加灌木林地覆盖率为58.6%。森林资源呈较为典型的区域性分布，集中连片分布在河流的上游山地、丘陵地区，零碎分布在河流中下游地区，具体集中在莲花、汀溪两个镇和汀溪、祥溪两个国有林场，其森林面积、森林蓄积分别占全区的64%和80%，其余6个镇的森林面积、森林蓄积分别占全区的36%和20%（图7-9）。

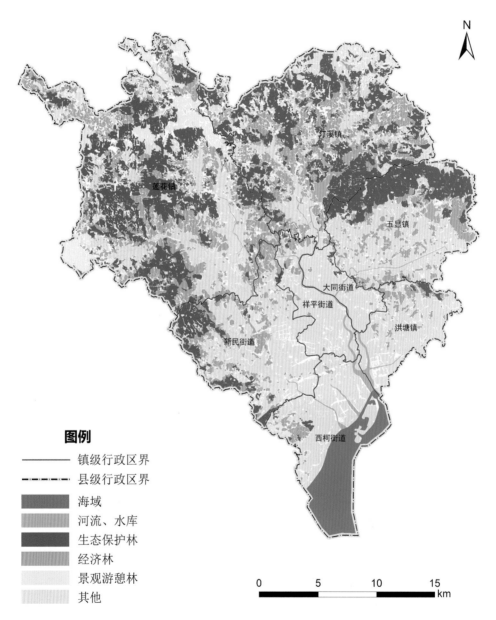

图例

———— 镇级行政区界
–·–·– 县级行政区界

▨ 海域
▨ 河流、水库
▨ 生态保护林
▨ 经济林
▨ 景观游憩林
▨ 其他

图7-9　厦门市同安区森林资源保护适宜性评价图

东西溪流域单元内森林资源功能多样，是生态保护林和经济林的集中连片分布区，建有汀溪国有林场和祥溪国有林场。莲花镇内适宜景观游憩林分布较为集中，适合发展森林休闲观光业，有利于森林资源的开发和保护，在促进经济发展的同时为林场转型提供方向。其中，森林资源保护适宜性较高的地区主要集中连片分布在同安区北部、东北部和西北部的山地、丘陵地区。

埭头溪流域单元内森林资源主要是经济林和景观游憩林，分布在生态单元内西北部的大西山及其附近低山丘陵区，在湖柑、柑岭等地有零碎分布，另外，在祥平街道、新民镇和西柯镇的城镇建成区也有零碎的森林分布。大西山及其附近低山丘陵区地形地势较复杂，不利于人类开展生产生活等活动，受人类干扰较小，其森林资源保护适宜性较高。

官浔溪流域单元内森林资源以生态保护林和经济林为主，集中连片分布在新民镇境内的大西山、砖仔山、康山、虎山、大风山等低山及其附近低山丘陵区，以及西柯镇境内的大帽山、美人山等低山丘陵区。低山丘陵区地形地势较为复杂，不利于人类开展生产生活等活动，受人类干扰较小，也是森林资源保护适宜性较高的地区。

龙东溪流域单元内森林资源以生态保护林和经济林为主，面积较小，分布在龙东溪流域单元内北部的小郭山及其附近丘陵区，沿着龙东溪上游各支流也有少量林地分布，另外，在洪塘镇区内也有零碎的林地分布。其中，小郭山及其附近丘陵区受人类活动干扰较小，森林资源保护适宜性较高。

（四）水源涵养能力评价

同安区水源涵养能力与森林资源保护适宜性分布相类似。生态保护林涵养水源的能力强于经济林，经济林强于景观游憩林。总体上，森林涵养水源能力的空间分布呈现从北向南递减的趋势，北部、东北部和西北部的丘陵、山地地区的莲花镇、汀溪镇和五显镇是水源涵养能力最强的地区；城镇建成区（包括祥平街道、大同街道）和南部的西柯镇、洪塘镇的水源涵养能力不足（图7-10）。水源涵养能力在森林分布地区也存在差异，森林外围的水源涵养能力较弱于森林内部。结合同安区主体功能区划，水源涵养能力高的地区主要分布在饮用水水源保护区、自然文化资源保护区。

东西溪流域单元内水源涵养能力空间分布与整体分布一致。东西溪上游的水库水源涵养能力较强，对保障同安区用水具有重要作用，也是区域内自然与人文景点集中地区，适合发展生态休闲观光旅游业，促进经济发展。

埭头溪流域单元内森林涵养水源能力空间分布呈现从北向南递减的趋势，北部、东北部和西北部的大西山及其周围丘陵、山地地区是水源涵养能力最强的地区，受地形影响，其降水资源较为丰富。城镇建成区内的祥平街道、新民镇、西柯镇的绿色林地分布零碎，森林水源涵养能力不足。大西山与附近的小狮水库是生态单元内水源涵养能力较强的地区，对保障部分地区用水具有重要作用，也具有自然景观资源，可以发展森林景观旅游业。

官浔溪流域单元内森林涵养水源能力空间分布呈现从北向南递减的趋势，北部的康山、虎山等低山丘陵区是水源涵养能力最强的地区，其次是新民镇的大西山、砖仔山和西柯镇境内的大帽山、美人山等低山丘陵区。总体上，在城镇建成区，新民镇、西柯镇的森林水源涵

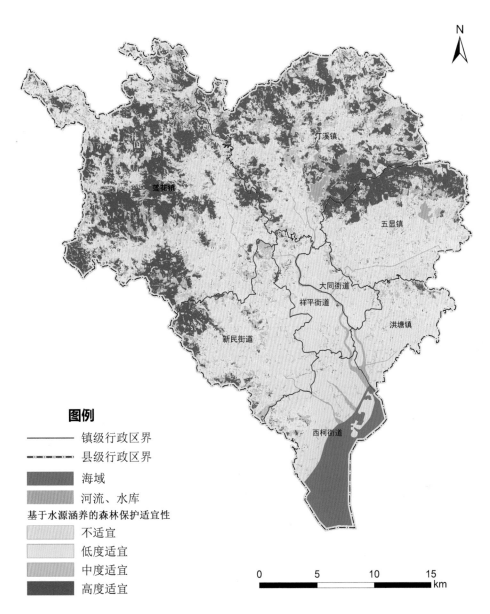

N

图例

————　镇级行政区界

－·－·－·－　县级行政区界

▨　海域

▨　河流、水库

基于水源涵养的森林保护适宜性

▨　不适宜

▨　低度适宜

▨　中度适宜

▨　高度适宜

0　　　5　　　10　　　15
km

图7-10　厦门市同安区森林涵养水源保护适宜性评价结果示意图

养能力不足，主要是建成区内森林分布面积小，而且容易受到人类活动的干扰。官浔溪流域单元内的美人山水库、前格水库、东岭水库、浒溪水库、坑内水库都具有很强的涵养水源的能力，对保障区域用水具有重要作用。附近美人山、砖仔山、大风山、康山、虎山、大西山等低山丘陵区具备森林资源丰富、自然景观优美的优势，可以发展森林景观旅游业。

　　龙东溪流域单元内森林涵养水源能力总体空间分布呈现从北向南递减的趋势，北部、丘陵、山地地区的小郭山及其周围是水源涵养能力最强的地区，受地形影响，其降水资源较为丰富。在洪塘镇城镇建成区内，绿色林地分布零碎，森林水源涵养能力不足。小郭山是龙东流域单元内水源涵养能力较强的地区，对保障部分地区用水具有重要作用，也具有自然景观资源，可以发展森林景观旅游业。

（五）地质灾害风险评价

根据地质灾害风险评价原则和方法，结合同安区的地质环境条件，将区内地质灾害风险程度分为三个等级，即高敏感区、中敏感区和低敏感区（图7-11）。同安区地质灾害风险敏感性分区情况如下：

地质灾害高敏感区主要分布在北部中低山和丘陵区，零碎分布在南部低丘台地，地质灾害或隐患类型主要为崩塌、不稳定斜坡。

地质灾害中敏感区主要分布在地质灾害高敏感区外围的坡度较缓的丘陵台地和河流的中上游地区。地质灾害或隐患类型以不稳定斜坡为主。

地质灾害低敏感区主要分布在同安区南部，在河流中下游地区，地貌特征为地形起伏小、地势和缓，地貌类型为河流冲积平原。该区域均是各流域单元的下游地区，修建公路、工业区建设、房地产建设等人类工程活动较频繁，在建设过程中易引发水土流失。

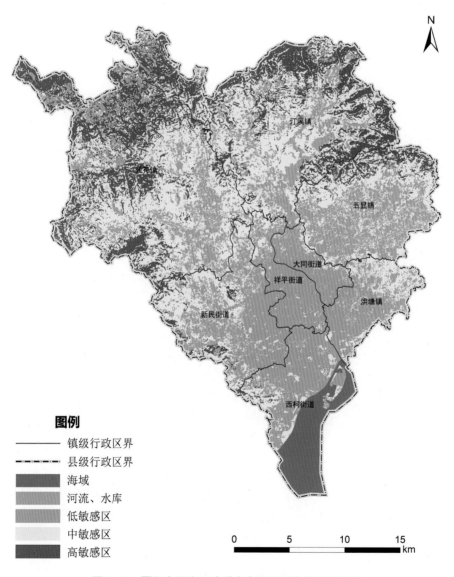

图7-11　厦门市同安区地质灾害风险评价结果示意图

（六）生态适宜性综合评价结果

1. 高度适宜区

基于生态保护的视角，高度适宜区是保障同安区境内生态安全的底线，其中包括保护水、耕地和森林等资源的重点区，是水源涵养能力最强地区和地质灾害高敏感区，也是同安区内生态效益最高和最具有保护价值的区域。

同安区生态适宜性综合评价结果中，高度适宜区面积是229.50 km²，占同安区总面积的34.29%（表7-1）。高度适宜区通过河流紧密地联系在一起，呈集中连片分布又有零星碎片（图7-12）。集中分布在同安区莲花镇、汀溪镇、五显镇等的山地、丘陵区，新民镇境内的小

表7-1　生态适宜性综合评价下用地情况

分类	占比/%	面积/km²
生态高度适宜区	34.29	229.50
生态中度适宜区	16.95	113.45
生态低度适宜区	9.36	62.63

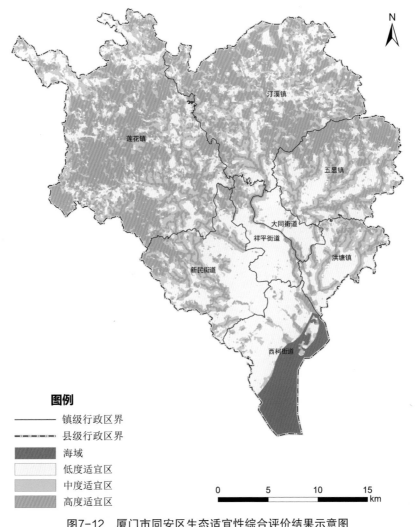

图7-12　厦门市同安区生态适宜性综合评价结果示意图

西山、乌涂溪上游段，凤南农场西北部和南部的大、小凤山，砖仔山，洪塘镇境内的郭山村和龙泉村北部的丘陵地区。零碎分布在同安区南部，诸如新民镇和西柯镇西部，祥平街道和西柯镇。

2. 中度适宜区

中度适宜区在同安区境内生态安全的底线区的外围，围绕着高度适宜区，对生态核心区起保护作用。

中度适宜区面积是113.45 km²，占同安区总面积的16.95%。确定中度适宜区是为了兼顾生态保护与城镇发展平衡，保障城镇的可持续发展。中度适宜区呈环状集中连片分布在莲花镇、汀溪镇和五显镇等的高度适宜区的外围，部分零碎分布于同安南部。

3. 低度适宜区

低度适宜区在同安区境内中度适宜区的外围，与人类生产生活的建设用地区域紧邻，易受到人类活动的干扰，是生态保护与人类活动缓冲区。

低度适宜区作为缓冲区，使得生态安全得到更大的保障，低度适宜区也可以作为发展的备用地，两者兼顾。低度适宜区面积是62.63 km²，占同安区总面积的9.36%。

四、城市生态安全格局

（一）城市综合生态安全格局构建

基于GIS技术，以土地生态适宜性评价为基础，根据生态适宜性等级，把生态适宜地区分为生态高适宜区、生态中适宜区、生态低适宜区，同安区生态适宜区主要分布在北部和中部地区，位于东西溪流域内（图7-13）。对现有建设用地进行缓冲区分析和聚类分析，得到同安区建设用地潜力区，其基本沿现有建设用地范围向外围扩充，呈"摊大饼"形势扩展。同时，研究发现部分建设用地及其增长潜力区占据了生态适宜区，形成冲突地区。建设用地与生态适宜区冲突的地区为强烈冲突区，建设用地增长潜力区与生态适宜区冲突的地区为一般冲突区。

研究发现，同安区的冲突地

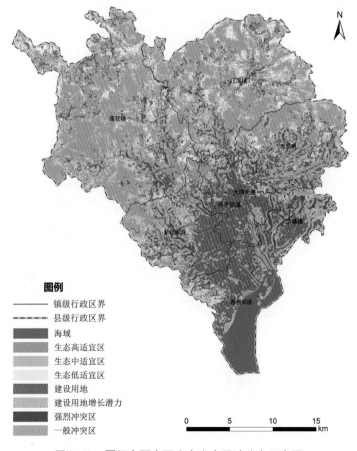

图7-13　厦门市同安区生态安全用地分布示意图

区主要位于河流沿岸，部分冲突地区分布在村镇居民点周边。因此，以厦门市"三规合一"等上位规划为主要参考依据来判断冲突地区未来的土地开发性质。经综合评估后，判定冲突地区的土地利用性质，形成同安区生态安全用地评估结果（图7-14）。

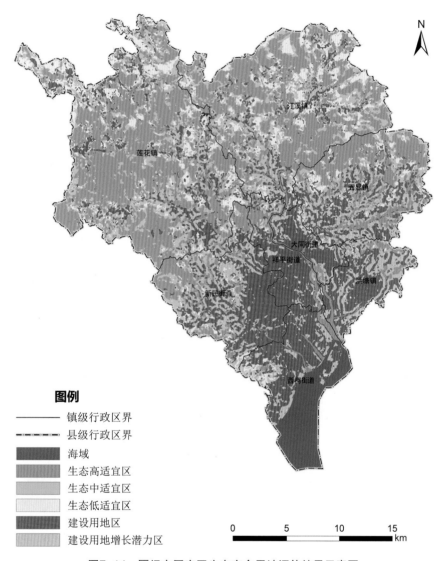

图7-14　厦门市同安区生态安全用地评估结果示意图

在此基础上，综合生态安全研究经验和景观生态的规划方法，进行空间模拟和预案研究，构建不同情景模式下同安区的综合生态安全格局（图7-15、表7-2）。

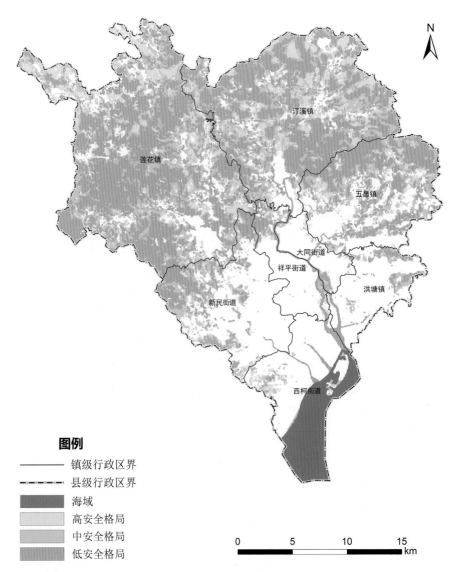

图7-15 厦门市同安区综合生态安全格局示意图

表7-2 厦门市同安区生态安全格局分析表

生态安全格局情景模式	生态控制区面积/km²	占同安区总面积比例/%
低安全水平生态安全格局	229.50	34.29
中安全水平生态安全格局	345.11	51.56
高安全水平生态安全格局	416.57	62.23

（二）生态安全格局情景分析

1. 情景1——低安全水平生态安全格局（底线型）

底线型的生态发展模式仅保护最重要的生态用地，将其他地区留给城乡发展和建设。这种发展模式将给城镇发展带来极大的环境风险，如表7-2所示，低安全水平生态安全格局中，生态控制区面积仅为229.50 km²，占同安区总面积的34.29%，集中连片分布在同安区北部的山地、丘陵地区，主要位于莲花镇、汀溪镇和五显镇（图7-16）。

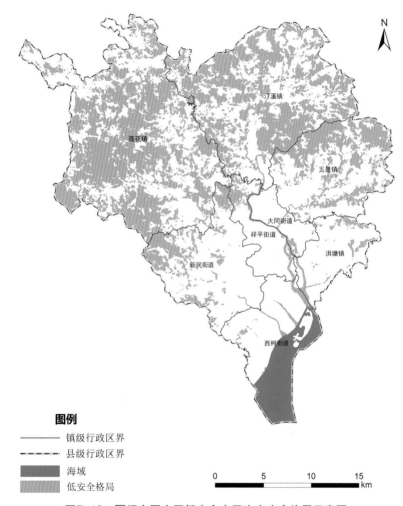

图7-16　厦门市同安区低安全水平生态安全格局示意图

该模式仅仅保护受灾最严重、生态效益最高的绿地，在该模式下，城镇"摊大饼"式发展，缺少必要的生态约束，必然导致生态效益的整体降低，不利于可持续发展。

2. 情景2——中安全水平生态安全格局（可持续型）

中安全水平生态安全格局是适宜的生态发展模式，在该模式下，生态保护与城镇可持续发展并行，生态用地规模化聚集在一起。如表7-2所示，中安全水平生态安全格局中，生态控制区面积为345.11 km²，占同安区总面积的51.56%，主要分布在同安区城乡人类活动地区外围（图7-17）。

该模式保护东西溪流域单元大部分的生态绿地，严格保护灾害敏感度相对较高的地区和区域性的自然保护区，禁止城镇开发。该模式预留了充足的生态缓冲区，这些生态缓冲区可作为严格生态保护区与外部人类活动区的有效间隔。另外，对于生态效益和生态敏感性较低的地区来说，这些生态缓冲区可以作为城镇发展的备用地区。中安全水平生态安全格局既满

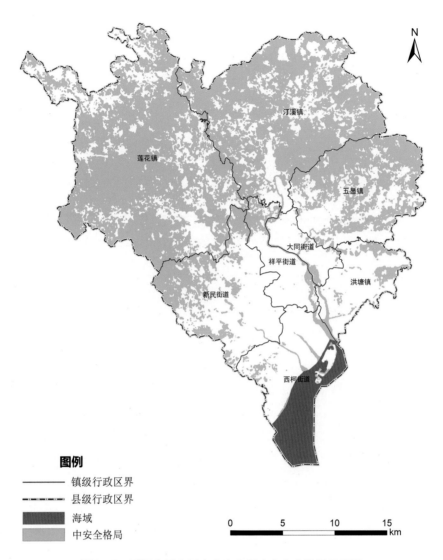

图7-17　厦门市同安区中安全水平生态安全格局示意图

足了生态安全需求，又给城镇发展留出了必要空间，是相对合适的生态安全格局。

3. 情景3——高安全水平生态安全格局（约束型）

高安全水平生态安全格局是约束型的生态发展模式，在这种模式下，生态保护成为城镇的主要职能，如表7-2所示，高安全水平生态安全格局中，生态控制区面积为416.57 km²，占同安区总面积的62.63%。在该模式下，全同安区62.63%的土地作为生态用地受到严格保护，城镇发展规模仅能保持现状（图7-18）。

同安区生态单元内莲花镇、汀溪镇和五显镇将作为生态重点保护区，限制其经济发展，重点发挥其生态效益，承担整个区域的生态职能。而在同安区生态单元南部的大同街道和祥平街道等城镇建成区将承担区域的经济职能，并且能够很好地保障地区的生态效益。

（三）理想生态安全格局选择

根据生态安全格局情景分析，理想生态安全格局强调生态用地与经济社会可持续发展的

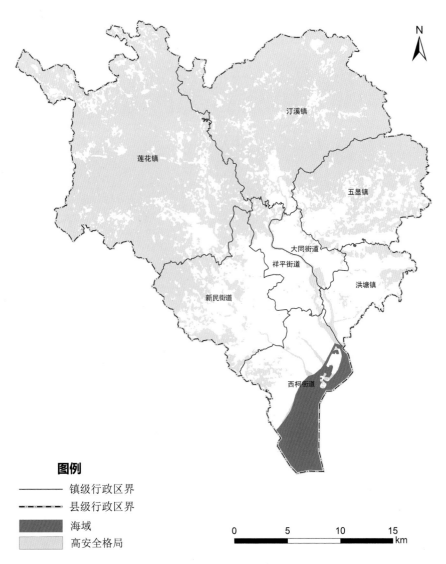

图例

—————　镇级行政区界

—·—·—·—　县级行政区界

■　海域

▨　高安全格局

图7-18　厦门市同安区高安全水平生态安全格局示意图

协调。该模式既要满足生态安全需求，又给城镇发展留出了必要空间，兼顾生态保护与城镇可持续发展。因此，理想的生态安全格局是中安全水平生态安全格局。

厦门市同安区理想生态安全格局（图7-19）中，生态控制区总面积345.11 km²，占同安区总面积的51.56%（表7-3），原则上生态绿地规模可以维持该系统的生态平衡。生态控制区作为同安区拥有最重要的生态资源的区域，需要重点进行保护，以发挥其生态功效。此外，配置71.46 km²的生态储备用地，主要用于缓冲人类活动对重要生态资源的干扰。在生态控制区和生态储备用地的基础上，现有168.53 km²的建设用地是主要的人类活动区，考虑城镇化建设和人口增长的需要，可配置84.26 km²的建设用地增长潜力区，促进同安区可持续发展。

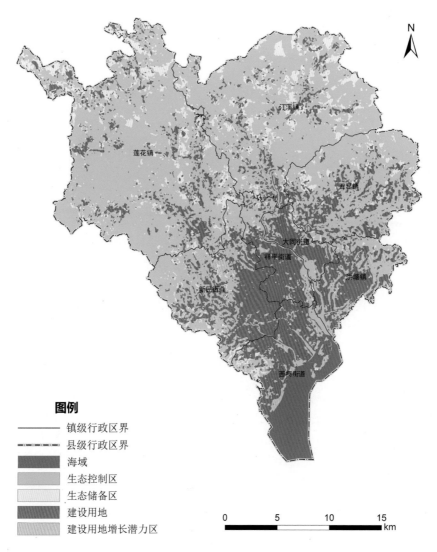

图7-19 厦门市同安区理想生态安全格局示意图

表7-3 厦门市同安区理想生态安全格局用地分析

土地性质	面积/km^2	占规划区比重/%
生态控制区	345.11	51.56
生态储备区	71.46	10.67
建设用地	168.53	25.18
建设用地增长潜力区	84.26	12.59

第八章 联围系统控制下的生态安全格局

城市边界一般的划分原则：以城市地理空间为骨架，以山脉和河流为城市边界。由于部分地区具有特殊的地理地貌，需要高度的人工管理，因此建造了一些将城市进行分隔和管理的人工设施，比如联围系统。

第一节 联围系统与城市生态安全格局

中华人民共和国成立后，珠江三角洲地区大力进行堵口复堤、塞支强干、整理堤系、联围筑闸等水利建设。联围筑闸一方面会引起水位变化和联围系统内河流水文的变化，另一方面会对潮区界及汊道流量分配比变化产生影响。以联围系统划分城市边界，既考虑了水文地质等自然条件，也考虑了人工设施对城市结构的影响。因此，基于联围系统这一特殊的地理空间形态进行生态安全格局构建，具有独特的应用价值。

第二节 联围系统控制下的生态安全格局 构建思路与方法

一、构建思路

在一些地域的生态安全格局构建中，联围系统可以成为生态单元划分的基础。因此，在联围系统对区域的生态格局产生重要影响的地域中，要以联围系统作为生态单元划分依据，综合生态敏感性评价和生态系统服务价值评价，评价研究区生态安全空间结构。根据评价结果将生态安全格局划分高、中、低三个等级，并通过多方案比选，确定适宜的生态安全格局，使其既能够合理保护研究区域的生态环境，又能在一定程度上不阻碍研究区域的社会经济发展。

首先，综合生态敏感性评价和生态系统服务价值评价，进行生态适宜性评价。其次，结合城镇发展定位与规划，修正生态适宜性评价结果。再次，进行生态安全格局情景分析。最后，综合合理的生态安全结构与适宜的生态绿地指标，得到研究区域的理想生态安全格局（图8-1）。

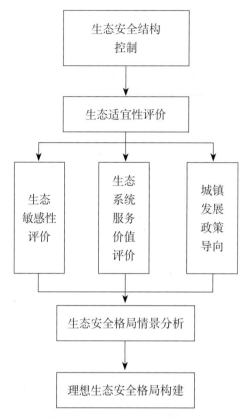

图8-1 联围系统控制下的生态安全格局构建思路

二、生态敏感性评价

生态敏感性是指生态系统对人类活动干扰和自然环境变化的敏感程度，说明发生区域生态环境问题的难易程度和可能性大小。生态敏感性评价实质上是对现状自然环境背景下潜在的生态环境问题进行明确的辨识，并将其落实到具体的空间区域。显然，深入分析和评价区域生态敏感性，了解其空间分布状况，能为制定预防和治理生态环境问题的区域政策提供科学依据。

生态敏感性因素一般包括水环境、生物保护、灾害风险和大气环境4大类。将资源环境要素与区域资源现状进行匹配分析，确定规划范围内生态类型对资源开发的限制性，进而划分敏感性等级。针对本项目研究区的资源环境要素与区域资源现状，作者提出了以下生态敏感性评价参考指标体系（表8-1）。

表8-1 生态敏感性评价参考指标体系

评价目标	一级评价指标	二级评价指标
生态敏感性	水环境敏感性	水质达标率
		饮用水源保护
		水陆生态循环效率
		河道分支比

（续表）

评价目标	一级评价指标	二级评价指标
生态敏感性	灾害风险敏感性	坡度
		高程
		滑坡
		崩塌
		防洪工程完善率
		径流量变化率
	生物保护敏感性	生物量
		植被覆盖度
		生物多样性
	大气环境敏感性	空气质量达标率
		热岛效应

三、生态系统服务价值评价

（一）生态系统服务价值与生态安全

生态系统服务价值是指生态系统通过结构、过程和功能直接或间接提供生命支持产品和服务的功能，包括人类生活的必需品和人类生活质量的保证两部分。生态系统服务是国际生态系统可持续研究的热点，产生于20世纪70年代，它是指人类通过生态系统的结构、过程和功能直接或间接得到的生命支持产品和服务。

土地利用与生态系统服务是相互影响、相互制约的。土地是陆地自然生态系统的载体，是人类赖以生存和发展的最基本的自然资源。人地关系的发展与土地利用方式的改变必然会引起自然生态系统的生态服务价值的变化与损失，尤其是人地活动频繁会导致土地利用发生巨大改变，进而引发生态系统服务价值的剧烈变化。

区域土地资源可持续利用要努力保障生态安全、粮食安全和经济社会发展。生态安全是粮食安全和经济社会发展的基础。保护好生态用地，逐步修复生态破坏严重地带，退还自然生态用地，是保障生态安全的有效措施。对生态用地进行生态系统服务价值评价能为有效保护生态用地提供依据。

（二）生态系统服务价值测定方法

生态系统服务价值的测定对象通常为自然生态用地。自然生态用地是指区域土地资源利用过程中，以提供生态服务为主要功能，不仅能达到改良生态环境的效果，还能为土地资源的可持续性利用提供保障功能的用地类型。

根据Costanza及谢高地等的生态系统服务价值系数，并参照中国陆地生态系统单位面积生态服务价值当量表，定义1 hm²全国平均产量水平的农田每年自然粮食产量的经济价值为1，其他生态系统服务价值当量是指该生态系统产生的生态服务功能相对于农田食物生产服务功能的贡献大小。

四、生态适宜性评价

生态适宜性评价是在生态敏感性评价的基础上，综合每种土地类型的生态服务功能的价值，形成联围系统生态单元的生态系统服务价值评价结果，最后综合生态敏感性评价和生态系统服务价值评价结果来考量土地的生态适宜程度。首先，对生态敏感性土地划分等级并对其赋值；其次，依据单位面积生态服务价值系数对每类土地的生态服务价值进行赋值；最后，利用权重法对生态敏感性评价和生态系统服务价值评价的结果进行综合评价，评价研究区生态安全用地的空间差异。

第三节　案例分析

一、研究区地理位置

本研究以佛山市顺德区为研究区进行联围系统控制下的城市生态安全格局构建。顺德区地处22°40′—23°2′N、113°1′—113°23′E，位于广东省中南部，珠江三角洲腹地，北接佛山市禅城区，东连广州市番禺区、南沙区，南邻中山市，西邻江门市和佛山市南海区，与香港特别行政区和澳门特别行政区相邻，地理位置优越（图8-2）。顺德区东西相距39.4 km，南北相距37.0 km，总面积为806.57 km²[105]。

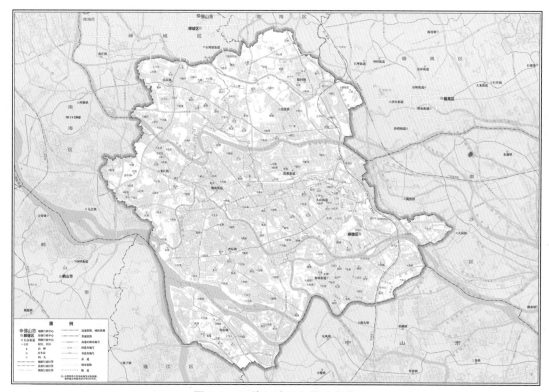

图 8-2　顺德区地理位置示意图

二、生态位及生态结构解析

（一）研究区生态位低

顺德区位于珠江三角洲西北江河网平原腹部，大部分属于由江河冲积而成的河口三角洲平原，地势呈西北略高（约2 m）、东南稍低（0.7 m）分布，地表物质集聚地易受污染，生态环境较敏感，区域生态位低。

（二）研究区易受洪潮侵袭

区外江河对顺德区的河流上下游水位有双重影响，洪潮灾害风险大。顺德区境内河流纵横，水网交织。主要的河道有16条，总长为756 km。主要的河流依地势从西北流向东南，河面宽度一般为200～300 m，水深5～10 m。主要的水道有西江干流、平洲水道、眉焦河、南沙河等。由于位于洪潮交汇带且地势较低，顺德区的自然防护能力弱，极易受洪潮侵袭，因此需由人工筑堤围进行防护。

（三）研究区易集聚污染物

顺德区位于珠江三角洲主导风廊下游，处于大气污染物汇集区范围内，是空气污染高发区。近年来，在广东省生态环境厅公布的《广东省城市环境空气质量状况》报告中，顺德区的排名都比较靠后。

（四）联围系统成为顺德区的主要生态单元

生态结构划分目的是表征生态环境的空间特征，揭示区域生态环境的空间变化规律，进而为因地制宜地制定环境规划及区域发展决策提供依据。考虑顺德区河网具有独特的生态功能，本研究以联围系统作为生态单元划分顺德区生态空间（图8-3）。

基塘是一个人工化程度较高的生态系统，生态单元内部能量和物质的自循环能力较弱，主要通过人工调节实现生态系统平衡。在顺德区生态系统结构（图8-4）中，基塘是最主要的生态要素，同时也是水资源交换的末端组织，因此，本研究将基塘作为顺德区生态系统单元的基础组织。目前，基塘的主要表现形式为鱼塘，"基"所占的比例较小。

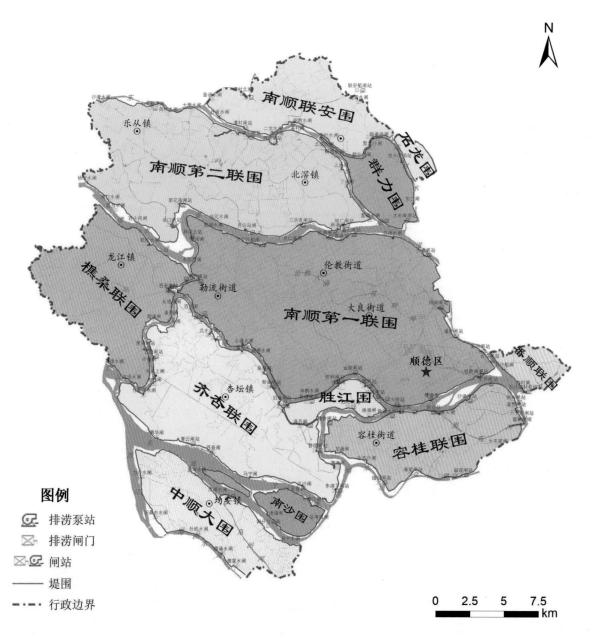

图8-3 顺德区联围系统示意图

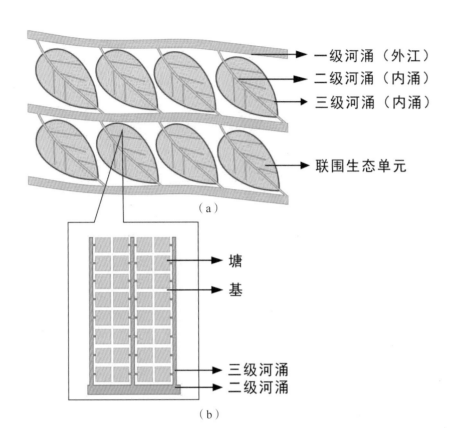

图8-4　顺德区生态系统结构模型

（a）生态系统结构；（b）基塘系统结构。

三、生态安全用地空间评价

（一）生态敏感性空间格局

综合水环境、大气环境、生物保护及灾害风险评价，进行顺德区的生态敏感性评价并得到了生态敏感性分区结果（图8-5）。

高敏感区面积约253 km²，约占顺德区总面积的31.37%。该类地区属于顺德区生态用地中生态系统最脆弱的地区，生态系统稳定性差，极易受到人类活动的影响，如果这些地区生态平衡被打破，将会对顺德区整个生态系统产生巨大影响。

中敏感区（一般性敏感区）面积约87.63 km²，约占顺德区总面积的10.86%。该类地区紧邻核心生态用地，是核心生态用地的弹性扩展区，具有较重要的生态保护价值。

低敏感区面积不到104 km²，约占顺德区总面积的12.85%。该类地区通常离城镇建成区较近，其人工生态系统具有主导优势，通常是自然生态用地与建成区的缓冲区。

不敏感区面积约362.31 km²，约占顺德区总面积44.92%。该类地区主要是建设用地，其以人工生态系统为主导，是已受到人类活动强烈影响的区域。

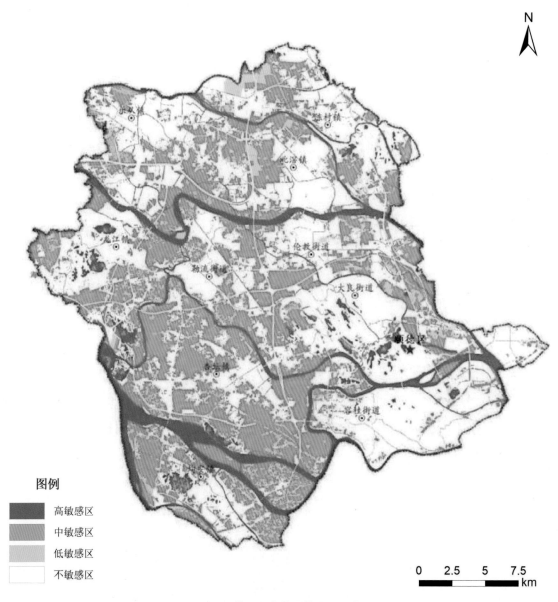

图8-5 顺德区生态敏感性分区示意图

（二）生态系统服务价值分区

结合土地利用分类方法和顺德区土地类型特征，将顺德区自然生态用地分为河流水系、园林绿地、基塘、农田、花卉地、裸地等土地类型，主要发挥气候调节、水源涵养、水土保持、废物处理、生物多样性保护、食物生产、原材料提供、娱乐文化等生态服务功能，以此保障区域生态安全。

结合顺德区自然生态用地情况，适当调整生态服务价值当量表，使之适合顺德区土地利用的实际情况（表8-2）。各类生态用地单位面积的生态服务功能的总价值系数的大小关系为：基塘>河流水系>园林绿地>花卉地>农田>裸地。

表8-2　顺德区自然生态用地单位面积生态服务功能的价值系数　　　　单位：元/hm²

生态服务功能	土地利用类型					
	河流水系	园林绿地	基塘	农田	花卉地	裸地
气候调节	4 528.95	14 785.13	28 125.25	2 978.18	5 392.44	334.83
水源涵养	33 077.13	7 207.54	23 684.41	1 356.93	2 678.60	123.35
水土保持	722.51	7 084.19	3 506.84	2 590.49	3 947.40	299.58
废物处理	26 169.17	3 031.05	25 376.16	2 449.51	2 326.14	458.18
生物多样性保护	6 044.47	7 947.68	6 502.64	1 797.48	3 295.38	704.89
食物生产	933.98	581.54	634.40	1 762.23	757.76	35.25
原材料提供	616.79	5 251.45	422.93	687.28	634.40	70.49
娱乐文化	7 824.31	3 665.44	8 264.87	299.58	1 533.14	422.93
合计	79 917.31	49 554.02	96 517.50	13 921.68	20 565.26	2 449.50

根据各生态用地类型的面积和其生态服务功能单价，运用式（6-2）计算顺德区总生态用地的生态系统服务价值。

1. 生态系统服务价值分区结果

以2013年顺德区土地利用现状数据为基础，辅以2014年和2015年遥感影像图，先在ENVI 5.0软件下进行大气纠正和几何精纠正，提高解译精度。根据各类土地的面积和单位面积土地的生态服务功能的价值系数，计算得到顺德区现状自然生态用地生态系统服务价值（表8-3）。

表8-3　顺德区现状自然生态用地生态系统服务价值　　　　单位：万元

服务功能	土地利用类型					
	河流水系	园林绿地	基塘	农田	花卉地	裸地
气候调节	4 597.63	3 276.44	65 934.31	574.93	1 041.00	0.78
水源涵养	33 578.75	1 597.22	55 523.61	261.95	517.10	0.29
水土保持	733.47	1 569.88	8 221.12	500.09	762.04	0.70
废物处理	26 566.03	671.69	59 489.59	472.87	449.06	1.06
生物多样性保护	6 136.13	1 761.23	15 244.20	347.00	636.17	1.64
食物生产	948.14	128.87	1 487.23	340.20	146.29	0.08
原材料提供	626.14	1 163.74	991.49	132.68	122.47	0.16
娱乐文化	7 942.97	812.28	19 375.42	57.83	295.97	0.98
合计	81 129.26	10 981.34	226 266.96	2 687.56	3 970.09	5.69

2. 现状自然生态用地生态系统服务价值分析

顺德区自然生态用地生态系统服务总价值为325 040.9万元，各种生态用地的生态系统服务价值由大到小为：基塘>河流水系>园林绿地>花卉地>农田>裸地。其中，基塘提供的生态系统服务价值占比为69.61%，这表明基塘作为顺德区土地利用景观的基质，在顺德区生态服务中有着举足轻重的地位。

3. 顺德区生态系统服务价值的空间差异

以顺德区土地利用现状数据为基础数据，通过联围系统划分生态单元，计算各单元的生态系统服务价值总量。为了排除联围面积总量对生态单元生态系统服务价值总量进行提升的干扰，辅以单位面积生态系统服务价值评价进行分析，通过对顺德区现状生态系统服务价值分区得到对各生态单元生态系统服务价值的科学认识（图8-6、图8-7）。

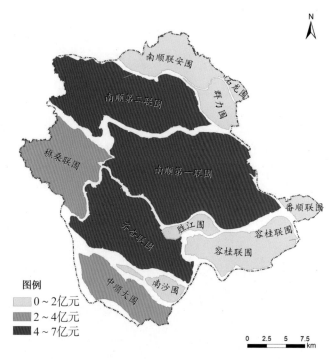

图8-6　顺德区现状生态系统服务总价值分区示意图

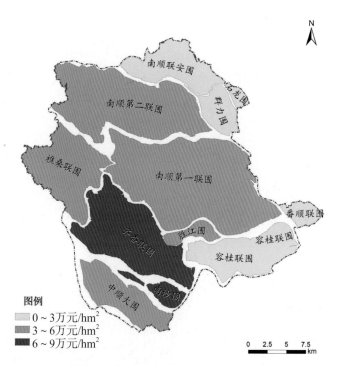

图8-7　顺德区现状单位面积生态系统服务价值分区示意图

齐杏联围的生态系统服务价值总量和单位面积生态系统服务价值均最高，分别为62 011万元和6.22万元/hm²，表明齐杏联围在顺德全区中的自然生态用地生态服务价值最高。

南顺第一联围、南顺第二联围的生态系统服务价值总量最大，得益于这两个联围面积大，其内部的自然生态用地面积总量大，但这两个联围的单位面积生态系统服务价值分别为3.34万元/hm²和3.12万元/hm²，远低于齐杏联围的单位面积生态系统服务价值。其主要原因是，在这两个联围内进行了大面积的城市开发，目前城镇发展规模均超过了50%，自然生态用地在联围内占比较低。

中顺大围、南沙围和胜江围的生态系统服务价值总量不是最高，主要是因为其联围面积不大，且对生态系统服务价值总量产生了约束作用，但是这3个联围的单位面积生态系统服务价值分别达到4.85万元/hm²、7.4万元/hm²和5.83万元/hm²，可见这3个联围的自然生态用地的生态服务功能较高。

樵桑联围的生态系统服务价值总量和单位面积生态系统服务价值均不是最高，因为樵桑联围目前也进行了大规模的城市开发，其城镇建成区面积约占联围总面积的1/2，生态服务价值总量不高；其现有的森林绿地和基本农田发挥了较高的生态系统服务价值，但总量不大，因此，其自然生态用地的单位面积生态系统服务价值不是最高。

容桂联围、番顺联围、南顺联安围、群力围，以及石龙围在生态系统服务价值总量和单位面积生态系统服务价值两方面的表现最不理想，主要是因为这几个联围内部的城镇开发规模较大，达到60%左右，自然生态用地总量和占比均较少。

（三）生态适宜性分区

1. 生态适宜性评价方法

根据不同敏感区各土地利用类型的面积和其生态服务价值，运用GIS技术进行叠加分析，最后在生态敏感性评价和生态系统服务价值综合评价的基础上，进行生态适宜评价（表8-4、表8-5）。其中，基于GIS技术的生态服务效率评价方法基本表达形式为

$$S = \sum_{i=1}^{n} WX_{ip} + \sum_{j=1}^{m}(1-W)X_{ij} \tag{8-1}$$

式中，S为生态服务效率等级；$i=1$，2，3，…，n，是生态敏感性评价因素；X_{ip}为生态敏感性变量；W为生态敏感权重；$j=1$，2，3，…，m，是生态服务价值评价因素；X_{ij}为生态服务价值变量；$1-W$为生态服务价值权重。

表8-4　生态敏感性分区赋值表

土地类型	不敏感区	低敏感区	中敏感区	高敏感区
赋值	0	1	3	5

表8-5　土地利用的生态服务价值赋值表

土地类型	基塘	河流水系	园林绿地	花卉地	农田	裸地	建设用地
赋值	6	5	4	3	2	1	0

2. 生态适宜性分区结果

如表8-6所示，生态最适宜区面积为231.25 km²，约占顺德区总面积的28.67%。该地区属于生态敏感性最强、生态系统服务价值最高的地区，也是生态系统最脆弱的地区（图8-8）。这类地区对人类活动的影响反应极为强烈，如果生态系统遭受破坏，将会发生不可逆的变化。生态最适宜区是生态安全绿地最核心的部分，应当受到严格保护。

表8-6 顺德区生态适宜性分区表

生态适宜性分区	评分区间	面积/km²	占比/%
最适宜区	[4.35，5.45]	231.25	28.67
较适宜区	[3.22，4.35]	115.91	14.37
一般适宜区	[0.55，3.22]	135.35	16.78
不适宜区	[0，0.55]	324.06	40.18
合计	—	806.57	100

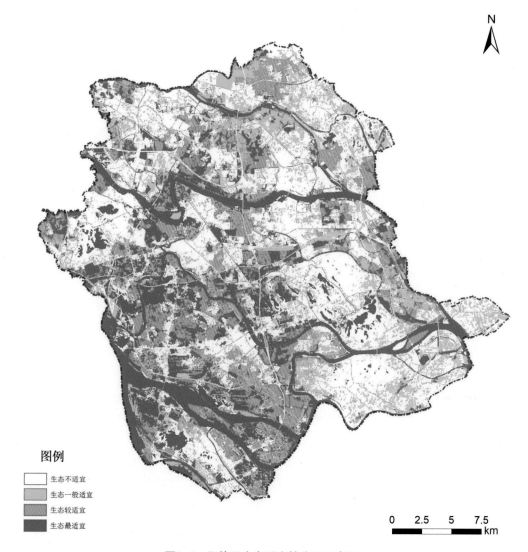

图例
生态不适宜
生态一般适宜
生态较适宜
生态最适宜

图8-8 顺德区生态适宜性分区示意图

生态较适宜地区面积为115.91 km²，占顺德区总面积的14.37%，生态敏感性和生态系统服务价值通常较高。该类地区是核心绿地的弹性扩展区，对核心绿地发挥生态功能具有重要的保护作用，在城镇的可持续发展中具有较重要的生态保护价值。

生态一般适宜区面积为135.35 km²，占顺德区总面积的16.78%。该类地区通常离城镇建成区较近，其人工生态系统具有主导优势，通常是自然空间与人文空间的缓冲区。由于该类地区的生态服务功能较低，可以根据城镇发展的需要执行不同的生态保护策略。如果城镇发展空间充裕，可对该类地区的生态进行适度保护，将其作为城镇发展备用地，或作为城镇发展隔离带进行城镇边界控制；如果城镇发展空间不足，可以将其转变为城镇发展用地，满足人类生存、生活发展需求。

四、生态安全格局情景构建

（一）预警模型构建

生态安全格局的构建需要考虑城镇发展规模指标、自然生态绿地的空间结构，已经制定的规划及政策对地区发展的导向性。因此，需构建生态安全格局概念模型并综合上述三个要素对生态安全水平进行预警分析。

（二）生态安全格局预警分析

1. 低安全水平生态安全格局（底线型）

低安全水平生态安全格局是底线型的生态发展模式，仅仅保护最容易受灾、生态效益最高的绿地（图8-9），即只保护高生态适宜性用地，这将给城镇造成极大的环境风险。在该模式下，城镇"摊大饼"式发展，缺少必要的生态约束，必然会导致生态效益的整体降低，进一步加剧城镇受灾风险。

与现状相比，低安全水平生态安全格局下顺德区自然生态用地面积为253 km²，约占顺德区总面积的31%；生态系统服务价值总量为20.3亿元，比现状生态系统服务价值总量少12.5亿元。

2. 中安全水平生态安全格局（可持续发展型）

中安全水平生态安全格局是适宜的生态发展模式，可兼顾生态保护与城镇可持续发展。在该模式下，大部分的生态绿地得到保护（图8-10），生态适宜度相对较高的地区和重要的自然保护区受到严格保护。同时，少量的一般生态适宜区作为城镇发展备用地，被纳入生态安全格局，既满足了生态安全需求，又给城镇发展留出了必要空间，是相对合适的生态安全格局。

与现状相比，中安全水平生态安全格局下顺德区自然生态用地面积为340 km²，约占顺德区总面积的42%；区内绿地面积为294.92 km²，符合区内绿地规模在293.6～349.5 km²的理想区间。同时，中安全水平生态安全格局生态系统服务价值总量为26.77亿元，仅比现状生态系统服务价值总量少6.03亿元。

3. 高安全水平生态安全格局（约束型）

高安全水平生态安全格局是约束型的生态发展模式。在该模式下，生态保护成为城镇的

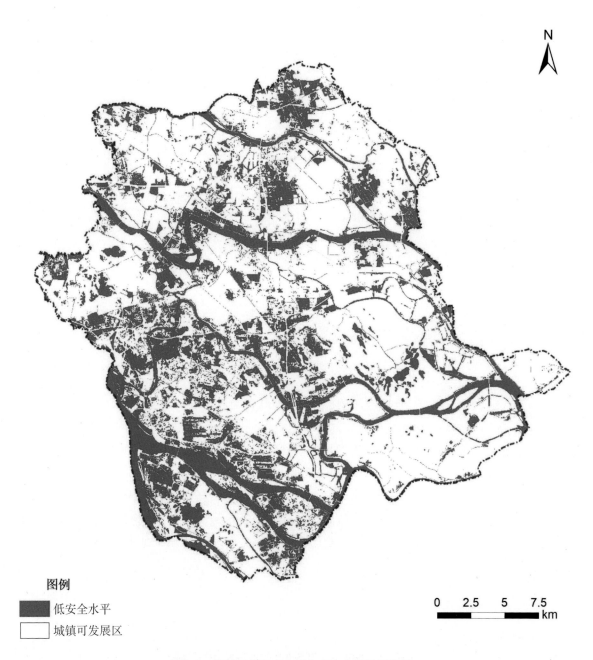

图例

低安全水平

城镇可发展区

0   2.5   5   7.5
km

图8-9 顺德区低安全水平生态安全格局示意图

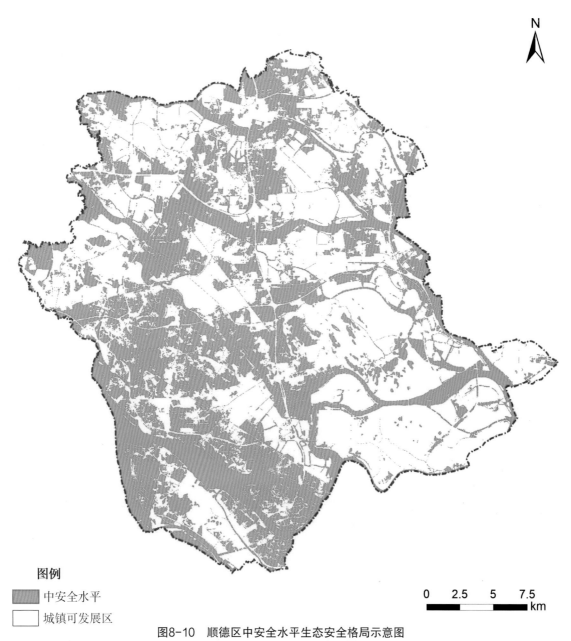

图例

中安全水平

城镇可发展区

图8-10　顺德区中安全水平生态安全格局示意图

主要职能，城镇50%左右的土地作为生态绿地受到严格保护（图8-11），城镇发展规模仅能保持现状。顺德区将充分发挥其水乡的生态服务功能，为佛山市乃至珠三角西岸的城市提供生态支持，承担区域的生态职能。

与现状相比，高安全水平的顺德区生态安全格局自然生态用地面积为493.4 km²，超过顺德区总面积的60%。生态系统服务价值总量为29.74亿元，仅比中安全水平生态安全格局的生态系统服务价值总量多2.97亿元。

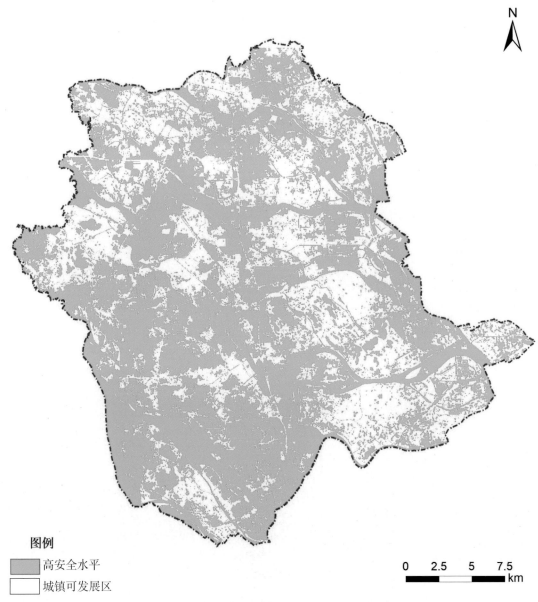

图例

▨ 高安全水平

☐ 城镇可发展区

0   2.5   5   7.5
———————————————
km

图8-11 顺德区高安全水平生态安全格局示意图

（三）生态安全格局选择

根据生态安全格局预警分析，本研究认为中安全水平生态安全格局是顺应顺德区可持续发展的理想安全格局（图8-12）。

中安全水平生态安全格局的自然生态用地总面积为340.39 km^2，全区自然生态用地占比为42.20%；其中，区内绿地面积为294.92 km^2，符合绿地规模在293.6～349.5 km^2的理想区间。

中安全水平生态安全格局的生态系统服务价值总量为26.77亿元，不同类型生态系统用地提供生态服务价值总量由大到小分别为基塘、河流水系、园林绿地、花卉地、农田、裸地。其中，基塘系统提供17.73亿元的生态系统服务价值，占生态系统服务价值总量的66.23%。

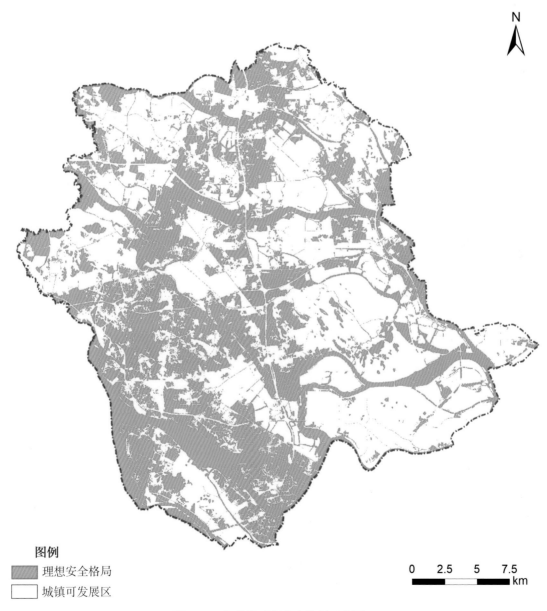

图例

理想安全格局

城镇可发展区

图8-12　顺德区理想安全格局示意图

第九章　灾害对生态安全的影响

第一节　山洪灾害对广东省的影响

山洪灾害与地质环境条件密不可分，掌握区域地质环境背景特征，对于研究广东省山洪灾害对生态安全的影响等工作至关重要。为此，作者在搜集和整理了大量相关资料的基础上，对广东省的区域自然环境特征、社会经济特征、山洪灾害概况进行梳理和分析。

一、广东省自然环境特征

（一）地形地貌

受地壳运动、岩性、褶皱和断裂构造以及外力作用的综合影响，广东省地貌类型复杂多样，有山地、丘陵、台地和平原，其面积分别占全省土地总面积的33.7%、24.9%、14.2%和21.7%，河流和湖泊等只占全省土地总面积的5.5%[106]。地势总体北高南低，北部多为山地和高丘陵，最高峰石坑崆海拔1 902 m，位于阳山县、乳源瑶族自治县（下简称乳源县）与湖南省的交界处；南部则为平原和台地。全省山脉走向大多与地质构造的走向一致，以北东—南西走向居多，如斜贯粤西、粤中和粤东北的罗平山脉和粤东的莲花山脉；粤北的山脉则多为向南拱出的弧形山脉，此外，粤东和粤西有少量北西—南东走向的山脉；山脉之间有大小谷地和盆地分布。平原以珠江三角洲平原最大，潮汕平原次之，此外，还有高要、清远、杨村、惠阳等冲积平原。台地在雷州半岛—电白—阳江一带和海丰—潮阳一带分布较多。

（二）地层岩性

广东省地层发育齐全，自震旦系至第四系均有出露，全省地层分布面积占陆地面积的65%，其余为岩浆岩[107]。广东省震旦系至第四系地层分布情况如下：

（1）元古界。

主要为震旦系地层，自下而上岩性由变质较深的混合岩、片岩、变粒岩、石英岩夹大理岩演变为浅变质的砂岩、页岩互层，夹薄层-厚层状硅质岩，局部地区最上部夹含黄铁矿炭质页岩及含磷硅质页岩。该期地层广泛见于粤西、粤中、粤东、粤北山区，是广东省分布较广的最古老地层。

（2）古生界。

①寒武系：粤北、粤西、粤中等地出露，岩性均为浅变质的砂岩、页岩、片岩等。

②奥陶系：除粤东以外，广东省其他地方奥陶系地层发育良好。粤北、粤中两地

奥陶系地层中、下部为笔石页岩相，上部为砂岩、含笔石页岩夹灰岩；粤西奥陶系地层中、上部为砂岩、砂质页岩夹砾岩、页岩。

③志留系：仅粤西的郁南、罗定、云浮、廉江、青平等地出露。志留系地层中、下部为笔石页岩与砂岩互层，上部为介壳页岩与粉砂质页岩互层。

④泥盆系：泥盆系下统仅在粤西有出露，岩性为砂页岩夹灰岩、白云岩。粤北、粤西两地泥盆系中统下部为砂岩、砾岩，中统上部为碳酸盐岩为主夹砂岩、页岩或两者互层。粤中、粤东两地泥盆系中统为砂砾岩、砂岩和页岩，局部夹凝灰岩或石灰岩。

⑤石炭系：粤东石炭系下统缺失，中统为碎屑岩，上统为碳酸盐岩；其他地区的石炭系地层除下统至中统外，均以灰岩、白云岩为主，局部下统含砂页岩。

⑥二叠系：粤西二叠系总体不发育，仅局部可见下统，岩性为页岩、硅质岩。粤东、粤中、粤北三地二叠系下统以灰岩为主，夹砂岩、页岩。

（3）中生界。

①三叠系：三叠系下统在粤北、粤东为灰岩、泥岩、钙质页岩，在粤中相变为砂岩、页岩，局部底部夹凝灰岩。三叠系中统仅分布于粤北，岩性为砂岩、页岩。

②侏罗系：该地层主要分布在粤东和粤中，在粤北有零星分布。岩性以砾岩、砂岩为主，夹钙质砂岩、砾岩等，部分地区夹凝灰质砾岩。

③白垩系：该地层分布于全省各内陆湖盆中，岩性和岩相变化大，主要为各种红色复矿砂岩、砾岩和泥岩夹泥灰岩。

（4）新生界。

①第三系：该地层主要为内陆湖相碎屑岩建造，岩性为砂岩、砾岩与泥岩互层；其次为湖泊相含膏盐岩、钙质碎屑岩建造和湖沼相含油可燃有机岩建造，岩性为砂岩、泥岩夹石膏、钙质砂岩或油页岩和褐煤多层。

②第四系：该地层分布于河流两侧，山间盆地或洼地，河口三角洲平原、滨海平原和雷州地区的湛江组台地、北海组平原。粤西云浮市还有第四系下更新统大台组，为内陆湖沼相碎屑岩建造，岩性为铁质砂岩、泥岩、褐铁矿等。

（三）地质构造

广东省自古生代以来经历了多次、多种性质的地质构造运动。粤西位于加里褶皱隆起带，粤中位于印支坳陷带，粤东位于燕山褶皱带，即从西往东，地层越来越新，构造运动越来越强烈，断裂活动越来越发育，岩浆活动越来越多，并有由早期侵入转为晚期喷发的趋势。这些地质构造运动的褶皱作用、断裂作用和岩浆活动形成了纬向、华夏系、新华夏系、山字型、旋卷、北西向构造，其中华夏系构造与纬向构造是广东境内最为强大和活跃的构造，尤其是华夏系。广东省的深、大断裂带如下分布：

（1）北东向断裂带。

广东省北东向深、大断裂是广东省最为发育的断裂，从西向东深断裂有吴川—四会深断裂带、恩平—新丰深断裂带、河源深断裂带、莲花山深断裂带、潮安—普宁深断裂带、汕头—惠来深断裂带、南澳深断裂带；大断裂有郴县—怀集大断裂、罗定—悦城大断裂、贵子弧形大断裂、信宜—廉江大断裂及紫金—博罗大断裂。

（2）东西向断裂带。

广东省东西向深断裂带主要有佛冈—丰良深断裂带、高要—惠来深断裂带，大断裂有九峰山大断裂、贵东大断裂、遂溪大断裂。

（3）北西向断裂带。

广东省北西向大断裂有饶平—大埔大断裂、河婆—惠来大断裂和三洲—西樵山大断裂。

（四）新构造运动与地震

1. 新构造运动

（1）晚近期断裂活动。

广东省以北东向断裂活动性最强，次为北西（北北西）向断裂，再次为东西向断裂。北东向断裂形迹最为明显，常和北西向及区域性东西向断裂组成"多"字形或"X"形网格状断裂群；北西向断裂规模较小，形成时间较晚，切割北东、东西向断裂，交织部位往往有温泉出露和地震发生；东西向断裂仅在雷琼地区有活动形迹。

（2）地壳升降运动。

晚近时代以来的地壳升降运动是在燕山、喜山运动的基础上进一步发展的，在各地的表现和强度不同。粤北、粤西广大山区表现为大面积的断块隆升，上升运动具有幅度大和有间歇性的特点，有多级夷平面广泛分布，岩溶地区侵蚀基准面以上发育多层水平溶洞；沿海地区的海蚀、海积及风成地貌发育显示升降运动的特征；平原地区普遍下降，接收第四纪沉积，以断块差异性垂直剧烈运动为特征，形成潮汕断陷和珠江三角洲断陷，还有坪石、南雄、兴宁、茂名等断陷盆地。

（3）火山活动。

火山活动主要发生在雷州凹陷中，在珠江三角洲的西樵山和潮汕平原的汕头、揭阳等地也有零星的火山喷发活动。

（4）地热活动。

广东省地热资源丰富，在全省活动断裂或区域深大断裂、岩浆岩侵入接触带等区域附近有300余处热矿泉出露，以中温热泉为主，次为低温和中高温热泉[108]。

2. 地震

广东地处华南地震区东南沿海地震带的中南部。广东省自1970年1月—2016年8月，共记录到地震次数54 665次，其中震级2级以上8 970次，3级以上1 454次，4级以上270次。地震活动遍及全省各地，但较强的地震主要分布在南彭、新丰江、阳江、北部湾等地，集中了华南沿海破坏性地震的50%以上[109]502。广东省地震动参数为0.05、0.1、0.15和0.2四个区划[110]。

（1）地震活动的时间分布特征。

根据史料，广东省记录最早的地震发生在288年，在其后的1 700多年间，地震活动有多次强弱活动的交替变化，形成了地震活动的周期性。自1400年以来，明显存在两个地震活动周期，即1400—1700年为第一活动周期，1701—2015年为第二活动周期。1600—1605年和1918—1921年分别为两个活动周期的高潮期。在2015年前后，地震活动进入第三活动周期的平静阶段。

（2）地震活动的空间分布特征。

广东省地震震中多沿北东向呈条带状分布，与区域性断裂活动密切相关。地震活动集中于少数地区，如南彭、河源、阳江、海丰、北部湾等地，其他地方零星分布。地震活动强度从沿海向内陆地区逐渐减弱，呈东西强，中间弱趋势[109]500。

（五）气象水文

1. 气象

广东省地处低纬度，北回归线横穿广东省中部，属热带—亚热带季风气候，太阳辐射较强烈，气候温和。除北部南岭山地及高山地区外，全省年平均气温超过20℃，沿海一带和雷州半岛分别高于22℃和23℃。在封开江口、三水西南、广州、惠州一线以南地区，历年平均最低5日气温均大于10℃，故无气候上的冬天，气温分布大致是南高北低。粤北山区的有霜日数为6～16日，除北部外，其他地区少见雪霜。广东省1951—2015年平均气温变化如图9-1所示。

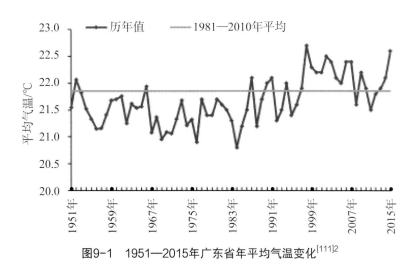

图9-1　1951—2015年广东省年平均气温变化[111]2

广东省多年平均降雨量为1 400～2 600 mm，降水的水汽主要来源于印度洋孟加拉湾和太平洋以及南部的南海。其中，天露山东侧的恩平、莲花山南麓的海丰、北江下游的清远等地区降雨量最大，年降雨量大于2 000 mm。雷州半岛南端的徐闻、莲花山北部的梅州、滑石山西北侧的始兴、云雾山北侧的罗定等地区雨量较小，年降雨量小于1 500 mm。降雨量年内分布多呈双峰形，主峰在5月，次峰在8月。每年6—10月为广东省受台风和热带低气压影响的主要时期，平均每年约6次。广东省1951—2015年平均降雨量如图9-2所示。

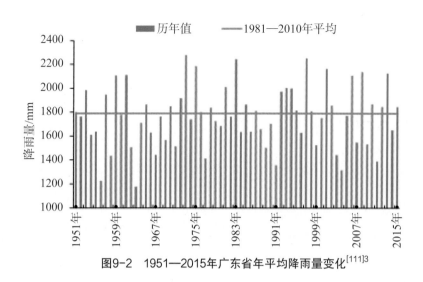

图9-2　1951—2015年广东省年平均降雨量变化[111]3

　　广东省高温多雨，暴雨多而且量大，降水时空分布不均，一些地区容易形成地质灾害。此外，由于广东位于冷暖气流的交汇区，更是经常受台风等热带天气系统影响的地区，全省每年可见北来的大风、寒害，南来的台风、风暴潮，灾害性天气异常活跃。因此，广东省又是气象灾害最频繁、最严重、影响时间最长的地区之一。每年6—10月是台风影响的主要时期，台风往往伴随着暴雨、特大暴雨，降雨在山区常常诱发崩塌、滑坡、泥石流等突发性灾害。加之不合理的矿产资源开发、地下水资源的过量开采和其他不合理的工程经济活动，使原本比较脆弱复杂的地质环境日益恶化，如粤北、粤西和粤东地区山洪灾害频发。广东省多年平均最大24 h暴雨均值等值线如图9-3所示。

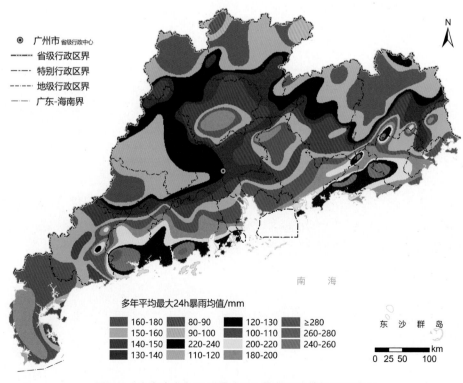

图9-3　广东省多年平均最大24h暴雨均值等值线示意图

（三）山洪灾害数据库

在前期充分搜集广东省地形地貌、地层岩性、地质构造、土地利用、植被土壤、气象水文、人类经济活动统计数据、山洪灾害典型案例数据等方面的资料的基础上，进行相关数据矢量化、配准、属性库链接等处理，基于ArcGIS软件平台分类建立本研究的山洪灾害数据库。其主要包括以下两大类：

基础数据库，包括基础地理底图，用于反映研究区地形地貌、地质构造、岩土体类型、植被土壤、气象水文、行政区划、社会经济、人口等信息，这些空间数据反映了山洪灾害的形成环境和危害对象，并作为其他专题数据的基础信息。

专题数据库，即各种专业性的山洪、滑坡、崩塌、泥石流灾害地理数据，如各类山洪灾害发生的时间、地点，灾害类型、灾情，灾害防治规划和治理方案，此类数据主要反映山洪灾害某一方面的专门内容。

上述两类数据库均来自地形图、专题地图、统计手册和其他的资料载体（例如网络），它们具有空间属性、专题属性、时间属性和统计属性的特点，是一个动态数据库，可以随时掌握广东省各地区的基础背景信息、山洪灾害信息，可以实现山洪灾害空间数据的有效管理、查询和分析处理，为后期山洪灾害的风险评估和建立预警模型提供基础，同时为山洪灾害的救灾管理和防灾减灾提供支撑。

通过资料搜集，得到了近年来广东主要的崩塌、滑坡、山洪、泥石流灾害点1 667处，建立了广东省山洪灾害点空间分布示意图（图9-5），对其进行数字化并建立各类属性数据库。

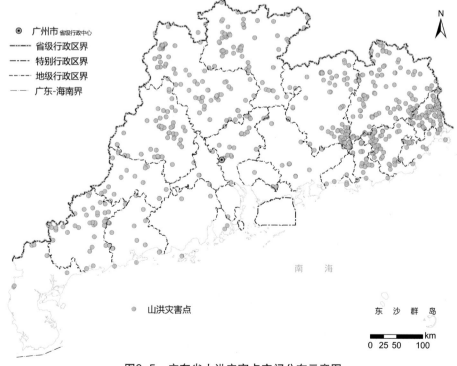

图9-5　广东省山洪灾害点空间分布示意图

（四）典型山洪灾害实例

通过文献查阅和资料整理分析，对广东省近年来发生的山洪灾害进行了统计分析，整理出广东省典型的山洪灾害实例统计数据（表9-1）和广东省部分灾害实例图片（图9-6至图9-21）。

表9-1　广东省典型山洪灾害实例统计表

山洪灾害发生位置	时间	灾害类型	灾情统计
韶关市八宝山钨矿尾矿场	1982年5月11日	泥石流	死亡19人
清远市英德县（现英德市）大洞乡和清新县鱼坝镇	1983年6月	泥石流	死亡70人，伤350人，冲毁42个村庄
茂名市信宜市金峒镇六胜乡大涌村	1985年8月23日	滑坡	死亡4人，伤3人，毁坏10余亩农田及1座碾米厂
肇庆市广宁县谭布镇第四水电站	1985年10月31日	滑坡	死亡12人，经济损失100万元
肇庆市四会市清塘镇陶矿坑口石场	1986年1月29日	崩塌	死亡9人
茂名市信宜市北界镇塘村乡六涌村	1986年5月11日	泥石流	死亡10人，伤3人，冲毁20多间房屋
汕头市澄海区莲花山钨矿	1986年11月20日	崩塌	死亡18人，经济损失300万元
清远市新洲大坪岗、牛鼻及白水龙一带	1987年3月22日	泥石流	死亡3人，伤5人，冲毁30多间房屋，经济损失20万元
云浮市云安县鹏石管理区红岩采石场	1990年5月14日	崩塌	死亡6人
清远市英德县（现英德市）石牯镇清水坑锡矿	1991年4月29日	崩塌	死亡21人，直接经济损失23万元
韶关市南雄县（现南雄市）龙华南麓苍石乡	1991年9月7日	泥石流	死亡34人，伤17人
韶关市南雄县（现南雄市）苍石乡大坪圩	1991年9月7日	泥石流	死亡9人，经济损失380万元
肇庆市四会市黄田镇蚊帐布厂边坡	1992年7月10日	滑坡	死亡5人，直接经济损失约100万元
深圳市下海林工业废物处理站	1999年8月27日	崩塌	死亡4人，伤1人
清远市飞来寺	1997年5月8日	泥石流	飞来寺大部分建筑被毁，死亡11人，直接经济损失达5 000万元
广州市花都区梯面镇五联村、联民村及联丰村一带	1997年5月8日	泥石流	死亡16人，伤265人，经济损失1.2亿元
广州市从化市鳌头镇石咀村至黄茅村	1997年5月8日	崩滑流	死亡62人，失踪10人，伤150人，经济损失3.5亿元
清远市连南瑶族自治县（下简称连南县）松柏铜矿厂	1997年7月3日	泥石流	冲毁房屋和机器设备，淹没采场，冲走精矿1 600 t，经济损失600万元
清远市连南县寨岗镇一带	1997年7月3日	泥石流	冲毁农田1 300多亩、木材700 m³及小型水电站27座，经济损失4 800万元
清远市连南县大麦山铜矿	1997年7月3日	泥石流	冲填采石场巷道2处，冲走铜精矿70 t，掩埋铜铅锌原矿3 500 t
江门市恩平市茶水坑水库	1998年6月25日	泥石流	死亡40人，全部经济损失达5亿多元
韶关市翁源县京珠高速公路靠椅山隧道	1999年9月6日	泥石流	死亡9人，伤5人
梅州市丰顺县八乡二级水电站	2000年3月11日	泥石流	破坏发电厂房、变电站及电站生活设施，经济损失达300万元

（续表）

山洪灾害发生位置	时间	灾害类型	灾情统计
梅州市兴宁市径心镇	2000年4月30日	群发崩塌	死亡5人，倒塌房屋187间，经济损失100万元
佛山市南海区松岗镇南国桃园	2001年4月24日	崩塌	死亡8人，伤3人
河源市龙川县赤光镇、车田镇及北岭镇	2003年5月16日	群发崩塌	死亡6人，倒塌房屋21间，经济损失50万元
梅州市兴宁市黄陂镇	2003年5月17日	群发崩塌	死亡3人，倒塌房屋45间，经济损失120万元
广州市从化市105国道	2004年4月11日	崩塌	毁坏公路边坡及路基18处，直接经济损失560万元
深圳市滨海制药厂西北侧	2005年8月22日	滑坡	深盐公路堵塞近18个小时
梅州市大埔县西河镇水祝村	2006年7月13日	滑坡	死亡8人，摧毁房屋60余间
潮州市饶平县新塘镇外宫山角村	2006年7月16日	滑坡	死亡9人，伤8人
佛山市南海区西樵山	2006年8月3日	泥石流	死亡8人，摧毁房屋51间，直接经济损失超过1.85亿元
深圳市南山区深欧石场	2007年8月1日	泥石流	冲毁采石场道路300 m左右
佛山市顺德区大良街道办大门村飞鹅山西南侧	2008年6月17日	滑坡	万家乐电缆厂、华丰不锈钢厂、志庆自行车零配件厂等工厂停产
深圳市龙岗区布吉街道办木棉湾	2008年6月29日	滑坡	死亡5人，伤18人
深圳市布吉街道办水径石场	2008年6月29日	泥石流	死亡3人，毁坏矿山采石设备
韶关市翁源县江尾镇红岭片梅斜村	2010年5月2日	泥石流	死亡1人、失踪2人，经济损失达2 474万元
茂名市高州市马贵镇、信宜市钱排镇等地	2010年9月21日	崩滑流	倒塌房屋1 177间，死亡66人，失踪53人
韶关市曲江区沙溪镇中心村委	2013年5月16日	滑坡	死亡3人，经济损失300万元
韶关市乳源县乳城镇大东棉地坑村	2013年5月17日	泥石流	死亡1人
梅州市五华县安流镇丰联村丰良小组	2013年5月20日	崩塌	死亡1人，经济损失50万元
肇庆市封开县渔涝镇石便村上替留山	2013年6月11日	崩塌	死亡3人，经济损失20万元
韶关市乳源县必背镇必背口瑶族新村	2013年8月17日	滑坡	死亡1人，经济损失100万元
清远市连南县大坪镇大坪村委	2013年8月18日	崩塌	死亡3人，经济损失20万元
肇庆市高要市	2014年3月31日	滑坡	死亡6人，伤1人
韶关市曲江区沙溪镇东华村委湘赣客运饭店	2015年5月11日	滑坡	死亡1人
清远市佛冈县6个镇32个村	2015年5月17日	山洪	倒塌房屋6间，受灾人口7 200人，受浸农田7 850亩，道路塌方50处，直接经济损失1 345万元
梅州市五华县潭下镇竹梅村七组	2015年5月25日	崩塌	死亡1人，经济损失20万元
茂名市信宜市新宝镇枫木村扶垌	2015年10月3日	滑坡	死亡2人
肇庆市广宁县江屯镇新坑村委深坑养殖场	2015年10月5日	崩塌	死亡2人，伤1人

（续表）

山洪灾害发生位置	时间	灾害类型	灾情统计
深圳市光明区长圳洪浪村	2015年12月20日	滑坡	造成多栋楼坍塌，58人遇难
河源市和平县合水镇大罗村	2016年3月22日	滑坡	1间临时住房垮塌，死亡3人，伤2人
茂名市信宜市	2016年5月20日	山洪	50多万人受灾，死亡8人
河源市龙川县	2019年6月19日	滑坡、泥石流	死亡13人，直接经济损失超过10亿元

图9-6　韶关市曲江区沙溪镇中心村塔子坳滑坡

图9-7　清远市连南县大坪镇大坪村滑坡

图9-8　韶关市乳源县必背镇必背口瑶族新村山体滑坡

图9-9　河源市龙川县上坪镇中心小学教学楼后山滑坡

图9-10　深圳市光明区长圳洪浪村滑坡

图9-11　云浮市罗定市泗纶镇双坝路口桂英坑崩塌

图9-12　河源市洪灾

图9-13　茂名市信宜市洪灾

图9-14　茂名市信宜市新宝镇新宝村滑坡

图9-15　佛山市南海区西樵山泥石流

图9-16　2010年茂名市"9·21"洪灾

图9-17　茂名市高州市石板镇滑坡

图9-18　茂名市高州市一处山洪灾害现场

图9-19　河源市东源县叶潭镇儒輋村泥石流

图9-20 河源市龙川县群发性滑坡泥石流灾害

图9-21 广惠高速罗阳路段滑坡泥石流灾害

四、广东省山洪灾害分布特征

（一）规模特征

通过ArcGIS软件平台对已发生的山洪灾害的规模进行统计分析，整理出广东省不同规模的山洪灾害点分布图（图9-22）。

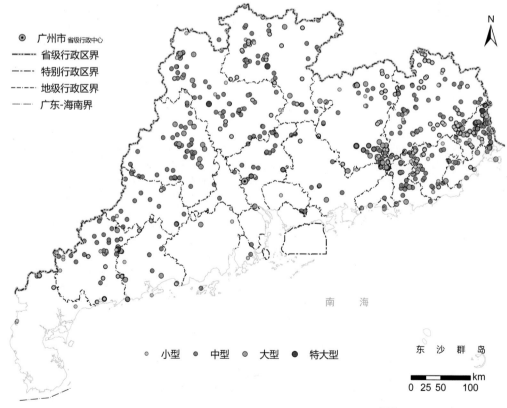

图9-22 广东省不同规模的山洪灾害点分布示意图[120]

制作统计饼图分类统计不同规模山洪灾害的数量占比（图9-23）。从图9-22、图9-23中可以看出：中型规模的山洪灾害最多，占54.68%，在全省范围内广泛分布；特大型规模灾害最少，占4.53%，主要分布在韶关市的乳源县，河源市的连平县、紫金县、和平县，肇庆市的德庆县、广宁县、四会市，潮州市的饶平县，揭阳市的普宁市，云浮市的罗定市，茂名市的高州市等地；大型规模灾害占14.19%，主要分布在广州市的天河区、白云区、增城区、南沙区，茂名市的高州市，肇庆市的高要区、四会市、怀集县，清远市的连南县，潮州市的饶平县、潮安区，云浮市的新兴县、郁南县，韶关市的乳源县、仁化县、乐昌市，河源市的紫金县、龙川县，梅州市的五华县、丰顺县，汕尾市的陆丰市，阳江市的阳春市等地；小型规模灾害占26.60%，主要分布在茂名市的高州市、信宜市、化州市、电白区，清远市的英德市、连南县、清新区，云浮市的罗定市、郁南县，揭阳市的普宁市、揭西县、惠来县，阳江市的阳春市、阳东区、阳西县，惠州市的惠东县、龙门县，梅州市的五华县、丰顺县、蕉岭县、平远县、梅县区，河源市的连平县、东源县、紫金县、龙川县，韶关市的乐昌市、南雄市、仁化县、翁源县、乳源县等地。

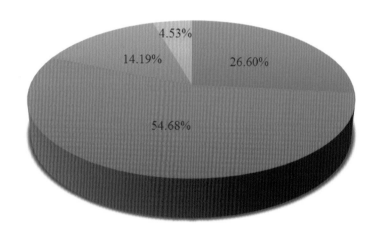

■小型　■中型　■大型　■特大型

图9-23　山洪灾害规模统计饼图

（二）流域特征

将广东省流域划分为韩江流域、北江流域、西江流域、东江流域、粤西沿海、珠江三角洲6大流域，各大流域的山洪灾害点分布如图9-24所示。

分类统计6大流域的灾害点数量、比例、分布密度，整理出广东省山洪灾害点流域统计分析表（表9-2）。可以看出，韩江流域灾害点数量最多，为707个，占总数量的42.16%，其次为北江流域，数量为444个，占比26.48%；珠江三角洲最少，数量仅占比5.13%。就灾害分布密度而言，韩江流域灾害密度最大，达到了0.021个/km²，其后依次为北江流域、西江流域、东江流域、粤西沿海和珠江三角洲。

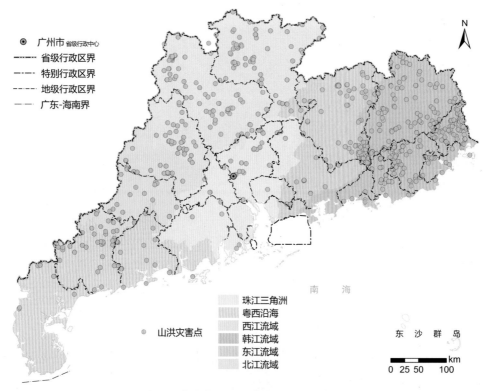

图9-24 广东省不同流域的山洪灾害点分布图

表9-2 广东省山洪灾害点流域统计分析表

流域名称	灾害数量/个	比例/%	灾害密度/（个·km^{-2}）
珠江三角洲	86	5.13%	0.003 282 2
粤西沿海	148	8.82%	0.004 656 3
韩江流域	707	42.16%	0.020 517 5
东江流域	159	9.48%	0.006 814 6
西江流域	133	7.93%	0.007 842 6
北江流域	444	26.48%	0.010 294 9

（三）行政区域特征

按广东省市级行政区域对已发生的山洪灾害进行统计分析（表9-3），不同行政区域的山洪灾害点分布图和统计分析图如图9-25和图9-26所示。

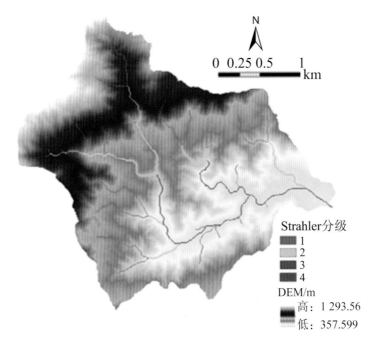

图9-28　茂名市马贵镇深水村DEM

2. 归一化植被指数（NDVI）

利用DOM的1波段和2波段，借助ERDAS遥感图像处理平台计算研究区的NDVI值，计算出茂名市马贵镇深水村NDVI值（图9-29）。

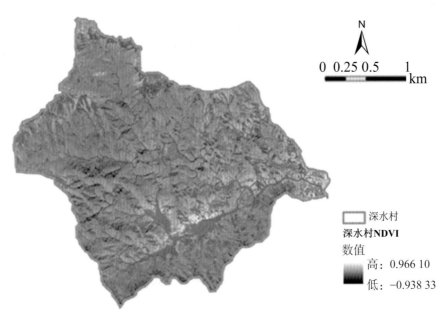

图9-29　茂名市马贵镇深水村NDVI

3. 根据光谱特征和坡度进行自动识别

据前人的研究，浅层崩滑体表面的NDVI值一般小于0.15，将该值作为区分植被和非植被的阈值，分类结果中植被占研究区总面积的50%以上（图9-30）。坡度大于25°的斜坡发生地

169

质灾害的可能性最大，《中华人民共和国水土保持法》规定，坡度大于25°的坡地不宜耕种，应退耕还林。为了尽量减少植被分类误差，本研究将坡度阈值定为20°，可以剔除部分居民地、耕地等地形平坦的地物的图斑。

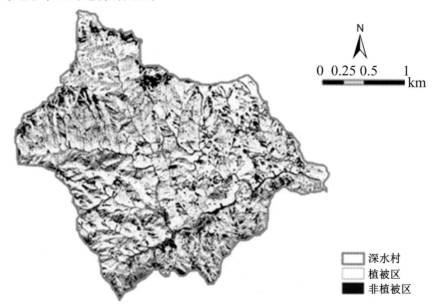

图9-30　茂名市马贵镇深水村NDVI植被分类结果

　　茂名市马贵镇深水村山地斜坡陡峻，坡度大多为30°～50°。影像拍摄时间为当地太阳高度角最低的冬季，影像上产生NDVI值较低的地形阴影区被第一步处理误分为非植被区，因此必须予以校正。阴影区的植被在分类图上显示有较为破碎化的特征，在ArcGIS软件中利用Eliminate命令完成对细小图斑的处理，获得茂名市马贵镇深水村坡度图（图9-31）。

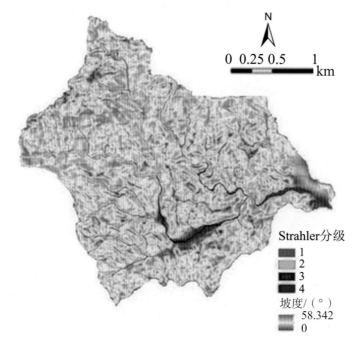

图9-31　茂名市马贵镇深水村坡度图

4. 基于图斑个体几何形态特征的浅层崩滑体识别

浅层崩滑体呈现狭长的形态，根据以往的目视解译和相关文献，通常浅层滑坡的长宽比为2.5。采用多边形图斑任意2点连线距离最大的线段作为该多边形的长轴 L，通过多边形面积 A 除以长轴得到短轴长度 $W = A / L$。

经过以上计算，得到茂名市马贵镇深水村2010年"9·21"特大山洪灾害引发的崩滑灾害空间分布（图9-32）。

图9-32 茂名市马贵镇深水村遥感识别的崩滑灾害空间分布图

根据上述方法，基于马贵河流域的DOM（图9-33），通过遥感影像解译得到整个马贵河流域2010年"9·21"特大山洪灾害引发的崩滑灾害空间分布（图9-34）。

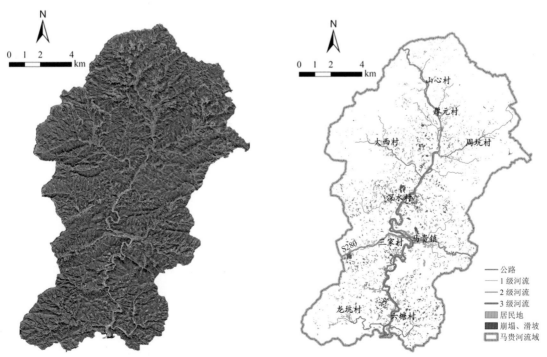

图9-33 茂名市马贵河流域DOM   图9-34 茂名市马贵河流域崩滑灾害分布示意图

二、小流域水文地貌特征信息提取

数字高程模型（DEM）是通过有限的地形高程数据实现对地形曲面的数字化模拟或者地形表面形态的数字化表示，通常是将有限的采样点用某种规则连接成一系列的曲面或平面片来逼近原始曲面。利用数字高程模型（DEM）可以提取流域的许多重要的地形特征参数，这些参数是地质灾害预测模型的重要输入数据，是实现其形态特征相关要素的定量表达式[123]。通过数字高程模型，可实现流域地表特征提取。

（一）小流域水系特征的提取

1. 流向

确定各个栅格单元的水流方向是采用DEM进行地表水文分析的基础。D8算法是生成水流方向矩阵最常用的算法。该算法是根据DEM栅格单元和8个相邻单元格之间的最大坡降来确定水流方向。通过对栅格网中8个邻域格网进行编码，水流方向便能以其中一个值来确定。规定水流从中心格网流向正东方向格网时，中心格网的流向值为1；然后按顺时针方向，中心格网的流向值以2的幂值指定。流向值以2的幂值指定是因为存在格网水流方向不能确定的情形，需将数个主流向值相加，这样在后续处理中从相加结果便可以确定相加时中心格网的邻域格网状况。判断中心格网的流向首先需要计算中心格网指向8个相邻格网的地表坡度，然后按最大坡降确定中心格网的流向[124]。按照以上处理方法，作者整理出马贵河小流域的水流方向分布（图9-35）。

2. 汇流累积量

栅格的汇流能力反映该栅格汇聚水流能力的大小，是指流经该栅格所对应的上游来水栅格数量。将能够注入该栅格的所有栅格数目作为其汇流特征值，一个栅格的汇流特征值越大，则表示其汇流能力越强。如果每个栅格面积的初始值都赋为1，代表降雨来源，则汇流量计为流经这个栅格所对应的上游来水栅格数量。在计算流域表面上的每一个栅格的汇流过程中，要遵守从流域最高点向流域最低点演算的顺序。对于流域最高点（序号$n=1$）来说，因为除降雨以外，再无其他来水入流，故集水面积始终为1。把第n个栅格点的集水面积分配到周围8个栅格点中高程相对低的那些点上，并更新那些点的集水面积。循环到最后栅格点时，所有栅格点的汇流量都可以计算出来。假定一个

图9-35　马贵河流域的水流方向分布图

汇流区总共有 n 个栅格，那么按高程从高到低排序后第 n 个点应该是该汇流区的最低点，即汇流出口处。通过流向图进行逆向跟踪，可以计算出能够注入该栅格的所有栅格的数目，并将其标注为该栅格的汇流特征值。按照以上算法处理，作者整理出马贵河小流域汇流累积量分布图（图9-36）。

3. 河网提取和分级

河网分级是对一个线性的河流网络进行级别划分的数字标识。在地貌学中，对河流的分级是根据河流的流量、形态等因素进行的。利用地表径流模拟的思想，基于DEM提取的河网的分支具有一定的水文意义，不同级别的河网代表的汇流累积量不同。级别越高的河网，其汇流累积量也越大，那么在水文研究中，这些河网往往是主流；而那些级别低的河网则是支流。河网分级同样可以研究水流的运动、汇流模式，对于

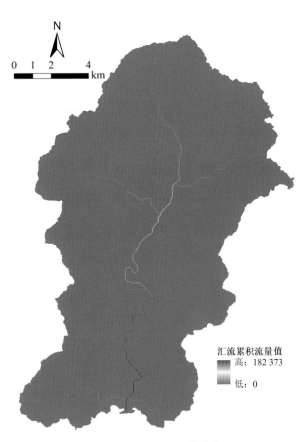

图9-36 汇流累积流量分布图

山洪灾害研究具有重要意义。在ArcGIS软件的水文分析中，提供两种常用的分级方法——Strahler分级和Shreve分级。Strahler分级是将所有河网弧段中没有支流的河网弧段分为第1级，两个第1级河网弧段汇流成的河网弧段为第2级，向后分别为第3级、第4级，以此类推，一直到河网出水口。在这种分级中，当且仅当同级别的两条河网弧段汇流成一条河网弧段时，该河网弧段级别才会增加，对于那些低级河网弧段汇入高级河网弧段的情况，高级河网弧段的级别不会改变，这是比较常用的一种河网分级方法。Shreve分级第1级河网的定义与Strahler分级是相同的，不同的是之后的分级，两条第1级河网弧段汇流而成的河网弧段为第2级河网弧段，更高级别的河网弧段，其级别的定义是由向其汇入的河网弧段的级别之和。本研究选用第一种分级方法。基于ArcGIS软件的空间分析的水文分析功能，利用DEM对马贵河流域的河流进行提取和分级，结果如图9-37和图9-38所示。

（二）小流域沟谷单元和斜坡单元提取

1. 沟谷单元

沟谷单元又称汇水单元或集水区域，是指流经其中的水流和其他物质从一个公共的出水口排出从而形成一个集中的排水区域。

汇水单元是由分水岭分割而成的汇水区域。它是通过对水流方向数据的分析确定出所有相互连接并处于同一流域盆地的栅格。汇水盆地的确定首先是要确定分析窗口边缘的出水口

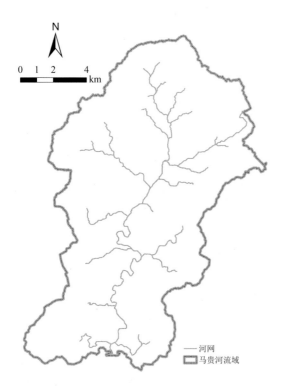

图9-37　马贵河流域河网提取结果示意图

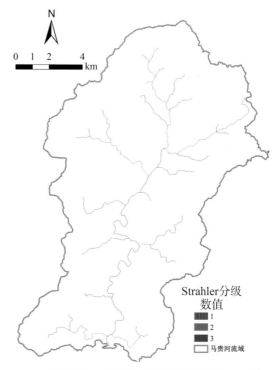

图9-38　马贵河流域河流等级分布示意图

的位置，也就是说，在进行流域盆地的划分中，所有的流域盆地的出水口均处于分析窗口的边缘。当确定了出水口的位置之后，其流域盆地集水区的确定方法类似于洼地贡献区域的确定，也就是找出所有流入出水口的上游栅格的位置。在ArcGIS软件中，汇水单元的计算是利用Hydrology工具集的Basin工具来进行计算的。利用该工具对不同河流等级进行汇水单元的划分运算，运算结果如图9-39所示。

汇水单元即沟谷单元划分完毕后，还需对各沟谷单元栅格图形进行矢量化转换，以获得相应的沟谷单元多边形矢量与拓扑信息。根据流域数字水系模型和沟谷单元栅格，还可以计算获得各种沟谷单元特征参数，如沟谷单元面积、长度（平均流经距离和平均水流路径长度）、坡度（平均地形坡度、平均流经距离坡度、平均水流流经坡度）等地形特征信息，其中坡度示意图如图9-40所示。

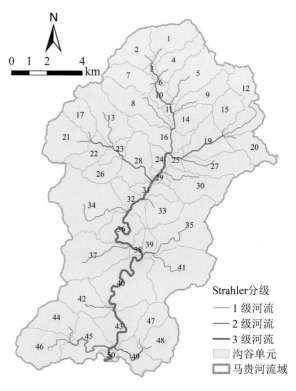

图9-39　马贵河流域汇水单元划分示意图

2. 斜坡单元

斜坡单元是以山脊线和沟谷底线为边界线组成的空间单元。斜坡单元的划分过程如下：第一步，利用1:10 000地形图生成DEM数据；第二步，进行DEM水流方向矩阵计算，查找和充填洼地，洼地是局部的最低点，无法确定该点的水流方向，洼地对确定水流方向有重要影响，在分析之前必须对DEM数据进行无洼地处理，生成无洼地的DEM数据；第三步，从无洼地DEM数据求得各像元的流向和汇流量；第四步，通过ArcGIS软件的栅格运算功能，计算汇流累积量为0的栅格，确定为分水线；第五步，通过栅格计算功能，对原始DEM进行分地形的计算，即用一个较大的值与DEM做减法，并计算反地形的水流方向和汇流累积量；第六步，提取反地形中

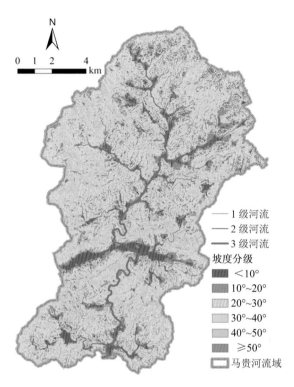

图9-40　马贵河流域坡度示意图

汇流累积量为0的栅格，即为原始地形的沟谷线；第七步，将沟谷线所在栅格和山脊线所在栅格转化为矢量线文件，最后将沟谷线和山脊线两个线文件合并转为面文件，组成斜坡单元。采用从DEM数据到最终斜坡单元的划分流程（图9-41）对马贵河流域斜坡单元进行划分处理，结果如图9-42所示。

斜坡单元提取完毕后，进一步根据DEM数据，提取每个斜坡单元的平均坡度、坡型、坡

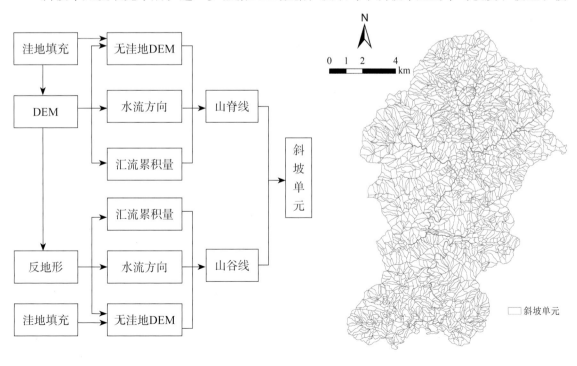

图9-41　斜坡单元划分流程　　　　　　　　**图9-42　马贵河流域斜坡单元划分结果**

向、地形起伏度等地形特征信息，整理出马贵河流域斜坡单元的平均坡度图（图9-43）。

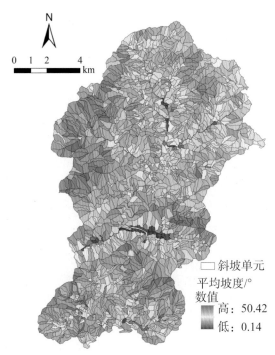

图9-43 马贵河流域斜坡单元坡度示意图

三、小流域地表覆盖与土地利用信息提取

通过遥感影像的解译分析，整理出马贵河流域NDVI（图9-44）、土地利用类型图（图9-45）和土地利用类型统计表（表9-4）。分析结果显示，马贵河流域土地利用类型主要有居民点、林地、河流、灾害点、耕地、裸地和道路。

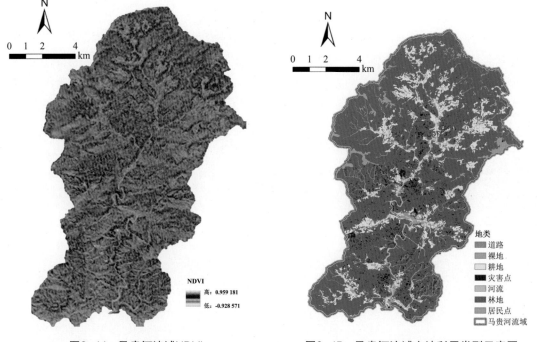

图9-44 马贵河流域NDVI   图9-45 马贵河流域土地利用类型示意图

表9-4 马贵河流域土地利用类型统计表

土地利用类型	居民点	林地	河流	灾害点	耕地	裸地	道路
面积/km²	4.078	129.063	4.077	5.120	16.793	4.180	1.188
比例/%	2.479	78.458	2.478	3.112	10.209	2.541	0.722

四、单体灾害堆积体体积参数提取

体积是崩滑灾害特征的一个重要参数，是确定灾害规模和制订救援方案的主要依据。体积分析的基础是对灾害体形态条件的掌握和描述。灾害多发生在高山峡谷中，山体雄厚，边坡陡峻，使得地质调查工作因人员难以抵达现场而无法正常开展。此外，灾害发生后，必须很快完成相关的体积特征测量、计算工作，这不但需要投入大量的人力，而且灾害点的安全隐患会影响施工并给作业人员带来威胁。运用三维数字地形仿真技术，构建堆积体三维空间几何模型，建立堆积体体积测量方法，为灾害现场应急救灾及灾后治理等提供科学数据。

基于Surfer的灾害堆积体几何建模

本次实验选择的样本点是崩滑灾害发生后，堆积体发生滑动后的状态，也就是说采集的点云数据为滑动面的数据。通过三维激光扫描测量，获得典型堆积体的空间位置信息，这些信息在扫描仪建立的空间坐标中以数量庞大而且密集的点云数据存储。导出堆积体的点云数据，用Surfer 11软件拟合。经拟合后的堆积体坡面形态较为连续光滑。点云数据和滑坡现场如图9-46所示。为了推求堆积体的体积，必须确定堆积体的外形。根据地形的连续性，通过堆积体的边缘找到灾害发生前的地形表面，作为堆积体的上边界。从野外照片可以看出，堆积体顺沿山坡滑落堆积，其后缘为一V形山谷，两侧谷壁分别为滑动面的两侧壁，其前缘位于现裸露的边缘。通过对堆积体坡面和滑动面的近似，确定了灾害前的地表外形和灾害后的堆积体的外形。在Surfer 11软件中，首先利用Grid-data功能将点云数据网格化，然后利用Surfer 11的MAP-3D wireframe命令绘制表面三维线框图和表面地貌渲染图。Surfer 11拟合的灾害发生前、后的表面三维图如图9-47所示。

（a） （b）

图9-46 灾害扫描点云和灾害现场图

（a）灾害点云；（b）灾害现场。

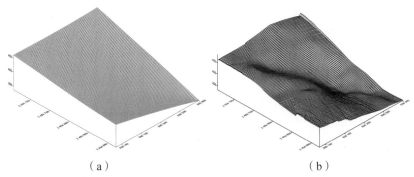

（a）   （b）

图9-47　利用Surfer 11软件拟合的表面三维图

（a）灾害发生前；（b）灾害发生后。

　　体积计算是确定表面和滑动面之间的实体体积。使用Surfer 11软件的网格下面的Volume（体积）菜单计算命令，计算获得体积。基于Surfer 11软件计算的样本点的体积参数如图9-48所示。体积计算结果约为15 122 m³，判定灾害规模为小型。

```
Areas
Planar Areas
Positive Planar Area [Cut]:          43 401.456 941 653
Negative  Planar Area [FILL]:        13 573.784 558 368
Blanked Planar Area：                0
Total Planar Area：                  56 975.241 500 021
Surface Areas
Positive Surface Area [Cut]:         49 883.932 335 327
Negative Surface Area [Fill]:        15 121.831 213 613
```

图9-48　单体灾害堆积体体积计算结果

五、区域群发性灾害堆积体体积计算

　　群发性灾害发生后获取一个区域内的滑坡堆积体数量和范围较易，而计算其体积较难，因为不仅需要了解滑坡体表面面积，还需要了解滑坡前后滑坡体剖面的几何形态。一般而言，滑坡体剖面几何形态的获取较为困难。尤其在同时计算多个滑坡体体积时，获取滑坡体剖面几何形态更具有挑战性。

　　对于滑坡体体积的获取，传统方法以统计关系计算为主，一般是通过滑坡体表面面积和体积之间关系的经验公式计算。对于以降水诱发的滑坡体积的计算，可以通过滑坡体积与前期降水量关系计算方法获得。近年来，随着遥感技术的发展，可以利用DEM计算滑坡体体积。从遥感影像上获取滑坡边界的投影面积，在该边界范围内计算滑坡前后的DEM的高程差，通过高程差和滑坡投影面积的乘积获取滑坡的体积，这种方法简单且精度高，但需要依赖于灾害前后的同一比例尺和精确配准的两期DEM数据。然而，由于滑坡前后DEM精度差异、DEM平面位置和高程基准差异等，利用DEM计算滑坡体体积的结果常常会存在一定的误差。因此，本研究通过对滑坡前后发生的形态变化规律进行总结，建立一种基于斜坡形态和灾害边界点插值模拟的滑坡体体积计算模型，使用灾后DEM，通过边界点搜索和插值，模拟恢复斜坡灾前的DEM，进而同时计算多个滑坡的堆积体总体积。

（一）灾害边界点提取

利用基于灾害点遥感影像的自动解译的结果，获取崩滑灾害的边界线信息，在此基础上，在ArcGIS软件的空间分析模块下，将线文件转换为点文件，可提取出滑坡灾害点的崩滑灾害边界点（图9-49）。

图9-49　滑坡灾害边界点

（二）灾前地形拟合

利用边界点文件提取DEM里面的高程数据，得到边界点的高程数据，然后在ArcGIS软件利用边界点的高程和坡度信息进行模拟插值，用面转点文件，提取斜坡内部高程点，利用斜坡内部高程点去提取插值模拟的结果，获得各个斜坡内部点的灾前高程，再由内部高程点转为不规则三角网TIN，由TIN模拟生成各灾害点的灾前DEM（图9-50）。

图9-50　灾害点灾前DEM模拟

（三）区域群发性灾害体积计算

在获取灾害发生前和发生后的DEM基础上，进一步利用ArcGIS软件的空间统计和Surface Volume功能，分别统计灾前DEM和灾后DEM的体积值（表9-5）。经过计算，茂名市马贵镇深水村在"9·21"特大地质灾害事件中，共有89 773.08 m³的土石方发生了崩滑。

表9-5　区域群体滑坡灾害体积计算结果

滑坡状态	体积 / m³
灾前	505 836.94
灾后	416 063.86
滑坡体	89 773.08

综合上述研究分析，本研究建立的基于插值模拟的滑坡堆积体体积计算模型，可用于灾害引起的大范围的山体滑坡体体积的快速估算。这对于合理安排人力物力进行滑坡堆积体的快速清除，实现灾后应急指挥、救援决策和重建恢复具有重要现实意义。

六、本节小结

本节运用三维空间信息技术，基于遥感影像对小流域地表特征和山洪灾害空间信息的自动提取方法进行研究。首先，提出了基于三维数字地形的小流域水系、河网分级、河网密度、小流域沟谷单元、斜坡单元等地形及流域特征信息的提取途径和方法；其次，基于遥感影像提出小流域地表覆盖、土地利用和人文信息的提取方法；在以上基础上，结合崩滑灾害遥感影像特征和地形特征，提出了小流域群发性崩滑灾害的自动识别方法，并提出了单体崩滑灾害和群发性崩滑灾害的体积获取方法。提出上述方法和所获结果可以为后文山洪灾害的生态风险评估和建立预警模型提供基础数据。此外，提出的方法为山洪灾害的现场应急救灾及灾后治理等提供科学数据。

第三节　山洪灾害风险评价

风险度（Risk）是指在一定区域和给定时段内，由于灾害而引发的人们生命财产和经济活动的期望损失值。它是自然属性和社会属性的结合，不仅与灾害活动状况有关，还与对保护对象容易造成的损害程度有关，即同一位置的保护对象可能存在不同的风险度。风险度表达式为[125-128]：

$$风险度（R）= 危险度（H）\times 易损度（V） \tag{9-1}$$

由上式可知，在危险度和易损度分区的基础上，通过两者的叠加，即可以得到风险度。

本研究针对广东省不同空间尺度的山洪灾害形成机理及分布特征，对山洪灾害关键风险因素进行重点分析和筛选，提出了大尺度（省域）、中尺度（小流域）、小尺度（单体或单沟）等不同空间尺度的山洪灾害风险评价指标体系、评价模型及方法。

一、大尺度山洪灾害风险评价

大尺度主要从省域（大区域）出发，基于山洪灾害的时空分布、成因、机理和关键致灾因素，运用相关的评价指标体系（图9-51）进行山洪灾害风险评价。

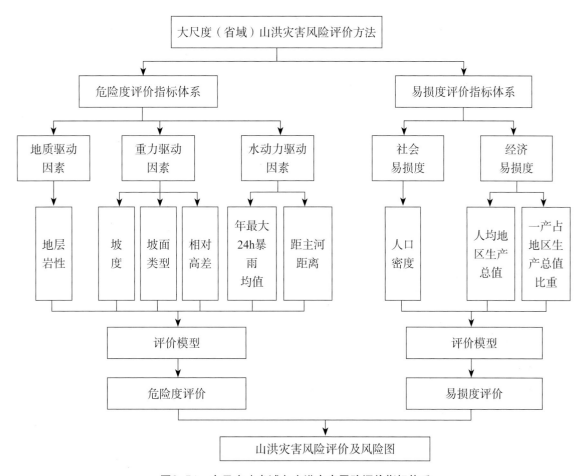

图9-51 大尺度（省域）山洪灾害风险评价指标体系

（一）危险度评价

1. 危险度评价指标

根据广东省山洪灾害发育特征和关键动力分析，结合数据的可获取性，借鉴前人相关研究成果，经过专家讨论和综合研判，选取地质驱动因素、重力驱动因素和水动力驱动因素三大部分，对广东省的山洪灾害危险度进行评价。地质驱动力即山洪灾害发育的地质背景条件，同时也为山洪灾害提供物源条件，本研究选取的地质驱动因素为地层岩性。重力驱动因素即山洪灾害发育的重力驱动条件，本研究选取坡度、坡型和相对高差作为山洪灾害的重力驱动因素。水动力条件对山洪灾害具有激发作用，本研究选取年最大24h暴雨均值和距主河距离作为水动力驱动因素参与山洪灾害的危险度评价。利用GIS技术对这些因素进行定量描述，并将定量描述的结果存于地理信息系统数据库中，最后采用评价模型将这些因素的定量描述与所获取的山洪灾害与评价因素的关系相结合，利用GIS空间叠加分析功能，对广东省的滑坡、泥石流危险度进行评价，并将其表达为以栅格（30 m×30 m）为单位的数据图，整个指标体系的流程如图9-51所示。

2. 危险度评价模型

本研究选用贡献率模型对山洪灾害危险度进行评价。每一个评价因素指标对灾害发育作出的贡献不同。因此，在可靠的山洪灾害数据基础上，选用量密度指标对因素贡献程度进行评价[129-131]。

贡献率指数是评价因素对山洪灾害危险度贡献程度的重要指标之一，表达式如下：

$$\overline{U}_i' = \frac{\overline{U}}{\overline{V}} \times 100\% \qquad (9-2)$$

式中，$\overline{U}_i'$ 为评价因素贡献率指数；$\overline{U}$ 为各评价因素子集内的山洪灾害数；$\overline{V}$ 为各评价因素的总山洪灾害数。

贡献率通过贡献率指数进行计算，表达式如下：

$$U_{oi} = \frac{\overline{U}_i'}{\sum \overline{U}_i'} \times 100\% \qquad (9-3)$$

式中，U_{oi} 为因素 o 的第 i 个次级评价因素的贡献率；$\sum \overline{U}_i'$ 为评价因素的贡献率指数之和。

各评价因素内部的自权重计算公式为：

$$w_i = \frac{U_{oi}}{\sum U_{oi}} \qquad (9-4)$$

式中，w_i 为山洪灾害评价因素 i 的自权重；U_{oi} 为因素 o 中第 i 个评价因素的贡献率。

各评价因素的互权重通过下式计算：

$$w_i' = \frac{U_j''}{\sum U_j''} \qquad (9-5)$$

式中，w_i' 为山洪灾害评价因素 i 的互权重；$U_j'' = \sum U_{oi}$ 为各评价因素的综合贡献率，$j = 1, \cdots, n$。

对各个评价因素的自权重和互权重相乘并进行叠加，得到广东省山洪灾害危险度评价模型：

$$H = \sum_{i=1}^{n} w_i w_i' \overline{U}_i' \qquad (9-6)$$

式中，H 为山洪灾害危险度综合指数；w_i 为山洪灾害评价因素 i 的自权重；w_i' 为山洪灾害评价因素 i 的互权重；$\overline{U}_i'$ 为各山洪灾害评价因素的贡献率指数。

各危险度评价因素计算结果及分析：

（1）地层岩性（D）对山洪灾害的贡献率。

①地层岩性的贡献率指数（D_0）。

采用比例尺为1∶2 500 000的电子地质图及说明材料，将广东省地层岩性划分为23类，分别参与山洪灾害的危险度分析，对它们各自发生山洪灾害的个数进行统计，分析各地层岩性对滑坡发育的敏感程度，按式（9-2）计算出各地层岩性的贡献率指数（图9-52）。

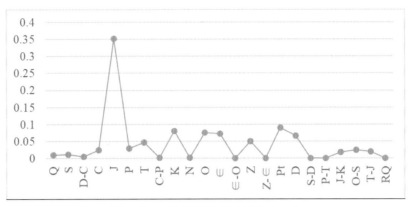

图9-52　地层岩性贡献率指数（D_0）

②贡献率分析。

为了分析各地层岩性对滑坡发育的贡献程度，即对贡献率指数进行分类表示，采用等比数列区间划分方法分成高、中、低三类，即区间等比数列：

$$d = \frac{D_{0\max} - D_{0\min}}{3}$$

（9-7）

贡献率指数为0不参与区间划分计算，直接归入低贡献率指数区，以下相同。将图9-52中贡献率指数代入式（9-7），求得$d = 0.117\,0$。

三级划分区间：$[a_1, a_2)$为低贡献率指数区，$[a_2, a_3]$为中贡献率指数区，$(a_3, a_4]$为高贡献率指数区，a为区间取值范围。

$$a_1 = D_{0\min}（如果存在贡献率指数为0，a_1 = 0）$$

（9-8）

$$\begin{cases} a_2 = D_{0\min} + d \\ a_3 = D_{0\max} - d \end{cases}$$

（9-9）

$$a_4 = D_{0\max}$$

（9-10）

将$d = 0.1170$代入计算，得到低贡献率指数区$[0.000\,0, 0.121\,8)$，中贡献率指数区$[0.121\,8, 0.238\,9]$，高贡献率指数区$(0.238\,9, 0.355\,9)$。经上述计算获得区域地层岩性对滑坡贡献率指数分级结果（表9-6）。

表9-6　地层岩性贡献率指数分级评价

贡献率指数类型	地层岩性	贡献率指数
高	J	0.355 9
中	—	—
低	Q、S、D-C、C、P、T、C-P、K、N、O、∈、∈-O、Z、Z-∈、Pt、D、S-D、P-T、J-K、O-S、T-J、RQ	0.009 5、0.015 2、0.004 8、0.021 9、0.031 4、0.044 7、0.004 8、0.089 4、0.008 6、0.080 9、0.076 1、0.005 7、0.050 4、0.000 0、0.096 1、0.069 5、0.000 0、0.000 0、0.016 7、0.019 0、0.017 5、0.000 0

求不同等级地层岩性对山洪灾害发育的贡献率，首先对地层岩性贡献率指数进行均值化处理，贡献率指数为0者不参与计算，以下相同，即：

$$\overline{D}_H = D_0(J) \tag{9-11}$$

$$\overline{D}_M = 0 \tag{9-12}$$

$$\overline{D}_L = \frac{\begin{bmatrix} D_0(Q) + D_0(S) + D_0(D\text{-}C) + D_0(C) + D_0(P) + D_0(T) + \\ D_0(C\text{-}P) + D_0(K) + D_0(N) + D_0(O) + D_0(E) + D_0(E\text{-}O) + \\ D_0(Z) + D_0(Pt) + D_0(D) + D_0(J\text{-}K) + D_0(O\text{-}S) + D_0(T\text{-}J) \end{bmatrix}}{18} \tag{9-13}$$

式中：$\overline{D}_H$ 为高贡献区间的平均贡献率指数；$\overline{D}_M$ 为中贡献区间的平均贡献率指数；$\overline{D}_L$ 为低贡献区间的平均贡献率指数。

对式（9-9）结果进行归一化处理，得到地层岩性贡献率为：

$$U_{D1} = \frac{\overline{D}_H}{\overline{D}_H + \overline{D}_M + \overline{D}_L} \times 100\% \tag{9-14}$$

$$U_{D2} = \frac{\overline{D}_M}{\overline{D}_H + \overline{D}_M + \overline{D}_L} \times 100\% \tag{9-15}$$

$$U_{D3} = \frac{\overline{D}_L}{\overline{D}_H + \overline{D}_M + \overline{D}_L} \times 100\% \tag{9-16}$$

式中：U_{D1} 为高贡献率；U_{D2} 为中贡献率；U_{D3} 为低贡献率。由此得到各地层岩性对山洪灾害发育的贡献率（表9-7）。

表9-7　地层岩性贡献率

贡献率类型	地层岩性	贡献率
高	J	0.908 6
中	—	—
低	Q, S, D–C, C, P, T, C–P, K, N, O, ∈, ∈–O, Z, Z–∈, Pt, D, S–D, P–T, J–K, O–S, T–J, RQ	0.091 4

计算结果表明，广东省有23种地层岩性与山洪灾害发育相关，其中地层岩性 J 对山洪灾害的贡献率高，是该区山洪灾害发育的主要地层岩性，提供了90.86%的概率；其余22种地层岩性对山洪灾害的贡献率低，不是该区山洪灾害发育的主要地层岩性，仅提供9.14%的概率。

（2）地形坡度（S）对山洪灾害的贡献率。

将广东省的地形坡度划分为0°～10°、10°～20°、20°～30°、30°～40°、40°～50°和＞50°共6个属性，各个坡度等级的贡献率指数如图9-53所示。10°～20°坡度对山洪灾害的贡献率高，贡献率指数为0.655。

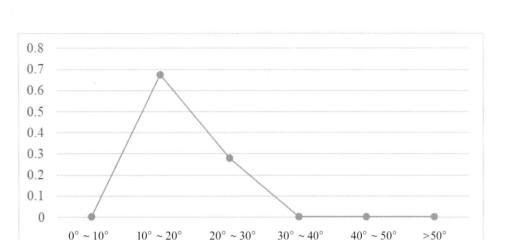

图9-53　各坡度等级的贡献率指数

　　同样，用地层岩性的贡献率指数分级和贡献率的计算方法，依次计算并整理出地形坡度对山洪灾害的贡献率指数分级评价表（表9-8）和贡献率分级表（表9-9）。

表9-8　坡度贡献率指数分级评价

贡献率指数类型	坡度等级	贡献率指数
高	a_2（10°～20°）	0.654 6
中	a_3（20°～30°）	0.265 5
低	a_1（0°～10°）、a_4（30°～40°）、 a_5（40°～50°）、a_6（>50°）	0.049 5，0.029 5， 0.001 0，0.000 0

表9-9　坡度贡献率

贡献率类型	坡度等级	贡献率
高	a_2（10°～20°）	0.696 3
中	a_3（20°～30°）	0.282 4
低	a_1（0°～10°）、a_4（30°～40°）、 a_5（40°～50°）、a_6（>50°）	0.021 3

　　（3）相对高差（H）对山洪灾害的贡献率

　　将广东省的高程按100 m区间间隔分为0～100 m、100～200 m、200～300 m、300～400 m、400～500 m、500～600 m、600～700 m、700～800 m、>800 m共9个属性，各相对高差等级对山洪灾害的贡献指数如图9-54所示。300～400 m的高程区间对山洪灾害贡献率最高，贡献率指数为0.345。

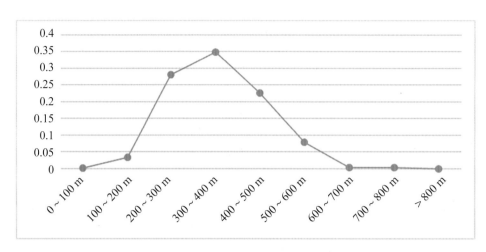

图9-54　各相对高差等级贡献率指数

同样用地层岩性的贡献率指数分级和贡献率的计算方法，依次计算并整理出各高差等级的贡献率指数分级评价表（表9-10）和贡献率分级表（表9-11）。

表9-10　高差贡献率指数分级评价

贡献率指数类型	高差等级	贡献率指数
高	h_3（200～300 m），h_4（300～400 m）	0.278 8，0.345 4
中	h_5（400～500 m）	0.222 6
低	h_1（0～100 m），h_2（100～200 m），h_6（500～600 m）， h_7（600～700 m），h_8（700～800 m），h_9（>800 m）	0.005 7，0.036 2，0.081 8， 0.020 0，0.005 7，0.003 8

表9-11　高差贡献率

贡献率类型	高差等级	贡献率
高	h_3（200～300 m），h_4（300～400 m）	0.557 1
中	h_5（400～500 m）	0.397 4
低	h_1（0～100 m），h_2（100～200 m），h_6（500～600 m）， h_7（600～700 m），h_8（700～800 m），h_9（>800 m）	0.045 5

（4）坡型（P）对山洪灾害的贡献率。

将广东省的地表坡型分为5种：Ⅰ—凹形坡、Ⅱ—上凹下凸形坡、Ⅲ—直线形坡、Ⅳ—凸形坡、Ⅴ—上凸下凹形坡。根据数据库中灾害的具体位置，获得各类坡型对灾害数量的贡献率指数（图9-55）。坡型为直线形的斜坡对山洪的贡献率高，贡献率指数为0.614，其次为上凹下凸形的斜坡。

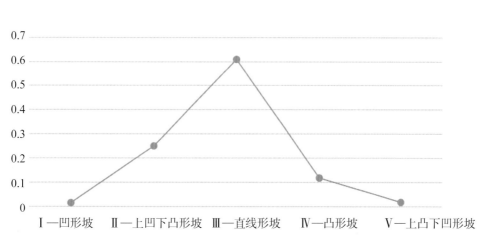

图9-55　各坡型贡献率指数

同样用地层岩性的贡献率指数分级和贡献率的计算方法，依次计算并整理出各坡型的贡献率指数分级评价表（表9-12）和贡献率分级表（表9-13）。

表9-12　坡型贡献率指数分级评价

贡献率指数类型	坡型	贡献率指数
高	Ⅲ—直线形坡	0.613 8
中	Ⅱ—上凹下凸形坡	0.249 3
低	Ⅰ—凹形坡，Ⅳ—凸形坡，Ⅴ—上凸下凹形坡	0.013 8，0.132 0，0.026 6

表9-13　坡型贡献率

贡献率类型	坡型	贡献率
高	Ⅲ—直线形坡	0.666 7
中	Ⅱ—上凹下凸形坡	0.270 8
低	Ⅰ—凹形坡，Ⅳ—凸形坡，Ⅴ—上凸下凹形坡	0.062 5

（5）年最大24h暴雨均值（A）对山洪灾害的贡献率。

将广东省多年的年最大24h暴雨均值按 < 100 mm（A_1）、100～120 mm（A_2）、120～140 mm（A_3）、140～160 mm（A_4）、160～180 mm（A_5）、180～200 mm（A_6）、200～220 mm（A_7）以及 > 220 mm（A_8）进行分级统计，统计每个分级的山洪灾害数量，计算并整理出各年最大24h暴雨均值的贡献率指数（图9-56）。从图中可以看出，120～140 mm的降雨对山洪灾害的贡献程度最大，贡献率指数为0.288 1。

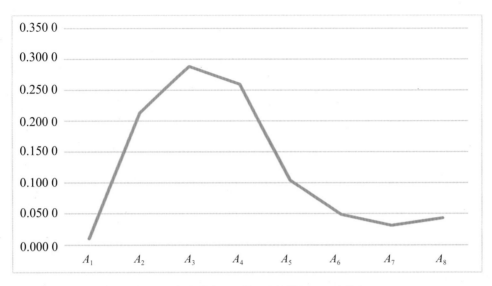

图9-56　各年最大24h暴雨均值等级贡献率指数

同样用地层岩性的贡献率指数分级和贡献率的计算方法，依次计算并整理出各年最大24h暴雨均值的贡献率指数分级评价表（表9-14）和贡献率分级表（表9-15）。

表9-14　年最大24h暴雨均值贡献率指数分级评价

贡献率指数类型	年最大24h暴雨均值	贡献率指数
高	A_2、A_3、A_4	0.213 4、0.288 1、0.259 7
中	A_5	0.104 5
低	A_1、A_6、A_7、A_8	0.010 4、0.049 3、0.031 3、0.043 3

表9-15　年最大24h暴雨均值贡献率

贡献率类型	年最大24h暴雨均值	贡献率
高	A_2、A_3、A_4	0.647 5
中	A_5	0.266 7
低	A_1、A_6、A_7、A_8	0.085 8

（6）距主河距离（L）对山洪灾害的贡献率。

将广东省主要的水系按照＜5 km（L_1）、5～10 km（L_2）、10～15 km（L_3）、15～30 km（L_4）、＞30 km（L_5）进行缓冲分区，得到距主河距离图层，根据数据库中灾害的位置，获得各类水系距离对灾害数量的贡献率指数（图9-57）。从图中可以看出，＜5 km范围的水系缓冲距离对山洪灾害的贡献率最高，贡献率指数为0.327，其次为5～10 km范围。

重。因此，我们选择人口密度（V_1）、人均地区生产总值（V_2）、第一产业占地区生产总值比重（V_3）3个指标来反映广东省山洪灾害的潜在易损度，开展山洪灾害易损度评价。

一般来说，这些指标越高，承灾体的潜在损失就越大。因此，我们运用：

$$V = aV_1 + bV_2 + cV_3 \qquad\qquad (9-35)$$

式中，V为各个基本单元的易损度值。根据历史灾情资料，将灾情损失与以上3个指标做偏相关分析得出，本研究$a = 0.32$，$b = 0.3$，$c = 0.38$。

本研究以县为单位用最大值归一化方法对三大指标数值进行处理，将处理后的结果按照式（9-35）进行叠加，将叠加后的属性值分为5个等级在ArcGIS软件里绘出，得到广东省山洪灾害承灾体易损度分级示意图（图9-60）。从农业的易损度来看，潜在损失风险较高的区域有徐闻、始兴和英德；从人均GDP易损度来分析，潜在损失风险较高的区域有广州、佛山、深圳、汕头；从人的潜在易损度来分析，潜在易损度最高的区域是珠江三角洲和汕头地区。综合以上3个指标，广州、深圳等发达城市潜在社会损失风险较高，而韶关、梅州等地区潜在社会损失风险较低。

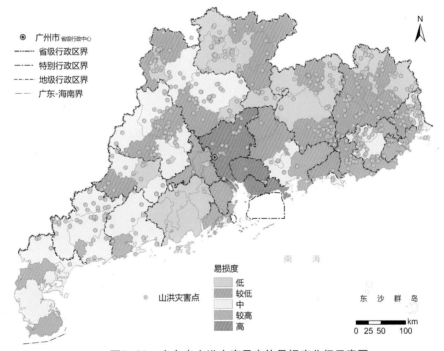

图9-60 广东省山洪灾害承灾体易损度分级示意图

（三）风险度评价

基于上述各个因素的分析，利用ArcGIS软件按照式（9-1）提取基本单元的危险度、易损度属性值，计算各个单元的综合风险度，按照综合风险度的大小，在ArcGIS软件中将其分为五个风险等级（低风险、较低风险、中风险、较高风险和高风险）绘出广东省山洪灾害风险示意图（图9-61）。其中，乐昌、英德、连山、佛冈等地区属于高风险区，这些地区的农业占比大，地势陡峻，抗灾能力弱，极易形成山洪灾害。珠江三角洲地区河网密集，位于各个河流的下游，山洪灾害处于低和较低危险区，但是其为社会财富和人口密集的地区，社会易损度高，使得该区域潜在的风险为较高和中等。处于粤西沿海区域的茂名、云浮、信宜、罗定、阳江等地区，山洪灾害的危险度为较高和高，但是其社会易损度为中等或者较低，使得这些地区的山洪灾害风险变为较高和中风险区。

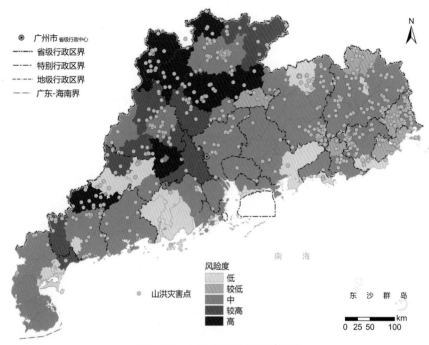

图9-61　广东省山洪灾害风险图

二、中尺度山洪灾害风险评价

（一）评价单元选择

中尺度山洪灾害风险评价，主要针对小流域尺度的群发性山洪灾害风险展开。群发性山洪灾害是广东省非常严重的自然灾害，其带来的损失往往比单一灾害带来的损失更大。群发性灾害主要以小流域为边界，呈流域从属和累积放大效应，往往是强降雨汇水在小流域分水岭引发群发性浅层滑坡，这些滑坡体作为山洪灾害的物源，被强大的地表径流带出沟谷，形成大范围的山洪灾害与泥石流灾害。因此，本研究主要基于小流域斜坡单元，选择粤西茂名市高州马贵河流域进行危险度和易损度评价，从而进行山洪灾害风险评估，形成相关图件。马贵河流域斜坡单元的划分结果见本章第二节图9-44。将马贵河流域总共划分为13 601个斜坡单元，开展山洪灾害危险度、易损度和风险评价。

（二）评价指标体系

山洪灾害发生的背景条件包括地质构造、地形地貌、植被条件等，触发因素为降雨条件。地形是地质灾害形成的外在条件，它制约着山洪灾害的发育形态和规模；地层岩性和岩土力学性质是灾害形成的内在要素，它在一定程度上决定着灾害的发育程度和类型；植被覆盖度与山体的稳定性有直接关系。

以马贵河流域为研究区，结合多源数据，进行相关分析后选取6个评价因素，分别为地形条件因素（地形起伏度、坡度、坡向和坡型）、地质条件因素（岩土体风化层厚度）以及小流域下垫面条件因素（植被指数），建立中尺度（小流域尺度）的危险度评价指标体系。由于马贵河小流域尺度的承灾体主要为居民点和道路，故选择居民点建设强度和道路密度作为中尺度（小流域尺度）的易损度评价指标，在数字高程模型基础上先采用集水区重叠法划分斜坡单元，再对各评价因素重采样，利用加权计算完成斜坡单元的风险计算，进而完成风险区划，作者提出中尺度山洪灾害风险评价指标体系（表9-21）。下面详细阐述地质条件、覆盖条件的指标选取依据和指标计算方法。

表9-21　风险评价指标体系

指标类型	风险层	功能层	指标层
风险评价指标	危险度	地形条件	地形起伏度
			坡度
			坡向
			坡型
		地质条件	岩土体风化层厚度
		覆盖条件	植被指数
	易损度	居民点、道路易损性	建设强度
			道路密度

1. 危险度评价指标

（1）地形条件。

地形条件的4个指标为地形起伏度、坡度、坡向和坡型。利用马贵河流域的数字高程模型DEM数据，在ArcGIS软件的空间分析功能下，分别计算每个斜坡单元的地形起伏度（图9-62）、坡型（图9-63）、坡度（图9-43）和坡向值（图9-64）。

（2）地质条件指标。

本研究选取的地质条件主要为岩土体风化层厚度。岩石遭受风化作用后，斜坡的稳定性大大地降低，并且岩土体风化层越厚，边坡稳定性越差。岩土体风化层厚度与地形斜坡坡度、地层岩性和地质构造有密切相关性，本研究参照地质图的地质岩性构造特征，将马贵河流域分成几个大区，在每个区内按照水流方向布设野外采样点。野外采样利用手动螺旋钻和卷尺完成岩土体风化层厚度的测量，在出露剖面地区直接测量剖面岩土体风化层厚度，并记录每个测量点的坡度，经过室内整理数据并进行回归分析，获得研究区斜坡坡度和岩土体风化层厚度之间的关系$y = -2.864\ln x + 10.719$，根据单元平均坡度值可反推每个斜坡单元的岩土体风化层厚度。研究区岩土体风化层厚度为0.5～16.3 m。岩土体风化层厚度分布如图9-65所示。

（3）地表覆盖条件指标。

用植被覆盖度来表示，通过遥感图提取小流域内的NDVI归一化植被指数，植被指数可以反映区域内植被覆盖度的情况，而植被覆盖度与山体的稳定性有直接关系。按照区域统计计算每个斜坡单元的植被覆盖度平均值。

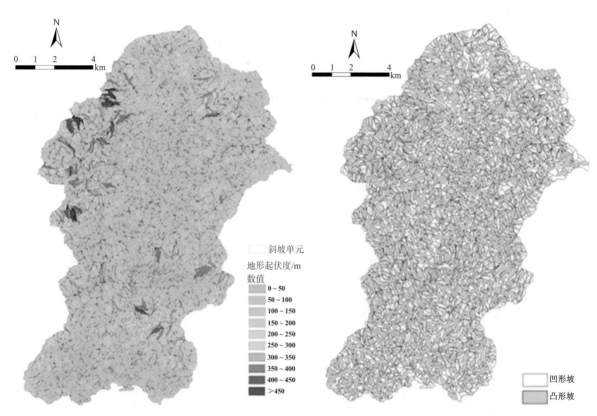

图9-62　马贵河流域斜坡单元地形起伏度示意图　　　　图9-63　马贵河流域斜坡单元坡型分布示意图

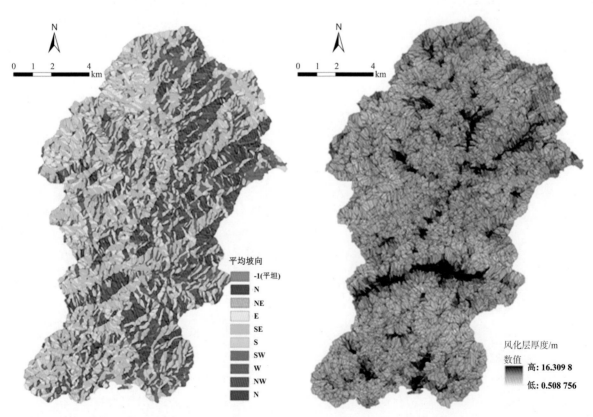

图9-64　马贵河流域斜坡单元坡向分布示意图　　　　图9-65　马贵河流域岩土体风化层厚度分布图

2. 易损度评价指标

易损度主要包括自然易损度（建筑物、国家基础设施、农牧林业等）、社会易损度（经济财产、工业产品等）和经济易损度。小流域地区社会、经济易损度难以获取，因此主要考虑自然易损度。考虑马贵河流域主要的承灾体为居民点和道路，因此选择居民点建设强度和道路密度作为易损度指标，分别如图9-66和图9-67所示。

居民点建设强度（J）：小流域地区的人类活动主要分布在居民点，居民点的易损度也能反映人口的易损度。

居民点建设强度（J）的计算公式为：

$$J = \frac{A_J}{A} \tag{9-36}$$

式中，J为居民点建设强度；A_J为斜坡单元内居民点所占的面积；A为斜坡单元面积。

居民点面积用土地利用现状图校准后统计获得。由于J与小流域地区的居民点和人口的分布密切相关，因此将其作为山洪灾害的脆弱性指标之一。J越大，居民点建设强度和居民点分布密度越大，山洪灾害的脆弱性越大；反之，J越小，脆弱性也越小。

道路密度（R）：道路也是小流域地区的主要承灾体，山洪灾害发生时，首当其冲的是道路，道路损坏后要经过一定的维修才能使用，也间接反映经济易损性。

道路密度（R）的计算公式为：

$$R = \frac{A_R}{A} \tag{9-37}$$

式中，R为道路密度；A_R为斜坡单元内道路所占的面积；A为斜坡单元面积。

道路面积用土地利用现状图校准后统计获得。由于R与道路的分布密切相关，因此将其作

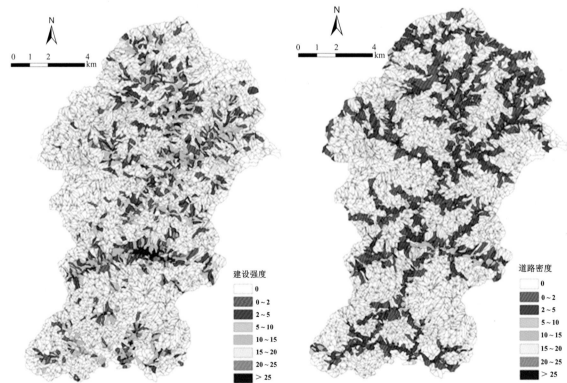

图9-66　斜坡单元内居民点建设强度分布示意图　　　图9-67　斜坡单元内道路密度分布示意图

为山洪灾害的脆弱性指标之一。R越大，道路的分布密度越大，山洪灾害对道路的损坏相对也越大，脆弱性也相对越大；反之，R越小，脆弱性也越小。

（三）评价模型

首先对各个评价因素按最大值归一化方法进行归一化处理，得到归一化的各类指标；其次确定各个指标的权重，此处采用层次分析方法（AHP）确定中尺度（小流域）山洪灾害的危险度和易损度评价指标权重（表9-22）；然后，通过加权运算［式（9-38）］得到各个斜坡的危险度和易损度。在此基础上，将危险度和易损度评价结果按式（9-1）进行叠加，得到中尺度（小流域）的山洪灾害风险评价结果。

表9-22　指标的权重值

评价层	危险度评价						易损度评价	
评价因素	地形起伏度（A）	平均坡度（B）	平均坡向（C）	坡形（D）	风化层厚度（E）	植被指数（F）	居民点切坡强度（J）	道路密度（R）
权重	0.15	0.20	0.10	0.20	0.20	0.15	0.5	0.5

$$H_i = \sum \mathrm{WH}_j P_{ij} \quad (i=1, 2, \cdots, 13\ 601; j=1, 2, \cdots, 8) \qquad (9\text{-}38)$$

式中，H_i为第i个斜坡单元的危险度或者易损度；WH_j为第j个指标的权重；P_{ij}为第i个斜坡单元第j个指标的值。

（四）评价结果

在ArcGIS软件中，运用其地图代数功能计算出马贵河小流域13 601个斜坡单元的风险度，值域为0～1。然后以0.2为间隔将斜坡单元划分为高风险、较高风险、中风险、较低风险、低风险5个等级进行评价，评价结果如图9-68所示，根据风险等级的分析计算整理出马贵河小流域不同风险等级所占比例统计表（表9-23）。

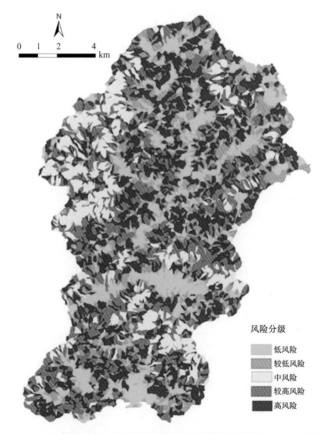

风险分级
低风险
较低风险
中风险
较高风险
高风险

图9-68　基于斜坡单元的风险评价结果

表9-23　不同风险等级所占比例统计表

风险等级	面积/m²	占比/%
低风险	26 298 175	16.21
较低风险	32 795 975	20.22
中风险	22 650 400	13.97
较高风险	33 259 625	20.51
高风险	47 185 650	29.09
合计	162 189 825	100.00

表9-23中的数据显示，研究区有很大区域处于高和较高风险等级，分别占斜坡单元总面积的29.09%和20.51%，这与小流域地区的灾害调查和遥感识别结果较为一致。

三、小尺度山洪灾害风险评价

小尺度的山洪灾害风险评价主要针对单一的崩塌滑坡和单一的山洪泥石流沟展开，先基于灾害的物理模型，结合数值模拟方法，对强降雨条件下单体山洪灾害进行数值建模，进而得到淹没范围、深度、流速、动能、冲击力等灾害危险性指标；再根据淹没范围内的土地利用类型和属性，开展山洪灾害脆弱性评估[132]；在此基础上，根据式（9-1）开展小尺度山洪灾害的风险评价。此处，我们以马贵河流域左侧的33号单一沟谷为例（该沟谷在2010年"9·21"特大山洪灾害中，发生了大规模山洪泥石流灾害），对小尺度的山洪灾害风险评价过程进行详细说明。

（一）数值模型构建

1. 三维数值模拟平台

三维（3D）数值模拟平台的构建，可以通过GPS、三维激光扫描仪等进行实地野外测绘获取数据进行，还可以通过航空摄影手段和高精度的航空影像提取数据进行。本研究通过建立马贵河流域深水村的3D数值模拟平台（图9-69）开展小尺度的山洪灾害风险评价。

2. 三维数值模拟参数设置

山洪灾害流体的流变特性通过现场采集土体样品和实验室内进行流变实验来确定。山洪灾害暴发的源区位置，主要通过现场调查并结合遥感影像数据来确定。其他参数的确定依照如下方法进行。

高桥保提出的等效浓度的计算公式[133]：

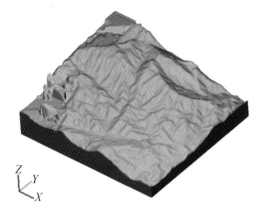

图9-69　马贵河流域深水村3D数值模拟平台

$$C_{d\infty} = \frac{\rho \tan\theta}{(\sigma - \rho)(\tan\phi - \tan\theta)}$$

（9-39）

式中，$C_{d\infty}$为流体的等效浓度；ρ为液相流体的密度（液相为水，$\rho=1.0$ g/cm^3；液相为黏性流体，$\rho=1.2$ g/cm^3）；θ为沟床平均坡度；σ为固体颗粒密度，通常情况下取2.65 g/cm^3；ϕ为固体颗粒的内摩擦角。

一般而言，灾害的体积或规模由野外滑坡或泥石流起动的松散固体物质的体积和降雨径流量的体积叠加而成，假设野外可以起动的松散固体物质的体积为V_s，降雨量为V_w，则形成的灾害总体积为V_D，通过下式进行计算[134-135]：

$$V_D = \min\left\{\frac{V_s}{C_{d\infty}}, \frac{V_w}{1-C_{d\infty}}\right\} \tag{9-40}$$

式中的野外可以起动的松散固体物质的体积V_s，通常通过遥感影像数据和野外调查的成果来确定；不同降雨条件下的降雨量V_w通过查询水文手册和水文计算求得；通过ArcGIS软件的三维空间分析功能获取流域空间数据θ，通过室内外实验获取泥石流流体ρ和固体颗粒物质的ϕ、σ数据并根据式（9-39）计算出流体的等效浓度$C_{d\infty}$。通过计算，本研究的等效浓度$C_{d\infty}$为0.58，最大体积V_{Dmax}为2 058 190 m^3，若有极端降雨（如台风等），由于松散固体物质的限制，可以起动的最大体积仍为V_{Dmax}，那么，估算的不同降雨条件下的最大体积如表9-24所示。

表9-24　不用降雨条件下的流体体积估算表

不同降雨频率/年	50	100	500
最大流体体积/m^3	400 000	1 000 000	2 058 190

通过流变实验，流变特性为Bingham型，流体的参数设置如表9-25所示。

表9-25　流体属性表

流体性质	容重/（g·cm^{-3}）	沟床糙度	屈服应力/Pa	黏度系数/（Pa·s）
Bingham	1.65	0.1	20	0.5

数值模拟的初始条件主要为流体的体积，通过山洪暴发点位置和计算的流体体积，定义流体的初始高度；流体的性质参数通过定义参数的方法输入数值模拟平台；以该沟的总出口为流体流出边界，沟床不考虑侵蚀，为边壁条件，其余设置为相似边界，如图9-70所示。

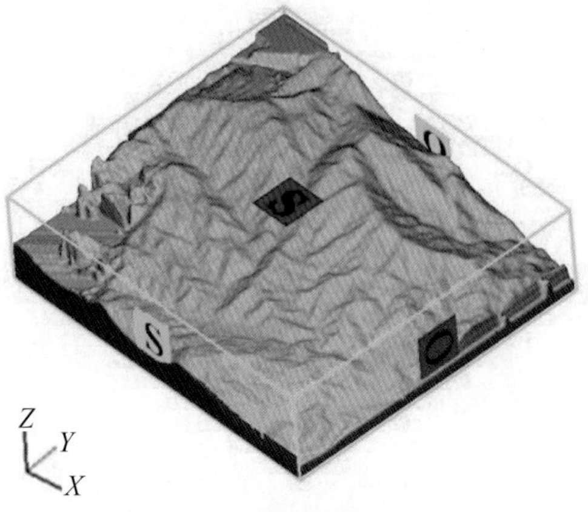

图9-70　数值模拟的边界条件

（二）数值模拟结果

在上述数值模拟参数设定的基础上，通过网格划分和边界条件的设置，开展数值模拟，对不同降雨条件下的淹没范围、深度、流速等参数进行模拟，得到不同降雨条件下的山洪流体流速分布模拟图和山洪淹没范围分布模拟图，如图9-71和图9-72所示。

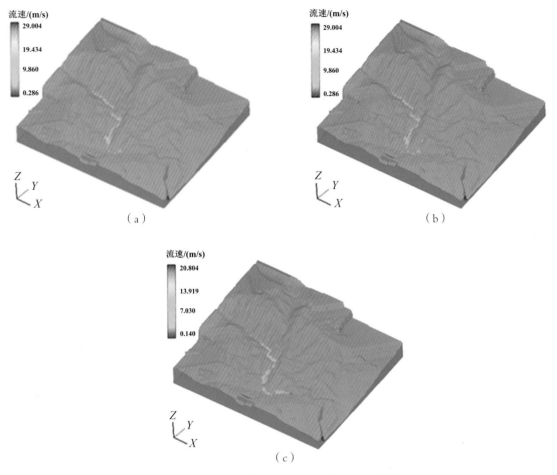

图9-71 不同降雨条件下的山洪流体流速分布模拟图

（a）50年一遇；（b）100年一遇；（c）500年一遇。

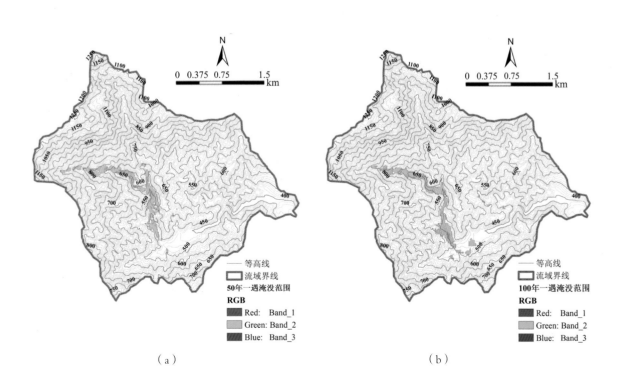

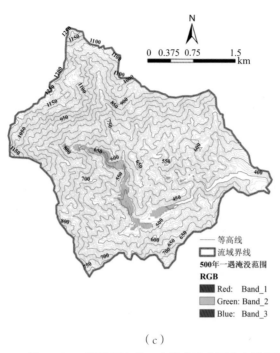

（c）

图9-72 不同降雨条件下山洪淹没范围分布模拟图

（a）50年一遇；（b）100年一遇；（c）500年一遇。

在模拟淹没范围的基础上，可以通过模拟得到淹没范围内的土地利用类型和属性，模拟500年一遇降雨条件下淹没范围内的土地利用类型，如图9-73所示。

图9-73 500年一遇降雨条件淹没范围内的土地利用分布图

（三）风险评价结果

首先，根据数值模拟的泥深结果，按表9-26计算出灾害强度（I）；其次，根据灾害强度和设计频率得到山洪灾害的危险度（H）（图9-74）；在此基础上，根据淹没范围内的土地利用分类和属性，计算山洪灾害的易损度（v）（表9-27）；最后，通过式（9-1）得到小尺度（单沟）的山洪灾害风险评价结果（图9-75）。

表9-26 山洪灾害强度计算表

灾害强度I	最大泥深h/m	关系	最大泥深和流速的乘积vh /（m²/s）
高（I_H）	$h \geqslant 2.5$	or	$vh \geqslant 2.5$
中（I_M）	$0.5 \leqslant h < 2.5$	and	$0.5 \leqslant vh < 2.5$
低（I_L）	$0 \leqslant h < 0.5$	and	$0 \leqslant vh < 0.5$

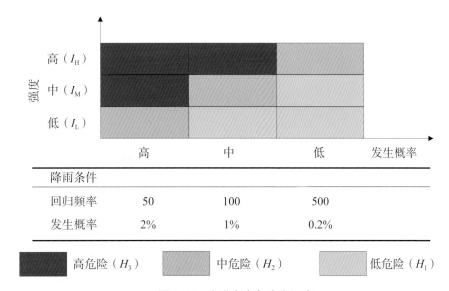

图9-74 山洪灾害危险度矩阵

表9-27 不同属性承灾体的泥石流易损度分析标准

危险度 H	不同土地利用类型的易损度V			
	居民点	林地	耕地	道路
H_1	高	中	高	高
H_2	高	低	中	中
H_3	中	低	低	低

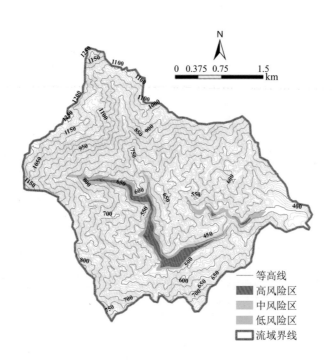

图9-75 小尺度山洪灾害风险评价结果

四、本节小结

针对不同空间尺度的山洪灾害形成机理及分布特征，对山洪灾害关键风险因素进行重点分析和筛选，提出了大尺度（省域）、中尺度（小流域）、小尺度（单体或单沟）不同空间尺度的山洪灾害风险评价指标体系及其评价模型方法：①大尺度主要从省域大区域出发，基于山洪灾害的时空分布、成因、机理和关键致灾因素，选择地质驱动因素（地层岩性）、重力驱动因素（地形坡度、坡型、高程差）和水动力驱动因素（年最大24 h暴雨均值和距主河距离）和易损度指标（人口密度、人均国内生产总值、第一产业占国内生产总值比重），进行山洪灾害风险评价。②中尺度（小流域）主要针对小流域群发性灾害，基于小流域的斜坡单元，选择地形条件（地形起伏度、坡度、坡向、坡型）、地质条件（岩土体风化层厚度）、下垫面条件（植被指数）和易损度指标（居民点建设强度、道路密度），进行山洪灾害风险评价。③小尺度（单体崩滑或单沟山洪泥石流灾害）主要采用数值模拟方法，对降雨条件下的山洪灾害进行数值模拟，得到淹没范围、深度、流速、动能、冲击力等灾害危险性指标，再结合易损度指标（淹没范围内的土地利用属性和损坏程度），进行山洪灾害的风险评价。在上述研究的基础上，得到不同空间尺度山洪灾害风险图件，为广东省不同国土空间尺度的山洪灾害风险评价、防灾减灾等提供可靠依据。

第四节　山洪灾害监测预警系统和预警阈值关键技术

山洪灾害在世界范围内广泛分布，每年造成巨大的经济损失和众多人员伤亡。主要受灾国家对于山洪灾害已经予以重视，相应地采取了治理或监测等不同的减灾方案，有针对性地降低灾害带来的风险。本节以粤西茂名市高州马贵河流域为对象，建立山洪灾害监测预警示范系统，对本研究建立的山洪灾害预警阈值进行试验示范和应用。

一、山洪灾害野外监测预警系统

（一）监测目的

以灾害发生时间为轴，灾害监测系统应建立于灾害发生前，防患于未然。如果灾害发生后再建立监测系统，能否发挥作用完全取决于监测区域是否还具备灾害生成条件；如果已不具备灾害条件仍建立监测系统，会导致监测目标缺失，从而造成监测系统的空载。

如"5·12"汶川大地震后，地震次生灾害如鬼魅般"蛰伏"两年，2010年8月，我国暴发了3起特大山洪泥石流灾害：甘肃舟曲"8·8"特大山洪泥石流、四川绵竹清平"8·13"特大山洪泥石流和云南怒江贡山"8·18"特大山洪泥石流。同是由于强降雨诱发的泥石流灾害，舟曲泥石流事先未预警，导致遇难1 557人，失踪208人，而绵竹清平乡仅依靠降雨预报和群测群防，实现文家沟泥石流的成功预警，人员伤亡数为个位。已造成重大损失的区域，通常灾后会重视灾害监测系统的建设，而未发生过重大灾害或距离过去重大灾害发生时间较久的区域，容易忽视灾害监测系统的建设，尤其是建成灾害监测系统后未发生灾害的区域，灾害监测系统长期失去维护而导致失效。如舟曲在1992年、1996年先后暴发过泥石流，1997年完成泥石流治理工程后，泥石流监测预警站被取消，2010年之前一直没有大型泥石流灾害发生，故而灾害来临前无任何预警。

多数人认为灾害监测的意义仅在于提供灾前预测，并不了解灾害监测远程提供的实时气象、岩土信息对于不同行业人员的意义。

（1）相对于动辄投资上百万元的防治工程，灾害监测是一种投资较小的轻量级减灾手段，其通过监测来预测灾害的发生时间，以便提前采取应对措施。

（2）对于灾害领域研究人员，监测数据是研究区域规律及降雨导致的崩塌、滑坡、山洪、泥石流等灾害机理的重要数据来源与依据，也是本研究的目标。

（3）对于减灾管理部门及有关政府，监测系统是实施搬迁避让、工程治理等相关减灾措施的重要参考和决策依据。

（4）对于生活、工作在灾害区域附近的居民和旅游、出差等外来人口而言，灾害监测系统为他们提供安全保障，也是其在监测区域活动的重要参考。

（5）对于灾害防治工程，监测系统可以提供工程效果反馈，为提高防治工程效率提供数据。

（二）监测对象选择和监测内容

本研究选择粤西茂名市高州马贵河流域作为监测区域。由于地层岩性、地形、地貌、降雨等因素的作用，该区域山顶和坡面上发生的灾害以花岗岩风化浅层碎屑物崩滑为主，沟道内发育有山洪及泥石流（监测小流域的自然地理和山洪灾害概况详见第九章第一节）。为全面了解山洪灾害发生、发展、成灾过程规律，达到防灾减灾目的，将监测目标与对象设定为滑坡、泥石流、山洪3种灾害现象。

监测目标包括3种灾害类型，根据项目研究主题和内容目标，重点监测滑坡、泥石流和山洪灾害的降雨雨量和成灾过程。

滑坡监测内容包括滑坡体的地表位移监测、降雨量监测、滑坡体孔隙水压力监测、土体含水量监测等。

泥石流监测内容包括降雨量监测、泥石流的断面泥位监测、泥石流物源区土体的孔隙水压力、土体含水量监测等。

山洪监测内容包括断面洪水的水位、流量监测和降雨量监测。

（三）监测方案和预警方案设计

1. 监测点布置方案

经过相关研究人员的共同研究，选择粤西茂名市高州马贵河小流域为研究示范区，监测对象为马贵镇、深水村、河木垌村的山洪断面和滑坡、泥石流灾害点。以大量野外灾害调查和走访为基础，选择当地亟须监测的山洪灾害点设置监测站点，以政府招标采购的中标单位深圳莫尼特仪器设备有限公司供应的山洪灾害监测设备作为主要监测设备，对马贵河流域的滑坡、泥石流、山洪进行实时监测。监测点布置示意图如图9-76和表9-28所示，各个监测站点的监测内容如图9-77所示。

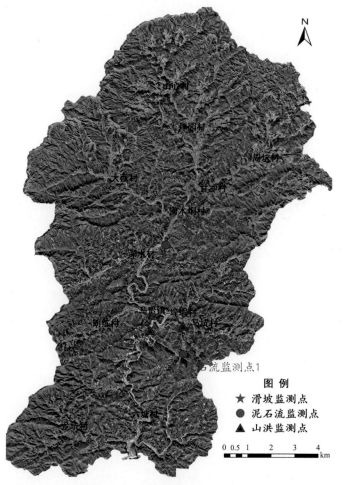

图9-76　野外监测点布置示意图

表9-28　马贵河流域山洪灾害野外监测布置位置

灾害类型	监测站	位置（经纬度）
滑坡	监测站点1	22° 13′ 53″ N、111° 19′ 3″ E
	监测站点2	22° 13′ 55″ N、111° 19′ 2″ E
泥石流	监测站点1	22° 13′ 24″ N、111° 18′ 28″ E
	监测站点2	22° 10′ 56″ N、111° 18′ 54″ E
山洪	监测站点1	22° 11′ 27″ N、111° 18′ 55″ E
	监测站点2	22° 11′ 31″ N、111° 18′ 5″ E

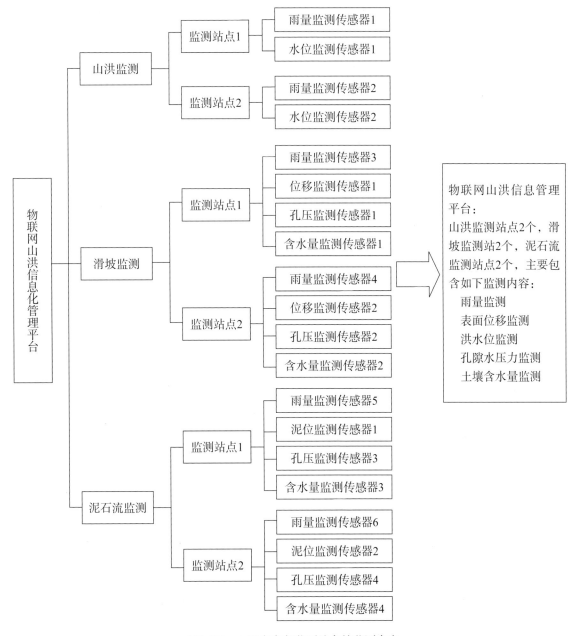

图9-77　山洪灾害各监测站点的监测内容

2. 预警编制方案

利用监测预警仪器设备，在具体的山洪、滑坡、泥石流监测站点，设置雨量预警、水位与泥位预警、位移变形预警三种预警方式。

本研究设置静态雨量和动态雨量阈值，当实际降雨量达到两个阈值之一时，立即进行雨量预警。根据野外实测数据设置山洪监测断面的警戒水位，或者泥石流监测断面的警戒泥位，当监测的实测水位、泥位达到需要警戒的水位、泥位，进行水位与泥位预警。当滑坡监测的位移和变形速率达到一定值的时候，进行位移变形预警。具体的预警阈值和方案见下节叙述。

山洪灾害预警一般分为三级：

Ⅲ级（黄色）：当预报有强降雨发生和降雨量可能接近或达到临界雨量，或者预报水位（流量）可能接近或达到临界成灾水位（流量），将可能发生山洪灾害时，则编制Ⅲ级预警信息（黄色）。

Ⅱ级（橙色）：当已有强降雨发生，预报降雨量可能达到临界雨量和降雨还将持续，或者预报水位（流量）可能达到成灾的水位（流量），山洪灾害即将发生时，编制Ⅱ级预警信息（橙色）。

Ⅰ级（红色）：当已有强降雨发生，实测降雨量接近或者达到临界雨量，且前期雨量接近山洪形成区土壤饱和含水量，预报降雨将持续，实测水位（流量）接近或达到成灾水位（流量），水位还在上涨，将发生山洪灾害时，编制Ⅰ级预警信息（红色）。

根据山洪、滑坡、泥石流灾害的预警临界阈值、水位与泥位预警、位移变形预警等信息，综合设置各个等级预警，并通过手机向当地群测群防人员、群众、村干部等发布预警信息。

（四）监测设备野外布置

根据项目的研究内容和相关的政府采购文件，2016年9—12月对物联网山洪信息化管理平台进行了政府采购招标（竞争性磋商文件项目编号：GZGK16P346A0917C），深圳市莫尼特仪器设备有限公司中标。按照合同，课题组和中标企业于2017年6月进行了山洪灾害监测站点的野外安装，2017年6—9月进行平台的试运行和预警软件的开发调试，目前预警系统正常运行，数据存储在阿里云，可以实时查询山洪水、雨情信息。

1. 山洪监测站点1

山洪监测站点1位于茂名市高州马坑村支流边上（站点经纬度：22°11′27″N、111°18′55″E），山洪威胁对象主要为支流下游的马坑小学和居民点，选取合适方式在野外建立山洪监测站点（图9-78至图9-81）。

2. 山洪监测站点2

山洪监测站点2位于茂名市高州马贵河下游主河道上（站点经纬度：22°11′31″N、111°18′5″E），山洪威胁对象主要是一座发电站和下游的六塘村及道路等基础设施，选取合适方式在野外建立山洪监测站点（图9-82至图9-84）。

图9-78　山洪监测站点1下游灾害威胁对象

图9-79　监测站点野外安装过程

图9-80　山洪监测站点1

图9-81　国家重点研发专项牵头单位长江水利委员会长江科学院

及茂名水文局相关人员现场视察

图9-82　山洪监测站点2安装过程

图9-83　山洪监测站点2

图9-84　国家重点研发专项牵头单位长江水利委员会长江科学院
及茂名水文局相关人员现场视察

3. 滑坡监测站点1

滑坡监测站点1位于茂名市高州马贵镇河木垌村（站点经纬度：22° 13′ 53″ N、111° 19′ 3″ E），滑坡威胁对象主要是下游的居民点和道路，选取合适方式在野外建立滑坡监测站点（图9-85至图9-87）。

图9-85　滑坡监测站点1安装过程

图9-86　滑坡监测站点1

图9-87　国家重点研发专项牵头单位长江水利委员会长江科学院
及茂名水文局相关人员现场视察

4. 滑坡监测站点2

滑坡监测站点2同样位于茂名市高州马贵镇河木垌村（站点经纬度：22°13′55″N、111°19′2″E），滑坡威胁对象主要是下游的居民点和道路，选取合适方式在野外建立滑坡监测站点（图9-88至图9-90）。

图9-88　滑坡监测站点2安装过程

图9-89　滑坡监测点2

图9-90　国家重点研发专项牵头单位长江水利委员会长江科学院

及茂名水文局相关人员会议调研

5. 泥石流监测站点1

泥石流监测站点1位于茂名市高州马坑村支流边上，山洪监测站点1的上游位置（站点经纬度：22°13′24″ N、111°18′28″ E），泥石流威胁对象主要是泥石流流通区和堆积区的居民点，选取合适方式建立野外泥石流监测站点（图9-91至图9-93）。

图9-91　泥石流源区松散堆积物和监测站点1安装过程

图9-92　泥石流监测站点1

图9-93　国家重点研发专项牵头单位长江水利委员会长江科学院

及茂名水文局相关人员现场视察

6. 泥石流监测站点2

泥石流监测站点2位于茂名高州马贵镇深水村流域出口（站点经纬度：22°10′56″N、111°18′54″E），泥石流威胁对象主要是泥石流沟口的居民点和道路，选取合适方式在野外建立泥石流监测站点（图9-94至图9-96）。

图9-94　泥石流摧毁的居民建筑物以及泥石流监测站点2安装过程

图9-95　泥石流监测站点2

图9-96　国家重点研发专项牵头单位长江水利委员会长江科学院

及茂名水文局相关人员现场视察

（五）山洪信息化管理平台

1. 平台硬件

本研究搭建的山洪信息化管理平台的硬件系统设备由传感器、数据采集器、数据传输设备、数据存储与分析服务器等组成（表9-29），用来实现对监测现场的各种监测信息的采集、传输和存储。

表9-29 马贵河流域山洪灾害野外监测系统硬件列表

序号	分项名称	型号	制造商	数量/台
1	MIC采集系统	MIC	深圳莫尼特	20
2	雨量传感器	MIC-YL/02	深圳莫尼特	6
3	拉线式位移传感器	MIC-500	深圳莫尼特	2
4	泥石流监控仪	MIC-6920	深圳莫尼特	2
5	超声波液位计	MIC-HHYX	深圳莫尼特	2
6	智能型扬压力计	MIC-VWPG	深圳莫尼特	4
7	土壤水分传感器	MIC-TS	深圳莫尼特	4
8	太阳能电池组	MIC-PS-S	深圳莫尼特	6

该硬件系统共分为三个分系统，分别为滑坡监测分系统、泥石流监测分系统和山洪监测分系统。

（1）滑坡监测分系统。

滑坡监测分系统共设置了两个监测站点。每个监测站点分别布置一个雨量传感器、一个位移传感器、一个孔压传感器和一个含水率传感器。通过采集监测点的雨量和位移信息来获取滑坡险情的监测数据，同时获取孔压和含水率数据作为辅助判断依据。每个滑坡监测站点的雨量传感器、孔压传感器和含水率传感器接入一个数字型的数据采集器，位移传感器接入一个电压型数据采集器。通过配套的网络控制器来把采集器得到的雨量、位移、孔压和含水率等数据信息传输到数据服务器。滑坡监测分系统的组成硬件如图9-97所示。

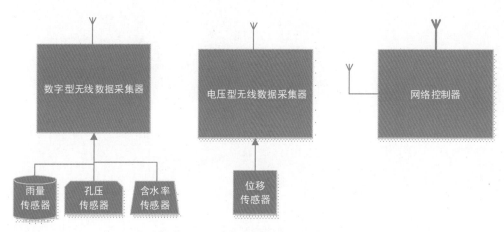

图9-97 滑坡监测分系统的组成硬件

（2）泥石流监测分系统。

泥石流监测分系统共设置了两个监测站点。每个监测站点分别布置了一个雨量传感器、一个泥位传感器、一个孔压传感器和一个含水率传感器。通过采集监测点的雨量和泥位信息来获取泥石流险情的监测数据，同时获取孔压和含水率数据作为辅助判断依据。每个泥石流监测站点的四种传感器接入一个数字型的数据采集器，通过配套的网络控制器把采集器得到的雨量、泥位、孔压和含水率等数据信息传输到数据服务器。泥石流监测分系统的组成硬件如图9-98所示。

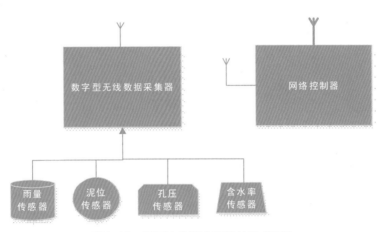

图9-98 泥石流监测分系统的组成硬件

（3）山洪监测分系统。

山洪监测分系统共设置了两个监测站点。每个监测站点分别布置了一个雨量传感器、一个水位传感器，通过采集监测点的雨量和水位信息来获取山洪险情的监测数据。每个山洪监测站点的两个传感器接入一个数字型的数据采集器，通过配套的网络控制器把采集器得到的雨量、水位等数据信息传输到数据服务器。山洪监测分系统的组成硬件如图9-99所示。

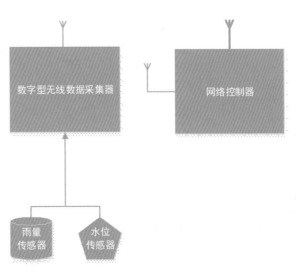

图9-99 山洪监测分系统的组成硬件

2. 平台软件

本项目研发了山洪灾害监测预警客户端和服务器端软件〔"粤西山洪灾害预警及预警系统客户端软件V1.0（2019SR0274945）"和"莫尼特山洪灾害预警及预警系统服务器端软件V1.0（2019SR0296202）"〕，并取得了中华人民共和国版权局的软件著作权。研发的山洪灾害监测及预警系统平台可以实现平台管理、数据管理、采集管理、预警管理等功能，系统平台总体功能如图9-100所示。

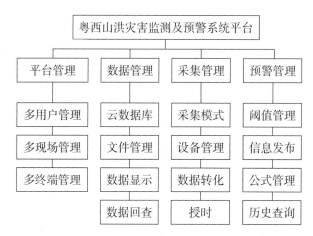

图9-100 山洪灾害监测及预警系统平台功能示意图

（1）软件系统架构。

软件系统采用C/S结构的系统架构，其中客户端负责数据的展示和系统参数的配置，服务器端负责系统参数和采集数据的处理和存储，如图9-101所示。客户端分两类，一类为PC客户端，可以完成系统的所有功能；另一类为Web型客户端，可以借助手机、平板等终端来对监测数据和各类报警点进行观察，不需要专门的客户端软件，在当前的主流Android或iOS系统的浏览器上即可完成操作。

图9-101 软件系统架构图

（2）服务器端软件。

服务器端软件组成如图9-102所示。

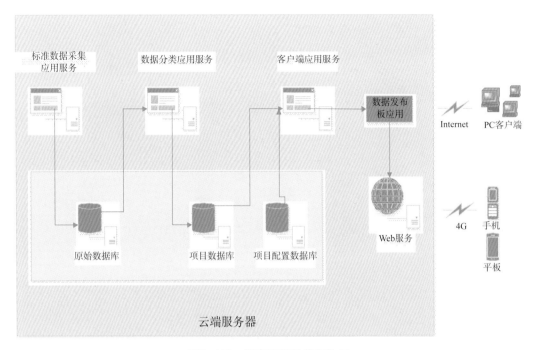

图9-102　服务器端软件架构图

从上图可以看出，服务器上的软件组成包括：

1）标准数据采集应用服务。标准数据服务包括2个部分：①标准的数据采集测控服务端，完成采集系统的底层参数配置和原始采集数据的收集。②针对本项目的数据转移程序，将采集器传来的原始采集数据转移到项目Access数据库。

2）数据分类应用服务。分类应用服务主要完成4个功能：①将项目Access数据库的数据根据报警类别分别存入不同的表中。②在保存数据入表的过程中，根据广州地理研究所提供的报警模型和方法，将原始数据进行计算，并将计算结果存在对应的表中。③将数据放入数据发布板以备Web服务和客户端调用。④根据预设的报警限度输出报警状态。

3）客户端应用服务。客户端应用服务主要包括以下功能：①提供客户端的数据通道和配置通道。②将数据发布板的数据推送到客户端。③接收客户端的配置信息并保存。

（3）客户端软件。

该软件是山洪灾害监测预警系统的客户端软件，是广州地理研究所与深圳市莫尼特仪器设备有限公司合作开发的粤西地区马贵河流域山洪灾害预警及报警系统的PC端客户软件，可以实时监测采集设备的采集数据，并且可以对服务器端的用户信息、报警信息等内容进行远程编辑和操作。主要功能为：

系统管理：包括用户登录退出、修改用户名及密码、用户管理、短信报警管理等功能。

预警阈值参数设置：包括对山洪、滑坡、泥石流的报警门限的管理和编辑以及设置传感器的初始数据等功能。

数据下载：将储存在服务器上的数据自动下载到客户端的电脑硬盘。

报表生成：生成各类监测数据的过程报表、月报表和年报表。

1）系统管理。

用户管理可以编辑用户名、用户密码和权限。用户权限分为超级管理员、系统管理员和访客三类，其中超级管理员拥有所有权限，系统管理员可以更改各类参数，访客只能查看数据。系统的主界面和用户管理界面如图9-103所示。

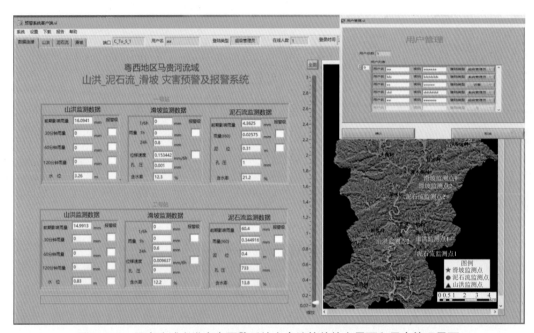

图9-103　马贵流域山洪灾害预警系统客户端软件的主界面和用户管理界面

报警短信管理可以定义接收预警报警短信的人员的信息，包括姓名、电话号码和报警级别。另外，在界面的右侧，有各站的各类报警级别的使能状态，界面如图9-104所示。

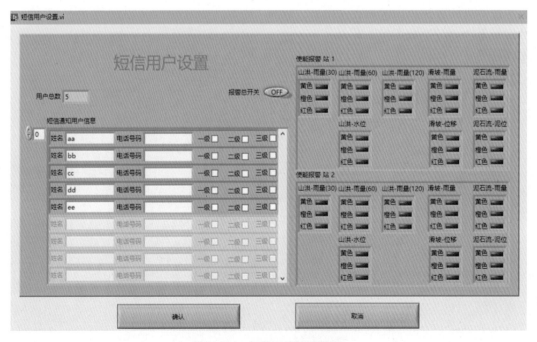

图9-104　报警短信管理界面

2）预警阈值参数设置。

山洪灾害监测预警系统提供包括山洪预警参数设置、滑坡预警参数设置、泥石流预警参数设置和传感器初始参数设置等多个二级菜单（图9-105），主要对研发的山洪灾害的预警模型和预警参数进行设置，达到监测预警的目的，各个预警模块初始设置界面如图9-106至图9-109所示。

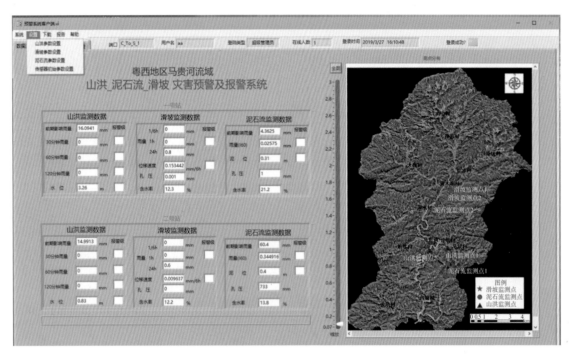

图9-105　预警阈值参数设置界面

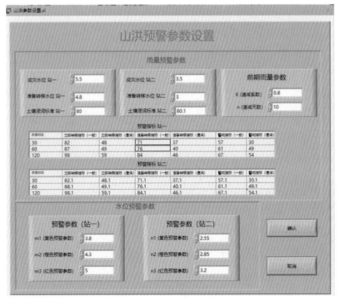

图9-106　山洪预警阈值模块

图9-107　滑坡预警阈值模块

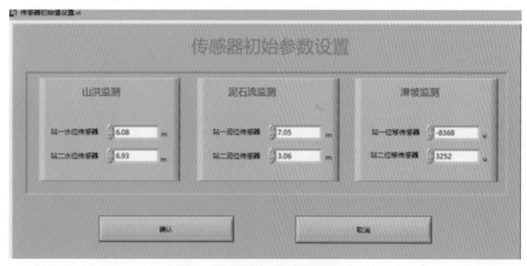

图9-108　泥石流预警阈值模块

图9-109　野外实测初始数据输入

3）数据下载。

山洪灾害监测预警系统可提供数据下载功能，该功能是在后台自动执行，客户端定时从服务器端下载数据。界面如图9-110所示。

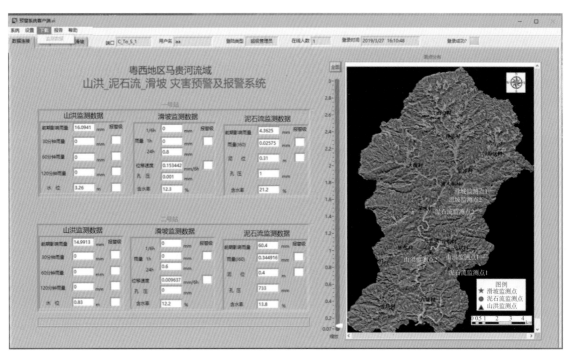

图9-110 数据下载界面

4）报表生成。

山洪灾害监测预警系统提供包括各监测站点的雨量过程报表、雨量月报表、位移过程报表、位移月报表、位移年报表、泥位报表、水位报表、含水量报表、孔压报表等10个二级菜单操作，如图9-111所示，数据库报表界面如图9-112所示。

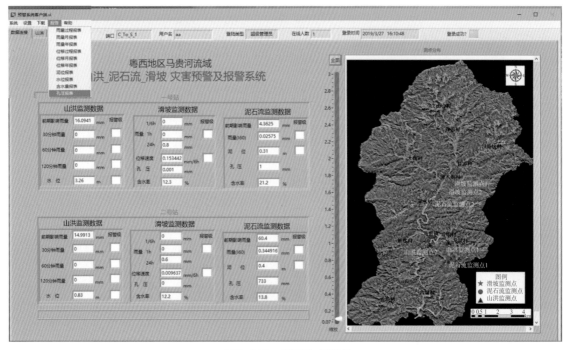

图9-111 报表生成界面

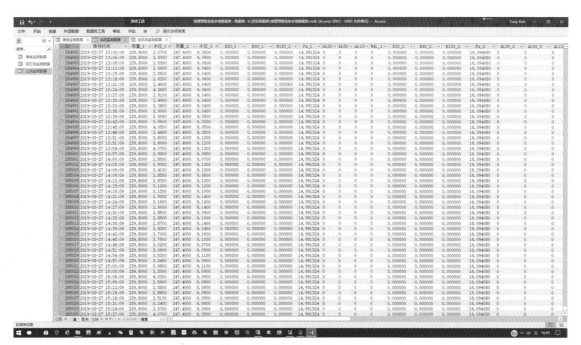

图9-112　数据库报表界面

（六）降雨监测数据

通过对野外监测数据的整理分析，可以得到马贵河小流域的场次降雨数据。此处我们举例对马贵河流域的监测数据进行说明，如图9-113至图9-116所示，其他数据如泥位、孔压、含水量等可以随时登录系统进行查阅，不一一举例。

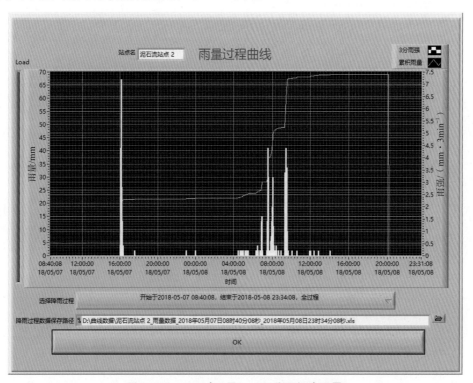

图9-113　2018年5月7—8日降雨场次雨量

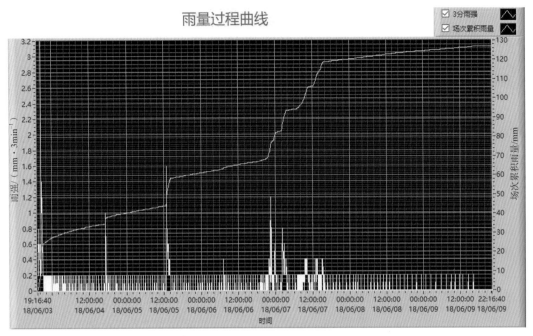

图9-114　2018年6月3—9日降雨场次

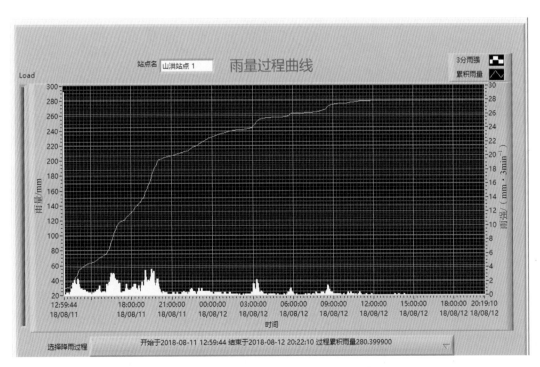

图9-115　2018年8月11—12日降雨场次

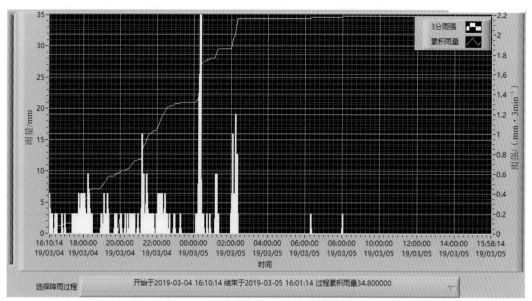

图9-116　2019年3月4—5日降雨场次

二、山洪灾害预警阈值分析

下面分泥石流、滑坡和山洪3个灾种进行预警阈值的计算，并以典型研究区马贵河流域的监测站点所在流域和断面为例，进行应用分析，研究成果目前已经被应用到山洪灾害监测预警系统平台，为马贵河流域山洪灾害防灾建设提供依据。

（一）泥石流灾害预警

1. 综合预警方案设计

本研究的泥石流监测预警采用雨量预警和泥位预警相结合的方式进行，采用图9-117所示的泥石流预警模型。

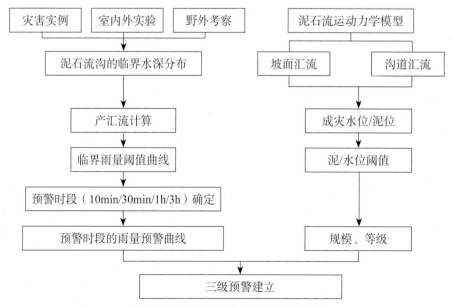

图9-117　泥石流预警模型逻辑示意图

2. 雨量预警方案

（1）临界水深计算模型。

高桥保提出，起缘于溪床堆积物的泥石流，在堆积物的表面受水流作用时，发生泥石流的临界水深条件为[136-138]：

$$h_0 = \left[\frac{C_*(\sigma-\rho)\tan\varphi}{\rho\tan\theta} - \frac{C_*(\sigma-\rho)}{\rho} - 1 \right] d_{\mathrm{m}} \qquad (9-41)$$

式中，C_*为堆积体的体积浓度，根据试验测定，当堆积体达到饱和时，C_*=0.812；σ为砂砾密度，通常取2.65 g/cm³；ρ为水密度，为1.0 g/cm³；θ为沟床坡度；φ为内摩擦角；d_{m}为沙砾平均粒径（mm）。

$$d_{\mathrm{m}} = \frac{d_{16} + d_{50} + d_{84}}{3} \qquad (9-42)$$

式中，d_{50}为沙砾的中值粒径（mm），即在粒径累积曲线上质量百分含量等于50%所对应的泥沙颗粒粒径，相应的d_{16}、d_{84}分别为粒径累积曲线上质量百分含量等于16%和84%所对应的泥沙颗粒粒径。

（2）前期雨量计算。

泥石流的激发是短历时暴雨和前期降雨共同作用的结果。以往多处实测资料表明，泥石流的激发多出现在降雨过程的峰值降雨之中的某一时刻。峰值雨量的持续时间一般较短，通常只有几分钟到几十分钟，这种短历时的峰值降雨在泥石流研究中被称为泥石流的激发雨量。不同时长的短历时暴雨均可以说明泥石流的激发雨量，通常选用10 min雨强或者30 min雨强、1 h雨强等作为泥石流的激发雨量，需根据具体情况而定（本研究选择1 h雨强）。

前期影响雨量是指导致泥石流激发的1 h雨强前的总降雨量，可以表示为：

$$P_{\mathrm{a}} = P_{\mathrm{a}0} + R_{\mathrm{t}} \qquad (9-43)$$

式中，P_{a}为泥石流的前期影响雨量；$P_{\mathrm{a}0}$为前期有效雨量；R_{t}为激发雨量，单位均为mm。

激发雨量（R_{t}）是指1 h雨强前的本次（日）降雨过程的总降雨量，它直接影响固体补给物质的含水状况，直接参与泥石流的形成，因此：

$$R_{\mathrm{t}} = \sum_{t_0}^{t_n} r \qquad (9-44)$$

式中，t_0为本次（日）降雨过程的开始时间；t_n为1 h雨强前的时间；r为降雨量（mm）。

前期有效雨量（$P_{\mathrm{a}0}$）是指泥石流暴发日前对固体补给物质含水状况仍起作用的降雨量，它受时空的变化、辐射强度、蒸发量以及土壤渗透能力等多种因素的影响。为了正确揭示固体补给物质含水量的实际情况，可采用下式计算：

$$P_{\mathrm{a}0} = P_1 k + P_2 k^2 + P_3 k^3 + \cdots + P_n k^n \qquad (9-45)$$

式中，P_1，P_2，P_3，$\cdots$，P_n分别为泥石流暴发前1天、2天、3天至n天的逐日降雨量（mm）；k为递减系数。

利用该式能相对说明泥石流暴发前一天的固体物质含水量的情况，问题的关键在于递减系数k值的确定。在水文计算中，k值为0.8～0.9，可根据天气状况（如晴天、多云天和阴天的不同）而确定恰当的k值。

一次过程的降雨量，经过k值的逐日递减，一般20天左右就基本耗尽。不同类型的暴雨泥石流沟，所需前期间接雨量的天数不同，根据泥石流激发雨量和前期雨量的关系而确定具体天数。一般暴雨型泥石流沟取前20天的降雨，大暴雨型泥石流沟取前10天的降雨即可，特大暴雨型泥石流的激发，主要取决于本次降雨过程，前期降雨量可忽略不计。

（3）泥石流起动的临界雨量。

选取泥石流沟的监测断面，假设泥石流断面的宽度为B，可计算泥石流平均流量为：

$$Q = Bvh_0 \qquad (9-46)$$

式中，v为泥石流平均流速，一般通过经验公式计算。

径流深是指一定时间段内总径流量平铺在整个流域面积上的水层深度，本次研究以1 h雨强度作为泥石流的激发雨量，则流域内径流深R可以表示为：

$$R = \frac{3.6\sum Q\Delta t}{F} = \frac{3.6Q}{F} \qquad (9-47)$$

式中，F为流域面积（km^2）；Q为泥石流平均流量。

根据蓄满产流的原理，径流深R的表达式为：

$$R = P - I = P - (W_m - W_b) \qquad (9-48)$$

式中，P为一次降雨量，I为雨损，W_m为流域最大蓄水量，W_b为一次降雨开始之前的土壤含水量。

流域的最大蓄水量W_m反映一个流域蓄水能力的基本特征，一般为一个定值，我国大部分地区的经验表明，流域的最大蓄水量W_m一般为80～120 mm，式（9-48）变换为：

$$R + W_m = P + W_b \qquad (9-49)$$

本次研究以1 h雨强作为泥石流的激发雨量，用1 h雨强I_{60}代替式（9-49）中的一次降雨量P，前期降雨量直接影响一次降雨前土壤的含水量，所以用前期降雨量P_a代替式（9-49）中的土壤含水量W_b，式（9-49）可以改写为：

$$I_{60} + P_a = R + W_m \qquad (9-50)$$

由式（9-50）可以计算出泥石流暴发时的径流深。由于流域最大蓄水量W_m为一定值，因此泥石流暴发时$R + W_m$也为一定值。一般的流域最大蓄水量为80～120 mm，根据经验，广东省的流域最大蓄水量在95～100 mm范围内，本次研究取最小值95。R为径流深，根据野外泥石流监测断面，由式（9-46）、式（9-47）计算。

（4）临界雨量阈值曲线计算。

以泥石流监测站点2为例（流域DEM和遥感影像如图9-118、图9-119所示），计算泥石流起动的临界雨量。监测断面数据由野外实测所得，经过野外调查可知，泥石流流域面积为2.87 km^2，沟床比降约为126.44‰，监测断面的平均宽度为26.5 m。通过野外采样和颗粒曲线分析，d_{16}、d_{50}、d_{84}分别为0.13 mm、1.65 mm和7.60 mm，内摩擦角φ通过实验室测定为22°，计算泥石流起动的临界水深，相关结果如表9-30和表9-31所示。

表9-30　泥石流临界水深计算结果

编号	C_*	σ (g·cm^{-3})	ρ (g·cm^{-3})	$\tan\theta$	φ/（°）	d_{16}/mm	d_{50}/mm	d_{84}/mm	h_0/mm
监测点2	0.812	2.67	1	0.126 44	22	0.13	1.65	7.26	5.95

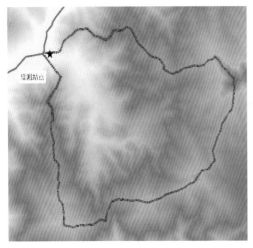

图9-118 泥石流监测站点2的流域DEM

图9-119 泥石流监测站点2的流域遥感影像图

表9-31 泥石流起动的临界雨量阈值计算结果（平均值）

编号	B/m	v/ ($\mathrm{m \cdot s^{-1}}$)	Q/ ($\mathrm{m^3 \cdot s^{-1}}$)	Δt/h	F/km^2	R/mm	W_{m}/mm	$I_{60} + P_{\mathrm{a}}$/mm
监测点2	26.5	4.92	0.78	1	2.87	0.98	95	95.98

由此得到泥石流监测站点2所在泥石流沟的泥石流起动的临界雨量阈值动态曲线：$I_{60} + P_{\mathrm{a}} = 95.98$，动态雨量预警阈值曲线如图9-120所示。可以看出，泥石流起动的阈值模型为1 h雨强和前期雨量的动态函数。

（5）雨量预警方式及综合报警方案。

本研究泥石流监测的雨量预警采用图9-120的动态雨量预警阈值曲线，进而设置合理的泥石流雨量预警阈值，实施野外预警平台的应用。

在泥石流起动的动态雨量阈值曲线 $I_{60} + P_{\mathrm{a}} = 95.98$ 中，对于任意时刻t，将预警雨量参数T定义如下：

$$T = \frac{I_{60} + P_{\mathrm{a}}}{95.98} \qquad (9-51)$$

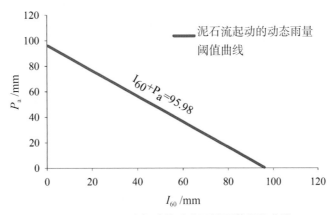

图9-120 泥石流起动的动态雨量预警阈值曲线

根据上述预设预警雨量参数，得到泥石流综合报警方案，采用三级报警（黄、橙、红），如表9-32所示。通过Labview编程，将泥石流雨量预警阈值曲线和报警方案写入预警系统软件，通过实时的雨量信息计算，实现进行泥石流的实时动态预警。

表9-32　泥石流雨量综合报警方案设计

报警指标	报警等级	报警方案
$T < 0.8$	无	无预警，继续监测
$0.8 \leqslant T < 1.0$	三级（黄色预警）	预警级（不发送预设短信，科技与管理人员时刻掌握监测信息）
$1.0 \leqslant T < 1.2$	二级（橙色预警）	预报级（发送预设短信，提醒可能发生泥石流）
$T \geqslant 1.2$	一级（红色预警）	警报级，可能发生泥石流（发送预警短信，报警，等候处理）

同理，得到泥石流监测站点1的动态雨量预警曲线为$I_{60} + P_a = 108.80$，预警方案同上，此处不再赘述。

3. 泥位预警阈值计算方法和报警方案

本研究的泥位阈值主要通过泥石流动力学模型进行计算，进而设置合理的泥石流泥位预警阈值，实施野外预警平台的应用。通过不同降雨频率的泥石流的泛滥堆积动力过程的数值模拟，得到不同频率降雨条件下监测断面处的泥石流最大流深，以此流深为泥石流泥位预警的阈值。以数值模拟的100年一遇的泥石流最大泥位作为一级阈值状态，50年一遇的泥石流最大泥位值作为二级阈值状态，10年一遇的泥石流最大泥位值作为三级阈值状态。计算结果如表9-33所示。

表9-33　泥石流泥位预警特征值及报警方案

站点	预警泥位值/m	预警等级	报警方案
站点2	1.41	三级（黄色预警）	预警级（不发送预设短信，科技与管理人员时刻掌握监测信息）
	2.32	二级（橙色预警）	预报级（发送预设短信，提醒可能发生泥石流）
	3.10	一级（红色预警）	警报级，可能发生泥石流灾害（发送预警短信，报警，等候处理）
站点1	1.75	三级（黄色预警）	预警级（不发送预设短信，科技与管理人员时刻掌握监测信息）
	1.95	二级（橙色预警）	预报级（发送预设短信，提醒可能发生泥石流）
	2.18	一级（红色预警）	警报级，可能发生泥石流灾害（发送预警短信，报警，等候处理）

同理，通过Labview编程，将泥石流泥位阈值和报警方案写入预警系统软件，通过监测断面实时的泥位，实现泥石流的泥位预警。

（二）滑坡灾害预警

1. 综合预警方案设计

本研究的滑坡预警采用雨量预警和滑坡位移预警相结合的方式进行，提出滑坡预警模型如图9-121所示。

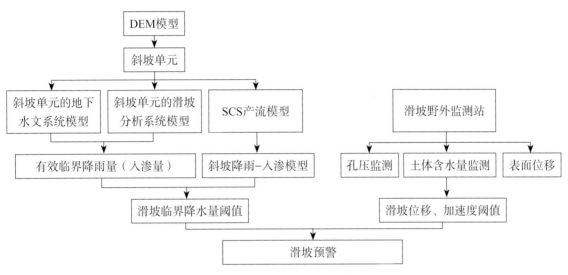

图9-121　滑坡预警模型逻辑过程示意图

2. 诱发滑坡雨量预警模型

将斜坡单元作为滑坡灾害的基本预警单元。预警模型此处基于已经构建的华南地区滑坡机理模型[139-140]。该模型构建的没有形成地表径流和形成地表径流两种情况下的滑坡安全系数 F_s 为：

$$\begin{cases} F_s = \dfrac{C' + (1-\gamma w)\tan\varphi}{(1+\gamma w)\tan\theta} (P<0.2S) \\[2mm] F_s = \dfrac{C' + \left(1-\lambda w\gamma - \dfrac{\gamma w}{\cos\theta}\right)\tan\varphi}{(1+w\gamma)\tan\theta} (P\geqslant0.2S) \\[2mm] C' = \dfrac{C}{Z\gamma_s\cos^2\theta} \end{cases} \quad （9-52）$$

式中，F_s 为滑坡安全系数；C' 为滑坡土体的有效黏聚力（kPa），C' 为土体黏聚力（kPa）；Z 为滑坡土体垂直厚度（m）；θ 为滑坡倾角（°）；λ 为大孔隙系数（%）；φ 为内摩擦角（°）；γ 表示滑坡体水与土的密度比值，公式为 $\gamma = \dfrac{\gamma_w}{\gamma_s}$，$\gamma_s$ 为滑坡土体容重（kN/m³），γ_w 为水体的容重（kN/m³）；P 为降雨量（mm）；S 为流域当时的最大可能滞留量，也称为保持系数（mm）；$P<0.2S$ 表示降雨不产生地表径流，此时降雨全部入渗，当 $P\geqslant0.2S$ 时降雨才开始产生地表径流；w 为饱和因素，计算公式为：

$$w = \frac{qa}{T \sin \theta} \qquad (9-53)$$

式中，q为入渗量（mm），a为上坡集水面积（m²），θ为滑坡倾角（°），T为导水系数（cm²/s）。

一般情况下滑坡安全系数$F_s = 1$时，滑坡的下滑力等于抗滑力，认为滑坡失稳，以$F_s = 1$作为判断滑坡发生的临界点，得到$F_s = 1$时降雨没有形成地表径流和降雨形成地表径流两种情况的入渗量计算公式：

$$\begin{cases} q_{F_{s1}} = \dfrac{T \sin \theta [C' + (\tan \varphi - \tan \theta)]}{a\gamma(\tan \varphi + \tan \theta)} & (P<0.2S) \\[4mm] q_{F_{s1}} = \dfrac{T \sin \theta [C' + \tan \varphi - \tan \theta]}{a\gamma(\lambda \tan \varphi + \tan \theta + \tan \varphi / \cos \theta)} & (P \geq 0.2S) \end{cases} \qquad (9-54)$$

式中，$q_{F_{s1}}$为滑坡安全系数$F_s = 1$时土体的入渗量，单位为mm，其他字母含义同上。

首先，小流域地区暴雨期间滑坡发生的主要原因是持续强降雨引发地下水位上升，土壤饱和，有效剪切强度降低。其次，从目前的研究现状来看，极限平衡理论能很好地表达水文-地质的耦合关系进而计算斜坡稳定性，而引起暴雨型滑坡体稳定状态发生改变的主要驱动因素是地下水文系统的改变，因此，借助达西定律模拟入渗量和土壤饱和状态的关系，经过二者耦合计算临界有效降雨量。最后，从小流域的产流特征和小流域地区资料的可获取性出发，运用改进后的SCS模型模拟降雨和入渗量之间的关系。以GIS技术为支撑，建立小流域数字高程模型（DEM），实现斜坡单元的自动划分，并对各单元进行编码并赋予要素属性。在此基础上，运用GIS空间分析和运算功能，构建滑坡灾害综合预警模型。

3. 诱发滑坡雨量预警方案

（1）预警单元划分。

采用源头切割法，以山脊线及沟谷线为边界，在ArcGIS软件平台上，经执行斜坡单元划分程序实现斜坡单元划分，划分结果如图9-122所示。经过划分，小流域共划分为624个斜坡单元。

图9-122　斜坡单元划分结果

$$Q = Av = A\frac{1}{n}R^{\frac{2}{3}}J^{\frac{1}{2}}$$ (9-56)

式中，Q为流量（m³/s）；A为断面过流面积（m²）；v为断面平均流速（m/s）；n为河床糙率；R为水力半径（m）；J为比降。

图9-127 山洪监测站点1监测断面现场实测

表9-36 预警流量计算结果

预警点	平均比降/‰	河床糙率	过水面积/m²	预警流量/（m³·s⁻¹）	备注
山洪监测站点1	120	0.035	22.44	295.80	监测断面流量

3）土壤含水量考虑。

由于缺乏流域尺度土壤含水量的数据资料，本研究采用前期雨量作为反映流域土壤含水量或者土壤湿度的间接指标。根据前期降雨的多少，考虑三种典型情景的流域尺度的土壤含水量：较干（$P_a \leqslant 0.5W_m$）、一般（$0.5W_m < P_a < 0.8W_m$）和较湿（$P_a \geqslant 0.8W_m$）。本研究区位于南方湿润地区，位于粤西暴雨高值区，不考虑土壤长期干燥的情况，取一般和较湿两种情况做分析。广东省的流域最大蓄水量为95~100 mm，本次研究取最小值95 mm，得到前期土壤的湿度状态：前期降雨量<76 mm为一般状态，前期降雨量≥76 mm为湿润状态。

4）临界降雨量分析。

监测断面的设计暴雨可以按照《广东省暴雨径流查算图表使用手册》进行计算，计算结果如表9-37所示，表中IX2表示研究区在《广东省暴雨径流查算图表使用手册》的IX2分区，C_s为变差系数，C_V为偏差系数，H为设计时段净雨量，K_P为皮尔逊Ⅲ型曲线值，P为设计暴雨频率。集水面积$F < 10$ km²，因此不做点面换算，折算系数$\alpha = 1$。采用查算手册，采用暴雨力和暴雨递减指数公式，计算得到设计洪峰流量（表9-37），并绘制出各频率洪水洪峰流量与暴雨频率之间的关系曲线，如图9-128所示。在此基础上，按照广东省分区最大24小时设计暴雨雨型（暴雨时程）表，换算得到各个预警时间步长的雨量。

表9-37　设计暴雨成果

所在分区					IX2				
C_S/C_V					3.5				
时段	10min	1h	6h	24h	10min	1h	6h	24h	设计洪峰流量/
C_V	0.25	0.36	0.44	0.45	设计暴雨成果/mm				$(\text{m}^3 \cdot \text{s}^{-1})$
H	21	60	113.6	189					Q_m
K_P　$P=20\%$	1.193	1.261	1.301	1.306	25.053	75.66	147.793 6	246.834	182.45
$P=10\%$	1.335	1.482	1.586	1.599	28.035	88.92	180.169 6	302.211	223.23
$P=5\%$	1.464	1.691	1.86	1.882	30.744	101.46	211.296	355.698	274.08
$P=2\%$	1.622	1.954	2.21	2.25	34.062	117.24	251.056	425.25	330.68
$P=1\%$	1.736	2.15	2.48	2.52	36.456	129	281.728	476.28	376.94
$P=0.5\%$	1.845	2.34	2.73	2.79	38.745	140.4	310.128	527.31	417.57
$P=0.33\%$	1.908	2.45	2.89	2.95	40.068	147	328.304	557.55	445.5
$P=0.2\%$	1.983	2.58	3.07	3.14	41.643	154.8	348.752	593.46	475.82

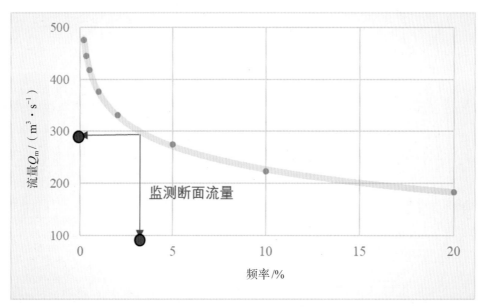

图9-128　$P-Q_m$关系曲线

从图9-128可以得出特征流量对应的频率值为$P \approx 3\%$，降雨频率约为30年一遇。在此基础上，根据表9-37的设计暴雨成果可以得到临界降雨量，如图9-129所示。

5）雨量预警指标的综合分析。

根据土壤含水量状况，确定监测断面在一般和较湿两种典型情景下的临界降雨量。由于表格形式的成果在实际应用时不够直观，也不连续，使用时易受到限制。因此，本研究将监测断面地点的临界降雨量计算成果绘制成图，提出临界降雨量预警曲线（图9-130）。

图9-130中，从上向下，实线、短虚线分别表示土壤湿度一般、较湿两种情景下的临界降雨量。

根据广东省较大实测洪水的前期降雨的分析情况，有80%的情况的前期降雨量会达到流域最大蓄水量的3/4，因此，实际应用中应当主要参考土壤含水量一般的情况，即主要参考

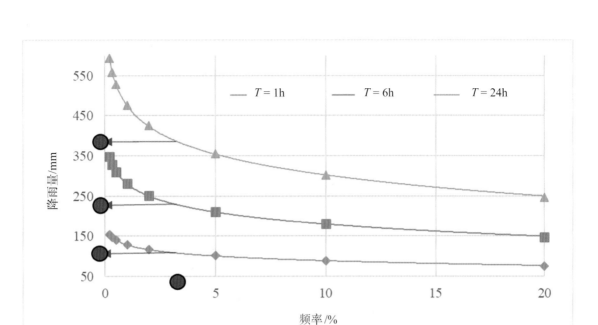

图9-129　临界降雨量的确定

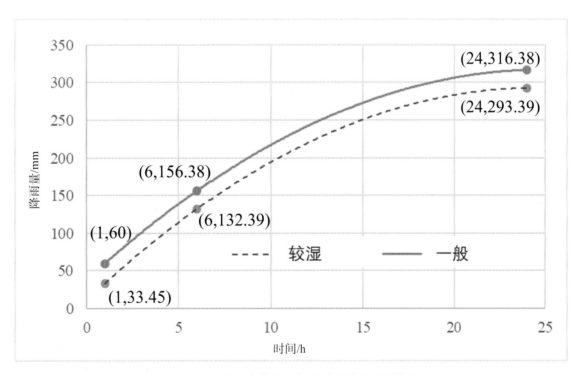

图9-130　山洪灾害监测站点1的临界降雨量预警曲线

图9-130中的实线进行，再结合前期降雨的实际情况，参考两条曲线的信息，最后确定是否发布预警。

　　山洪监测站点2监测断面现场实测如图9-131所示，用同样的方法，可以求得山洪监测站点2的临界雨量预警曲线如图9-132所示。

图9-131 山洪灾害监测站点2监测断面现场实测

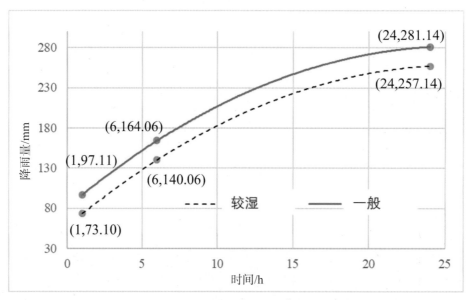

图9-132 山洪灾害监测站点2的临界降雨量预警曲线

（2）预警方式及综合报警方案。

根据图9-130和图9-132所示的山洪监测站点的临界降雨量预警曲线，假设野外雨量计实测的1 h、6 h、24 h降雨量为$T_{实测}$，计算得到的1 h、6 h、24 h的临界雨量为$T_{临界}$，则定义预警参数T为：

$$T = \frac{T_{实测}}{T_{临界}}$$ （9-57）

根据上述雨量报警参数的计算方法，作者提出雨量预警的综合报警方案（表9-38），采用三级报警（黄色预警、橙色预警、红色预警）。

表9-38　雨量预警综合报警方案设计

报警指标	报警等级	报警方案
$T < 0.8$	—	无预警，持续监测
$0.8 \leqslant T < 1.0$	三级（黄色预警）	预警级（不发送预设短信，科技与管理人员时刻掌握监测信息）
$1.0 \leqslant T < 1.2$	二级（橙色预警）	预报级（发送预设短信，提醒可能发生山洪，提醒相关民众准备转移）
$T \geqslant 1.2$	一级（红色预警）	警报级，可能发生危害特别严重的山洪（发送预警短信，等候处理意见，报警，提示应立即转移）

只要1 h、6 h和24 h 3个预警时段中有一个预警时段达到较高一级预警，其他预警时段为较低一级预警级别，则显示高级别预警，同时密切关注累积雨量过程线，从而进行临界降雨量的综合预警。根据表9-38，若通过天气预报或者其他途径获知未来某一时段（如1 h、6 h、24 h等）的预报雨量，可以根据临界雨量预警曲线进行预警。这样的信息隔一定时间更新一次，从而实现降雨量动态预警。

通过Labview编程，将山洪预警阈值和报警方案写入预警系统软件，通过断面实时的降雨量监测，进行山洪的雨量预警。

3.　特征水位计算及预警方案

（1）预警特征水位计算。

水位预警是通过分析防灾对象所在地上游一定距离内典型地点的洪水位，将该洪水位作为山洪预警指标的预警方式。具体而言，根据下游防灾对象的成灾水位，通过洪水演进分析的方法，计算上游监测断面的相应水位，作为山洪临界水位进行水位预警。

临界水位，采用常见的水面线推算和适合山洪的洪水演进方法，即可推算得到。临界水位可以通过以下方法得到：①上下游相应水位法，即洪水波上同一位相点（如起涨点、洪峰、波谷）通过河段上下断面时表现出的水位，彼此称相应水位，根据河道洪水波运动原理，分析洪水波上任一位相的水位沿河道传播过程中在水位值与传播速度上的变化规律并建立相应关系，据此进行预报。②数值模拟方法，即基于山洪动力过程，采用实际的三维沟道地形，模拟得到山洪泥深和成灾水位的动态关系，从而进行预警预报，该方法不仅可以得到洪水运动演进的时间，还可以得到下游成灾的泛滥堆积范围，为淹没范围内的居民撤离和当地政府的决策提供可靠依据。因此，本研究主要采用第二种方法开展山洪预警特征水位研究，

基于上述计算原理对2个野外山洪监测站点的山洪监测断面的监测数据进行分析计算，作者提出这2个山洪监测断面的水位预警指标分别为：

山洪监测断面1的预警水位值为1.45 m。当水位＜1.45 m时，无预警；当水位为1.45～1.80 m时，为黄色预警；当水位为1.8～2.10 m时，为橙色预警；当水位＞2.10 m时为红色预警。通过淹没分析得到山洪致灾风险的不同预警等级的危险范围（图9-133）。

图9-133 山洪监测断面1的致灾风险预警范围

山洪监测断面2的预警水位值为2.50 m，当水位＜2.50 m时，无预警；当水位为2.50～3.12 m时，为黄色预警；当水位为3.12～3.75 m时，为橙色预警；当水位为＞3.75 m时，为红色预警。通过淹没分析得到山洪致灾风险的不同预警等级的危险范围（图9-134）。

图9-134 山洪监测断面2的致灾风险预警范围

（2）水位预警方案。

在上述的基础上，作者提出山洪监测断面1、2的水位综合预警方案（表9-39），报警采用三级报警（黄色预警、橙色预警、红色预警）。同理，通过Labview编程，将山洪预警水位阈值和报警方案写入预警系统软件，通过监测断面实时的水位监测，进行山洪的水位预警。

表9-39　山洪监测断面水位预警综合方案

断面	水位预警指标/m	预警等级	致灾风险面积/m²	报警方案
山洪监测断面1	< 1.45	—	—	无预警，持续监测
	1.45 ~ 1.80	三级（黄色预警）	5 210	预警级（实时发布预警信息，让黄色预警范围内的人员进行转移）
	1.80 ~ 2.10	二级（橙色预警）	7 865	预报级（实时发布预警信息，让橙色预警范围内的人员进行转移）
	> 2.10	一级（红色预警）	9 890	警报级，预报级（实时发布预警信息，让红色预警范围内的人员进行转移）
山洪监测断面2	< 2.50	—	—	无预警，继续监测
	2.50 ~ 3.12	三级（黄色预警）	4 007	预警级（实时发布预警信息，让黄色预警范围内的人员进行转移）
	3.12 ~ 3.75	二级（橙色预警）	7 486	预报级（实时发布预警信息，让橙色预警范围内的人员进行转移）
	> 3.75	一级（红色预警）	10 046	警报级，预报级（实时发布预警信息，让红色危险范围内的人员进行转移）

三、山洪灾害预警模型验证

（一）监测站点建站后的山洪灾害监测实例

2017年6月22日8时左右，马贵镇发生了强降雨，山洪监测站点1和泥石流监测站点1所在流域发生了暴涨暴落的山洪（图9-135）。

图9-135　2017年6月22日山洪灾害的现场视频截图

野外监测的降雨量变化过程如图9-136所示。从图中可以看出，2017年6月20—24日累积降雨量为241.5 mm，6月22日的降雨量为213 mm，前期降雨量为28.5 mm，最大的1 h降雨量为63.5 mm，发生在6月22日早上8时左右。

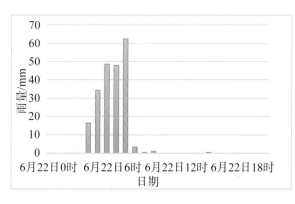
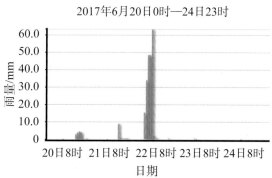

累计雨量：241.5 mm

图9-136 野外监测的降雨量统计

我们用山洪灾害监测预警系统的预警数据与此次山洪灾害发生前的野外监测数据进行对比分析。根据前期雨量，我们选择一般状态雨量预警曲线，查询山洪监测站点1的预警雨量阈值曲线，并将其与降雨监测的值进行对比分析，如图9-137所示。可以看出，1 h和6 h预警时段的实测降雨量超出了相应的临界降雨量，进行预警。经过分析，本次山洪灾害的实际最大1 h降雨量63.5 mm属于1 h临界降雨量的橙色预警范围（60～72.0 mm）；而此次山洪灾害的6 h降雨量为204 mm，属于6 h临界预警阈值的红色预警范围（>187 mm）；但是此次山洪灾害的24 h降雨量仅为213 mm，属于无预警范围（<315 mm），可以确定山洪灾害临界阈值计算较为合理，下一步我们将继续用山洪灾害实例来分析、验证临界降雨量阈值。

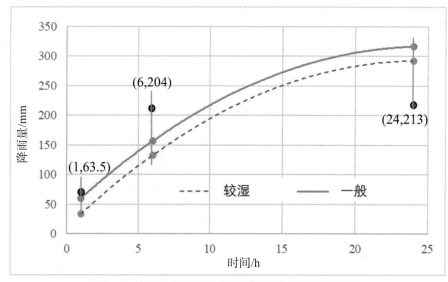

图9-137 山洪监测站点1监测雨量与临界雨量对比图

（二）2018年台风"山竹"影响下的研究区的暴雨过程研究

2018年9月16日21时，当期第22号台风"山竹"在距离马贵镇约20 km的区域过境，马贵镇发生了较大强度降雨，引发了山洪灾害，我们在灾后进行了野外考察和无人机航拍（图9-138、图9-139）。

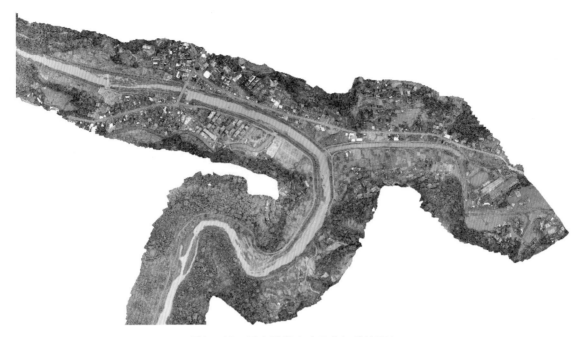

图9-138　马贵镇洪水（无人机航拍图）

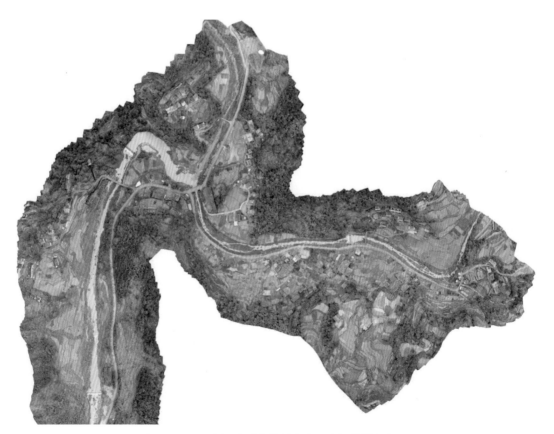

图9-139　马贵河流域上游洪水（无人机航拍图）

我们整理了野外监测站点的监测数据，这里以马坑村的山洪监测站点1为例进行分析、说明。2018年9月16日8时—17日7时，逐小时降雨量变化如图9-140所示。通过对监测数据分析统计，该监测站点在9月16日8时—17日7时的时段里监测到24 h降雨量达到了320 mm，1 h最大降雨量达到了84.5 mm，6 h最大降雨量达到了259.5 mm，出现在9月16日17时—16日22时区间。根据此站点的山洪临界降雨量阈值曲线，按较湿土体含水量状态进行查询并与监测数据对比，此次降雨的1 h和6 h降雨量均达到了红色预警级别，而24 h降雨量则为橙色预警等级，监测降雨量与预警降雨量对比分析如图9-141所示。分析结果表明，预警结果较为合理，与实际环境相符，研究成果可以应用到马贵河小流域的山洪灾害预警。粤西马贵河流域山洪灾害监测预警系统平台的其他监测站点的预警不在此处一一赘述。

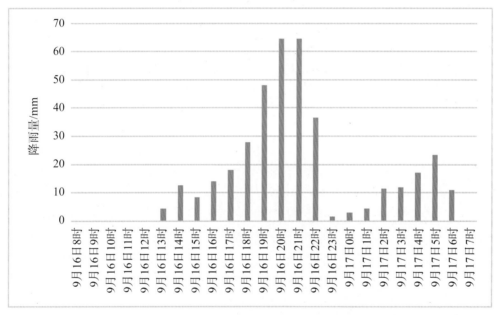

图9-140　山洪监测站点1监测的1 h降雨量

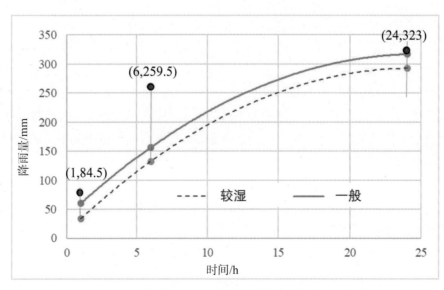

图9-141　山洪监测站点1监测降雨量与临界降雨量对比图

四、本节小结

本节对已建立运行的粤西马贵河流域山洪灾害监测预警系统平台进行了详细的介绍，包括功能、软硬件平台、平台软件的功能菜单以及野外监测站点的安装情况；接着对马贵河小流域的泥石流、滑坡、山洪等灾害的动态临界雨量和静态临界雨量进行了详细的建模和计算，并对研究构建的模型通过软件编程进行了实践，并将其应用到马贵河流域的山洪灾害监测预警中；最后，选择监测的典型场次降雨和历史降雨资料与野外现场分析相结合的方法，对研究的山洪灾害临界雨量预警阈值进行了验证。结果表明，模型与实际情况吻合较好，研究构建的山洪灾害监测预警模型可以应用到马贵河流域的山洪灾害预警中，可以为当地局部地区提供实时水雨情信息，为山洪灾害防灾减灾提供科学依据。

第五节 粤港澳大湾区城市群自然灾害综合承灾能力评价

粤港澳大湾区是台风、洪涝等自然灾害的多发地区，这些自然灾害会对城市运行、交通运输、人民生命财产安全、国家战略的顺利实施等造成严重的威胁和危害。粤港澳大湾区人口密集，人口数量分别是东京、旧金山、纽约三大湾区的1.5倍、9倍和3倍，粤港澳大湾区城市面对自然灾害的能力显得尤为重要[141]。全球变暖和人类活动持续加剧，极端天气及其诱发的自然灾害发生的频率越来越高，城市风险进一步加大，因此，需要对粤港澳大湾区城市群自然灾害综合承灾能力展开研究，了解各城市综合承灾能力水平和短板所在，进而整体提升粤港澳大湾区城市群防御自然灾害的能力，保障国家战略的顺利实施。

目前已有关于城市综合承灾能力研究[142-144]。国际上最有代表性的评价指标有灾害风险指标计划（DRI）、美洲计划（American Program）和多发展指标计划（Hotspots）[145]。Heri基于空间规划理念提出城市减灾的空间规划方法[146]。张风华等基于人员伤亡、经济损失和恢复时间，建立了城市防震减灾能力模型[147]。王威等基于分形理论，对我国29个城市的综合承灾能力开展分析研究[148]。李晓娟基于突变级数理论，从防灾、抗灾、救灾和恢复能力出发，构建了城市综合承灾能力评价指标体系和模型[149]。孙钰等从防灾基础设施的灾前预防、灾时抵御以及灾后应急救援的能力出发，研究了北京市防灾基础设施承灾能力[150]。陈涛和陈智超基于证据推理法结合层次分析法，以网格为基本评价单元对华东某县级市综合承灾能力进行了评价[151]。王文和等建立了能够量化城市综合应灾能力内部关联程度的耦合度模型[152]。总的来说，城市综合承灾能力的研究以多指标体系的综合评价为主，且所选择的指标权重依赖于主观的判定，缺乏对某一种或某一类对象的针对性指标体系和评价模型。因此，本研究针对城市自然灾害综合承灾能力，从城市防灾能力、抗灾能力、救灾能力和恢复能力出发，基于客观赋权的信息熵法，提出城市自然灾害综合承灾能力评价指标体系及评价模型，对粤港澳大湾区城市群的自然灾害综合承灾能力进行科学分析，以期为粤港澳大湾区城市群的综合防灾等提供依据。

一、研究区概况和研究方法

（一）研究区概况

粤港澳大湾区地理位置如图9-142所示。粤港澳大湾区位于中国东南丘陵南缘，地势北高南低，以中低山丘陵为主，气候为亚热带季风气候，年平均气温为22℃，年平均降雨量为2 300 mm[153]。粤港澳大湾区地质构造较为复杂，地势起伏较大，人类活动强烈，洪涝、台风、崩滑流、地面沉降等自然灾害频发，极易形成重大的城市公共事件，亟须开展城市自然灾害综合承灾能力评价。本研究中城市自然灾害综合承灾能力评价不包含香港、澳门两个特别行政区。

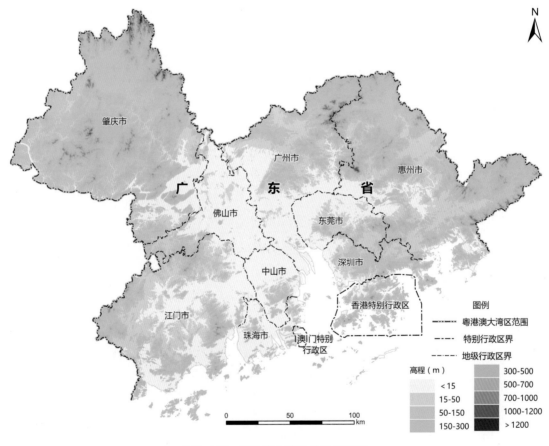

图9-142　粤港澳大湾区地理位置图

（二）研究方法

1. 城市自然灾害综合承灾能力评价指标体系

城市包含复杂的承灾体，如人口、社会、经济、环境、交通、生命线工程、防灾设施等。本研究从城市承灾体出发，从定性和定量两个层面建立城市防灾能力、抗灾能力、救灾能力和恢复能力指标体系，在此基础上作者提出城市自然灾害综合承灾能力评价指标体系（表9-40）。

表9-40 城市自然灾害综合承灾能力评价指标体系

总目标层	一级指标层	二级指标层	指标层	指标说明
城市自然灾害综合承灾能力评价指标体系	防灾能力	社会因素	人均教育费用支出/（元·人$^{-1}$）	人均教育费用投入越高，人们对自然灾害的整体认知能力和危机防范意识越高，城市防灾能力也越强，为正向指标
			人均公共预算支出/（元·人$^{-1}$）	人均公共预算支出越大，人均医疗卫生、社会保障费用等的支出越大，城市防范自然灾害的能力越强，为正向指标
		经济因素	防灾的经济投入力度	城市自然灾害监测预警预报、防治工程等防灾减灾的经济投入力度越大，城市防范自然灾害能力越强，为正向指标
		环境因素	环境保护力度	环境保护力度越大，城市的自然环境也相对越好，用森林覆盖率间接反映城市环境保护力度指标，其值越高，森林的固土固沙、防止水土流失、抵御风沙的能力越强，城市的防灾能力也越强，为正向指标
	抗灾能力	人口因素	人口密度/（人·km^{-2}）	人口密度越大，自然灾害发生瞬间会有越多的人员失去生命或面临生命危险，因此，城市抵抗自然灾害的能力越弱，为负向指标
		空间布局因素	公路密度/（km/100km^2）	反映城市交通发达程度和城市运输能力，该值越大，说明道路运输、疏散能力越强，城市的抗灾能力越强，为正向指标
			建设用地密度/（km^2·km^{-2}）	建设用地密度越大，意味着承灾体越密集，承灾体破坏的概率也越大，且建筑越集中，疏散也越困难，损坏和恢复成本也越大，因此该值越大，城市抵抗自然灾害的能力越弱，为负向指标
			耕地密度/（km^2·km^{-2}）	耕地密度越大，意味着越多的农田遭受损失，因此，抗灾能力也越弱，为负向指标
		经济因素	人均GDP/（万元·人$^{-1}$）	人均GDP越高，政府或个人可投入的救灾资金、各类社会保障、医疗保障或个人保险等也相对越多，城市抗灾能力越强，为正向指标
	救灾能力	社会因素	人均床位数/（床·万人$^{-1}$）、人均医生数量/（人·万人$^{-1}$）	人均床位数和人均医生数量体现了城市医护救援的能力大小，该值越大意味着灾害发生后，医生医护能力越强，救援能力越强，城市救灾能力越强，为正向指标
		交通因素	公路铁路民航客运总量/万人	灾后人员疏散和救灾人员、物资的运输主要通过公路、铁路、民航进行，因此其总量越大，说明城市的应急救援能力也越强，为正向指标
			政府应急反应能力	政府应急反应能力越强，城市救灾能力相对越强，为定性指标和正向指标。通过指标赋值法得到：强（5）、较强（4）、中等（3）、较弱（2）、弱（1）
		环境因素	人均公园绿地面积/（km^2·人$^{-1}$）	人均公园绿地面积越大，说明自然灾害来临时人员疏散场所越开阔，面积也越大，城市的救灾能力也越强，为正向指标

（续表）

总目标层	一级指标层	二级指标层	指标层	指标说明
城市自然灾害综合承灾能力评价指标体系	恢复能力	社会因素	参加社会医疗保险人数比重	指标数据越大，则灾后该城市有越好的经济基础从受灾状态恢复到正常状态，城市恢复能力也越强，为正向指标
			第二、三产业生产总值比重	相对来说，第二、三产业比第一产业在灾后更易恢复，故而占比越高，城市灾后恢复也越快，为正向指标
		经济因素	人均年末储蓄余额/（万元·人$^{-1}$）	反映城市地区个人和家庭的可支配资金状态，人均储蓄余额越多，城市地区可用于灾后恢复重建的资金相对丰富，城市恢复能力也就相对越强，为正向指标
			人均保险额/（万元·人$^{-1}$）	反映灾后人民的恢复能力，保险额越多，人民生命和财产损失得到的保险赔偿也越多，人民和家庭也更容易从灾害状态恢复到正常状态，因此城市的恢复能力也越强，为正向指标
		环境因素	民众对政府满意和信任度	当地民众对政府信任和满意程度越高，在灾后恢复重建的过程中就越能够齐心协力，城市恢复能力相对越强，为定性和正向指标，通过对当地民众进行问卷调查得到，分为5个等级：满意（5），较满意（4）、一般（3）、较不满意（2）、不满意（1）

（1）防灾能力。

防灾能力是指城市承灾体防御自然灾害的能力，是一个城市备灾充分性的体现，主要表现在人民防范意识、防灾投入和承灾环境上。本研究从社会、经济和环境因素三方面综合考虑，构建粤港澳大湾区城市防灾能力指标体系。

（2）抗灾能力。

抗灾能力是自然灾害发生时城市承灾体自身的抵抗能力，主要由人口特征、建筑物结构与布局、社会经济等因素决定。本研究主要从人口、承灾体空间布局和经济因素三方面综合考虑，构建粤港澳大湾区城市抗灾能力指标体系。

（3）救灾能力。

救灾能力是自然灾害发生后城市救灾和应急能力的体现，主要由政府应急反应能力、应急资源、预案、交通、应急人员、应急避难场所等因素决定。本研究基于上述因素，从社会、交通和环境因素三方面综合考虑，构建粤港澳大湾区城市救灾能力指标体系。

（4）恢复能力。

恢复能力是灾后城市承灾体恢复正常的能力，目前还没有建立较全面的城市恢复能力评价指标体系，本研究主要从社会、经济和环境因素三方面综合考虑，构建粤港澳大湾区城市恢复能力指标体系。

2. 城市自然灾害综合承灾能力评价模型

在建立城市自然灾害综合承灾能力指标体系的基础上，对各评价因素的权重进行分析，从而构建评价模型。信息熵法是一种客观赋权法，主要根据各个评价指标的数值变化程度体现的信息量大小来确定权重，熵值越小，在综合评判中权重越大，在排除其他方法如AHP评价过程中的随机性和评价专家主观上的不确定性及认识上的模糊性后，可有效反映指标的非

划分结果表明，粤港澳大湾区除香港特别行政区、澳门特别行政区外的城市中，广州市和深圳市的综合承灾能力等级相对较高，东莞市和珠海市的综合承灾能力等级相对中等，佛山市、中山市和江门市的综合承灾能力等级相对较低，惠州市和肇庆市的综合承灾能力等级相对更低。

（二）评价结果讨论

以粤港澳大湾区珠三角九市的地质灾害灾情数据为例，开展评价结果讨论，这些城市的地质灾害隐患点、威胁人数和潜在经济损失占比如图9-146所示。

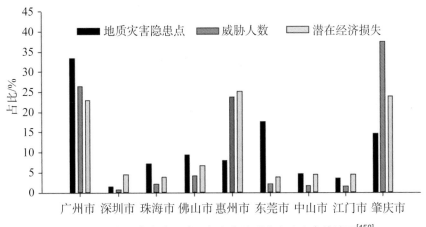

图9-146　粤港澳大湾区珠三角九市地质灾害隐患点统计图[158]

可以看出，广州市地质灾害隐患点占比为33.40%，由于其综合承灾能力相对较高，其威胁人口和潜在经济损失占比均较小，分别为26.50%和22%；东莞市的地质灾害占比为17.56%，其综合承灾能力相对中等，使得威胁人口和潜在损失较小，占比分别为2.1%和3.84%；珠海市地质灾害隐患点占比为7.5%，由于其综合承灾能力相对中等，其威胁人口和潜在经济损失占比为2.18%和3.9%；佛山市承灾能力较低，比珠海市弱0.145 7，使得其地质灾害隐患点、威胁人口和潜在经济损失占比分别比珠海高2.32%、1.94%和2.34%；中山市和江门市的综合承灾能力较低，灾害隐患点和潜在经济损失占比相差不大；惠州市和肇庆市综合承灾能力相对低，使得虽然其地质灾害隐患点占比较小，分别为8.02%和14.62%，但是其威胁人口和潜在经济损失占比均较高，分别达到了23.76%、25.22%以及37.47%、23.98%。综合可以看出，上述城市的实际情况和本研究评价的结果基本吻合。深圳市灾害占比较小，但是潜在经济损失占比反而大，与承灾能力较强的评价结果不一致。深圳市地质灾害隐患点少，但是相对而言，其经济密度、人口密度均较高，人均园林面积不足，第二、三产业生产总值比重较低，使得城市综合承灾能力相对不足，一旦发生灾害，承灾体损失较大，如2018年发生的深圳光明滑坡。

下面进一步分析其他城市综合承灾能力存在差异的原因。肇庆市救灾能力指数和防灾能力指数较低，主要制约因素为人均床位数量和人均医生数量，以及人均教育费用支出和人均公共预算支出。惠州市的救灾能力和恢复能力较弱，主要原因是人均床位数量、人均医生数量以及参加社会医疗保险人数比重相对较低。江门市的救灾能力指数和防灾能力指数较低，主要影响因素为人均床位数量和人均医生数量，以及人均教育费用支出和人均公共预算支出。中山市的防灾和抗灾能力相对较弱，主要影响因素为森林覆盖率、建设用地密度和耕地密度。佛山市的防灾能力和抗灾能力也相对较弱，主要制约因素为人均教育费用支出、人均公共预算支出、建设用地密度。珠海市的防灾、抗灾、救灾和恢复能力中，救灾能力最弱，主要原因是公路民航客运总量和人均医生数量、人均床位数量。东莞市的防灾、抗灾、救灾和恢复能力中，恢复能力相对最弱，主要原因是民众对政府满意度和人均年末储蓄余额。广州市的抗灾能力相对防灾能力、救灾能力和恢复能力偏弱，主要影响因素为人口密度和耕地密度。综上所述，制约9个城市综合承灾能力的因素差异显著，从而造成粤港澳大湾区城市群整体承灾能力的短板效应，需要进一步加强城市综合承灾能力建设，从整体上提升粤港澳大湾区城市群综合承灾能力水平，保障粤港澳大湾区国家级重大战略的顺利实施。

三、研究结论探讨

（1）本研究评价的粤港澳大湾区城市群综合承灾能力水平，是粤港澳大湾区的相对水平，而不是绝对水平，主要从城市防灾、抗灾、救灾和恢复能力四个方面，建立了评价指标体系和评价模型。

（2）评价结果中防灾能力指数排在前三的为深圳市、珠海市和广州市；抗灾能力指数最高为深圳市，其次为东莞市和珠海市，江门市抗灾能力最低；救灾能力指数中广州市、东莞市和深圳市最高，肇庆市最低；恢复能力指数中广州市最高，其次为深圳市、东莞市和珠海市。综合承灾能力评价结果从高到低为广州市、深圳市、东莞市、珠海市、佛山市、中山市、江门市、惠州市和肇庆市。各大城市的综合承灾能力以及影响因素均存在较大差异性，从而造成粤港澳大湾区城市群的整体短板效应，建议粤港澳大湾区加强统一规划和管理，以提升粤港澳大湾区城市群综合承灾能力水平，促进粤港澳大湾区国家战略的顺利实施。

（3）本研究的城市综合承灾能力评价基于城市尺度，评价单元精度稍显粗糙，下一步将开展基于网格尺度的城市综合承灾能力评价，得到网格化的高精度评价结果；同时，开展不同年份的综合承灾能力横向对比，分析较长时间尺度粤港澳大湾区城市群综合承灾能力的演变过程。

四、本节小结

随着全球气候变化，城市自然灾害日益频繁，城市综合承灾能力越来越受到关注。基于城市人口、社会、经济、环境、交通等承灾体特征，建立粤港澳大湾区城市群自然灾害综合承灾能力评价指标体系；基于客观赋权的信息熵法，建立城市综合承灾能力定量分析评价模型；在此基础上，计算得到粤港澳大湾区城市综合承灾能力指数，分析各城市自然灾害综合承灾能力水平和影响因素。结果表明：粤港澳大湾区珠三角九市综合承灾能力指数变化范围为0.188 6～0.661 5，广州市和深圳市相对较高，肇庆市和惠州市相对较低，珠三角九市自然灾害的承灾能力和影响因素存在显著差异，造成粤港澳大湾区城市群整体承灾能力的短板效应，需要进一步加强城市综合承灾能力建设，从整体上提升大湾区城市综合承灾能力水平。

第十章 大数据技术在城市生态安全格局构建中的应用

景观中存在着某种潜在的空间格局，由一些关键性的局部、点及位置关系构成，而且这种格局对维护和控制某种生态过程有着关键性的作用[159-160][79]9。景观安全格局的构建是通过规划设计一些关键性的点、线、局部（面）或其他空间组合，恢复一个景观中的空间格局[79]14，从而保护和恢复生物多样性、维持生态系统结构和过程的完整性、实现对区域生态环境问题有效控制和持续改善[62]761。基于生态安全格局的城镇空间发展格局可以维持生态过程的连续性并克服常规城市发展模式下的城市蔓延，中安全水平的城市空间格局可以同时满足生态用地、农用地和建设用地的需求，是一个同时实现精明保护与精明增长的有效工具[82]1189，低安全水平的城市空间格局为城市发展提供最基本的生态系统服务，是城市发展底线，须严格保护[161]。

生态安全格局的构建通常需要进行景观生态分类—生态适宜性评价—生态安全格局构建等过程[64]163。但基于不同的目标，生态安全格局的构建过程又不尽相同。黎晓亚等考虑基于格局优化和干扰分析的规划方法，认为生态安全格局的构建应包括区域生态环境问题分析、预案研究、研究安全层次和规划目标，最后进行区域生态安全格局设计[63]1058。郭明等基于景观邻接的特点，计算了斑块的面积、形状等基本景观结构指标，进一步分析生态安全格局[162]。苏泳娴等以人类生存安全和理想人居环境为目标，从单一因素出发，识别水安全、地质灾害安全、大气安全、生物保护安全、农田安全等关键点（源）和生态过程（景观阻力面），通过GIS叠加分析构建了包含基本保障格局、缓冲格局、最优格局3个级别的综合生态安全格局[70]1526。然而不管采用哪一种方法，其前提均是假设生态安全格局与该区域生境中的各个环境因素是相互关联的，通过对环境因素不同层次、不同深度的分析，进一步归纳出其生态安全格局。

大数据是大量、高速、多变的信息资产，它需要新型的处理方式去促成更强的决策能力、洞察力与最优化处理[163]。阿帕奇火花（Apache Spark）是一个围绕速度、易用性和复杂分析构建的大数据处理框架，支持机器学习[164]。机器学习使用统计技术为计算机系统提供利用数据"学习"的能力，而不需要明确编程[165-166]。在城市规划方面，机器学习被用以检测城市环境变化的本质[167]、城市建筑的识别[168-169]、城市用地分类[170-172]、模拟城市扩张等[173-176]。但是利用机器学习算法构建生态安全格局的尝试还相对较少。

基于大数据的机器学习，通常是不问为什么，而只是检测模式模型[177]。利用大数据机器学习可以尝试检测生态安全格局与环境因素之间的关系，从而在一定的区域中形成通用的生态安全格局构建模型。通过搭建阿帕奇火花处理框架，我们利用广东省佛山市高明区、三水区和顺德区的生态安全格局分布数据，通过机器学习的方式测试其与地层岩性、土壤质地、土壤类型、土地利用类型、植被归一化指数、海拔、坡度、阴阳坡向、曲率、断层距离、道路距离、河流距离、建设用地距离、年均降雨量、年均气温、年均风速、人口密度等环境变量之间的关系，构建生态安全格局与环境变量之间的关系模型，并利用该模型预测城市生态安全格局分布情况。

第一节 构建大数据平台及数据分析实验

一、部署平台选择

Hadoop软件库是一个能够对大量数据进行分布式处理的软件框架，系列组件非常多，手工部署会非常麻烦，因此通常需要用工具进行部署。常用的部署工具包括Apache Ambari和Cloudera Manger。在本应用中，我们选择Cloudera Manger进行大数据平台的构建和管理。

二、硬件架构

本研究采用Dell PowerEdge R730、R730XD（Name Node + Edge Node）2U双路机架式服务器（图10-1、图10-2）搭建基础架构节点和数据节点，基本配置如表10-1、表10-2所示。

图10-1 PowerEdge R730 服务器

图10-2 PowerEdge R730XD 服务器

表10-1 基础架构节点基本配置

项目	配置
平台	PowerEdge R730
CPU	2*E5-2650 v3
内存	16*8GB RDIMM，2133MT/s

（续表）

项目	配置
磁盘	6*600GB 10K RPM SAS 12Gbps 2.5英寸热插拔硬盘
存储控制器	PERC H730 集成 RAID控制器，1GB
光驱	16X DVD-ROM SATA光驱
电源	冗余电源（1+1），750W
网络	英特尔 X520 DP 10Gb DA；SFP+，+ I350 DP 1Gb 以太网网络子卡

表10-2　数据节点基本配置

项目	配置
平台	PowerEdge R730XD
CPU	2*E5-2650 v3
内存	16*8GB RDIMM，2133MT/s
磁盘	14*1.2TB 10K RPM SAS 6Gbps 2.5英寸热插拔硬盘 2*300GB 10K RPM SAS 6Gbps 2.5英寸热插拔硬盘
存储控制器	PERC H730 集成 RAID控制器，1GB
电源	冗余电源（1+1），750W
网络	英特尔 X520 DP 10Gb DA；SFP+，+ I350 DP 1Gb 以太网网络子卡

三、网络体系结构

　　群集网络的体系结构设计旨在满足高性能、可扩展群集的需求，同时提供冗余能力并让用户能够使用管理功能。该体系结构支持两种联网选项：1GbE（1 Gigabit Ethernet，千兆以太网）和10GbE（10 Gigabit Ethernet，万兆以太网）。1GbE选项使用Dell™ Networking S3048-ON交换机作为架顶式交换机用来连接所有与Hadoop相关的节点，而10GbE选项则使用Dell™ Networking S4048-ON交换机。基础网络拓扑如图10-3所示。

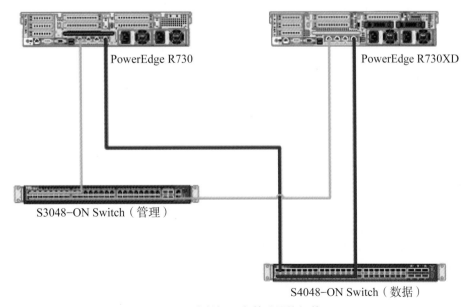

PowerEdge R730　　　　　PowerEdge R730XD

S3048-ON Switch（管理）

S4048-ON Switch（数据）

图10-3　大数据平台基础网络拓扑

259

四、操作系统

CentOS是服务器搭建采用较多的linux操作系统。本研究采用CentOS-7-x86_64-Minimal-1511版，Minimal版是基本的系统，不含有任何附加可选的软件包，系统大小仅有600 MB，不占用额外的磁盘空间。操作系统安装完成后，应安装配置所选择的Cloudera的发行版本对应的Java Development Kit（JDK）。

五、CDH群集安装

CDH即Cloudera的发行版，包括 Apache Hadoop（Cloudera's Distribution Including Apache Hadoop，CDH）。进行CDH群集安装时，要先安装Cloudera Manager，成功安装Cloudera Manager后，在浏览器输入http://ip:7180（ip是Cloudera Manager安装的主机ip或者主机名）进入Cloudera Manager登录界面（图10-4），用户名和密码都输入admin，登录进入web管理界面。

图10-4　Cloudera Manager登录界面

登录进入以后，选择部署的版本，本研究只需要用到基本功能，选择免费版；进入为CDH群集安装指定主机页面后，为CDH群集安装指定主机（cdh01，…，cdh06）；安装方法选择使用parcel，CDH版本选择5.11.0；JDK安装略过（前面已经安装）；提供所有节点的SSH登录凭据；最后Cloudera Manager将会自动完成CDH群集安装。

群集安装完毕后，接着进行服务的安装，本研究选择"含Spark的内核"进行安装（图10-5）。含Spark的内核包括HDFS、YARN（包括MapReduce 2）、Zookeeper、Oozie、Hive、Hue、Sqoop和Spark。

CDH群集安装完成后，群集自动启动HDFS、HIVE、Spark等服务，对于无法正常运行的服务，Cloudera Manager会给出提醒，根据其提示信息，可以简单明了地解决服务运行中的问题（图10-6）。

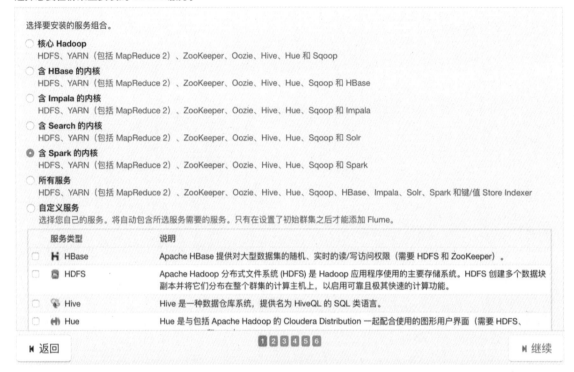

图10-5　CDH5服务组合

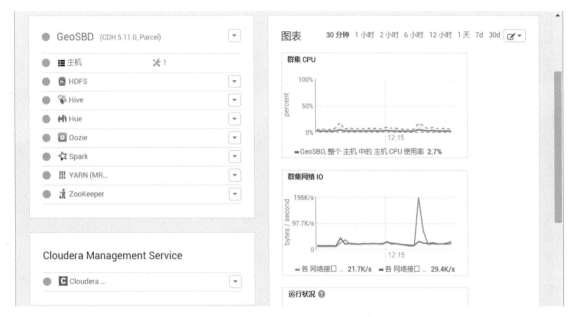

图10-6　CDH群集运行状态监控

六、数据的上传与存储

用户数据可以通过两种方式存储至HDFS，其中之一就是通过Hue界面，直接将数据上传至用户文件夹中，在按用户名建立的文件夹下保存各用户文件（图10-7）。具体步骤为：在

Hue主界面点击菜单栏右侧的HDFS浏览器（HDFS Browser），进入HDFS文件系统浏览器—进入管理用户"admin"文件夹，选择右侧功能菜单"Upload"—选择本地文件系统中要上传的数据文件—"上传"，把本地文件上传到HDFS中。

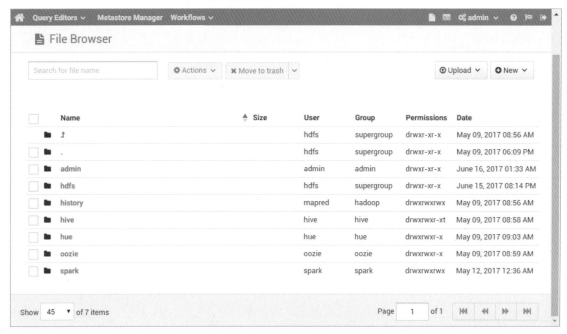

图10-7 Hue的文件管理/浏览界面

此外，用户也可以通过命令行界面登录至服务器（此处为cdh01），然后通过hdfs命令将数据存储到HDFS（图10-8）。具体方法为，以用户名"root"登录到cdh01—输入"su hdfs"切换当前用户为hdfs（hdfs用户在Hadoop部署时默认创建）—输入操作命令"hdfs dfs –put/本地文件路径/hdfs文件路径"，回车后，本地文件开始上传至HDFS。

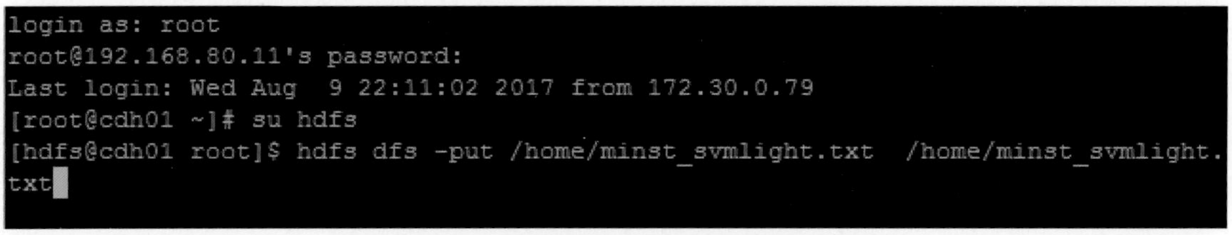

```
login as: root
root@192.168.80.11's password:
Last login: Wed Aug  9 22:11:02 2017 from 172.30.0.79
[root@cdh01 ~]# su hdfs
[hdfs@cdh01 root]$ hdfs dfs -put /home/minst_svmlight.txt   /home/minst_svmlight.
txt
```

图10-8　命令行模式下上传用户文件至HDFS

七、数据整理与分析

（一）数据整理

本研究中涉及的数据主要为地形等栅格数据、地质灾害点数据、人文景观点数据、生物分布数据。在ArcGIS软件中，可以比较容易地把这些数据表达出来并存储在ArcGIS软件数据库中，但要把这类数据存储在HDFS里的同时能进行分析，则需要经过数据的整理。

　　在此以10万条地质灾害点数据为例，将其存储在HDFS，并利用Spark机器学习的逻辑斯蒂回归（Logistic Regression）模型进行分析。逻辑斯蒂回归既可以作为二分类模型，也可以作为多分类模型，本研究将其用于二分类，因此，首先需要对发生地质灾害的点（标示为：1）和无发生地质灾害的点（标示为：0）进行随机取样，获得（1，0）两类数据点，在ArcGIS软件中利用"Extract Multi Value to Point"功能，提取海拔、坡度、土壤、地质、气象数据属性，获得包含滑坡样本及环境变量的二维表。将二维表中的分类变量的每一类抽取出来成为单独的变量，存储文件名为"landslides_10w.csv"的文件。

　　Spark机器学习的逻辑斯蒂回归模型无法对普通csv二维表数据进行分析，需要在matlab中将其转换为SVM格式的数据。在matlab中，加载文件"landslides_10w.csv"，利用以下代码将其转换成SVM格式数据：

>> SPECTF = csvread（'landslide_10w.csv'）;//读取csv数据

>> labels = SPECTF（:，1）;//标识第一列为分类标签列

>> features = SPECTF（:，2：end）;//标识第二列之后为数据属性列

>> features_sparse = sparse（features）;//将数据转换为SVM标示的格式

>> libsvmwrite（'landslides_10w.dat'，labels，features_sparse）;将转换的数据存储为"landslides_10w.dat"文件。

　　利用Hue把二维表文件"landslides_10w.dat"上传到HDFS，文件格式见图10-9，本研究数据处理实验选取地质灾害点数据10万条。

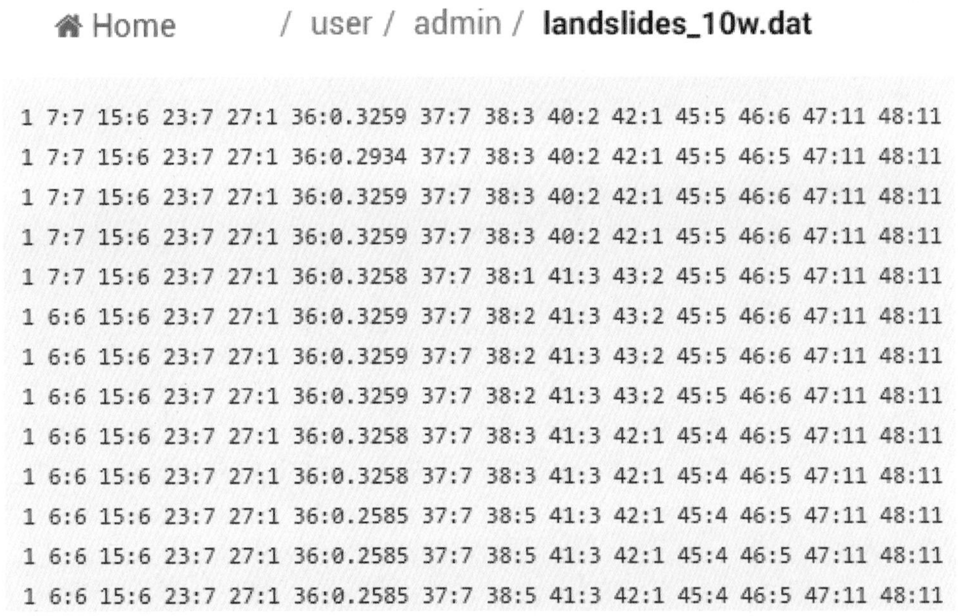

```
🏠 Home        / user / admin / landslides_10w.dat

1 7:7 15:6 23:7 27:1 36:0.3259 37:7 38:3 40:2 42:1 45:5 46:6 47:11 48:11
1 7:7 15:6 23:7 27:1 36:0.2934 37:7 38:3 40:2 42:1 45:5 46:5 47:11 48:11
1 7:7 15:6 23:7 27:1 36:0.3259 37:7 38:3 40:2 42:1 45:5 46:6 47:11 48:11
1 7:7 15:6 23:7 27:1 36:0.3259 37:7 38:3 40:2 42:1 45:5 46:6 47:11 48:11
1 7:7 15:6 23:7 27:1 36:0.3258 37:7 38:1 41:3 43:2 45:5 46:5 47:11 48:11
1 6:6 15:6 23:7 27:1 36:0.3259 37:7 38:2 41:3 43:2 45:5 46:6 47:11 48:11
1 6:6 15:6 23:7 27:1 36:0.3259 37:7 38:2 41:3 43:2 45:5 46:5 47:11 48:11
1 6:6 15:6 23:7 27:1 36:0.3259 37:7 38:2 41:3 43:2 45:5 46:6 47:11 48:11
1 6:6 15:6 23:7 27:1 36:0.3258 37:7 38:3 41:3 41:4 45:4 46:5 47:11 48:11
1 6:6 15:6 23:7 27:1 36:0.3258 37:7 38:3 41:3 42:1 45:4 46:5 47:11 48:11
1 6:6 15:6 23:7 27:1 36:0.2585 37:7 38:5 41:3 42:1 45:4 46:5 47:11 48:11
1 6:6 15:6 23:7 27:1 36:0.2585 37:7 38:5 41:3 42:1 45:4 46:5 47:11 48:11
1 6:6 15:6 23:7 27:1 36:0.2585 37:7 38:5 41:3 42:1 45:4 46:5 47:11 48:11
```

图10-9　转换为SVM格式并存储在HDFS中的部分地质灾害点数据

（二）数据分析

　　将数据存储到HDFS后，从命令终端进入主节点，通过命令行操作方式进行数据的分析。

以本研究数据处理实验选取的10万条数据分析为例，命令行及执行结果如下：

```
#导入Spark的机器学习环境
from __future__ import print_function
from pyspark.ml.classification import LogisticRegression
from pyspark.sql import SparkSession
from pyspark.ml.evaluation import RegressionEvaluator
#分析代码
if __name__ == "__main__":
    spark = SparkSession \
        .builder \
        .appName("LogisticRegressionSummary") \
        .getOrCreate()
    # 载入训练数据
    data = spark.read.format("libsvm").load("data/mllib/landslides_10w.dat")
    #将数据随机分为训练数据和测试数据（此处25%用于测试）
    (trainingData, testData) = data.randomSplit([0.75, 0.25])
#设置逻辑回归模型的最大迭代次数、正则化参数及ElasticNet混合参数
    lr = LogisticRegression(maxIter=5000, regParam=0.1, elasticNetParam=0.3)
    # 拟合模型
    lrModel = lr.fit(trainingData)
    # 利用模型进行预测
    predictions = lrModel.transform(testData)
    # 显示样本数据
    predictions.select("prediction", "label", "features").show(50)
    #选择（预测数据，真实标签）并计算测试错误
    evaluator = RegressionEvaluator(
        labelCol="label", predictionCol="prediction", metricName="rmse")
    rmse = evaluator.evaluate(predictions)
    print("Root Mean Squared Error (RMSE) on test data = %g" % rmse)
    #输出逻辑回归的系数和截距
    print("Coefficients: " + str(lrModel.coefficients))
    print("Intercept: " + str(lrModel.intercept))
    # 从返回的LogisticRegressionModel实例中提取训练结果摘要
    trainingSummary = lrModel.summary
    # 获得每次迭代的目标
    objectiveHistory = trainingSummary.objectiveHistory
    print("objectiveHistory：")
    for objective in objectiveHistory:
```

```
print（objective）
# 获取ROC、模型精度、预测精度及总迭代数据
trainingSummary.roc.show（）
print（"areaUnderROC："+ str（trainingSummary.areaUnderROC））
trainingSummary.pr.show（）
print（"pr："+ str（trainingSummary.pr））
trainingSummary.precisionByThreshold.show（）
print（"precisionByThreshold："+ str（trainingSummary.precisionByThreshold））
trainingSummary.predictions.show（）
print（"predictions："+ str（trainingSummary.predictions））
totalIterations=trainingSummary.totalIterations
print（"totalIterations："+ str（totalIterations））
# 将结果写入文件中
myfile = open（"tmp/lrlandslide.txt"，'a'）
myfile.write（
    '\n'
    '\n' " lr： "+ str（lr）+
    '\n' " Coefficients： "+ str（lrModel.coefficients）+
    '\n' " Intercept： "+ str（lrModel.intercept）+
    '\n' " areaUnderROC： "+ str（trainingSummary.areaUnderROC）+
    '\n' " pr： "+ str（trainingSummary.pr）+
    '\n' " precisionByThreshold： "+ str（trainingSummary.precisionByThreshold）+
    '\n' " predictions： "+ str（trainingSummary.predictions）+
    '\n' " totalIterations： "+ str（totalIterations）
myfile.close（）
```

数据分析结果摘要：

```
+----------+-----+--------------------+
|prediction|label|            features|
+----------+-----+--------------------+
|       1.0|  1.0|（63，[1，9，21，26，35...|
|       1.0|  1.0|（63，[1，9，21，26，35...|
|       1.0|  1.0|（63，[1，9，21，26，35...|
|       1.0|  1.0|（63，[1，9，21，26，35...|
|       1.0|  1.0|（63，[1，9，21，26，35...|
|       1.0|  1.0|（63，[1，9，21，26，35...|
|       1.0|  1.0|（63，[1，9，21，26，35...|
```

```
|     1.0|  1.0| ( 63, [1,  9, 21, 26, 35...|
|     1.0|  1.0| ( 63, [1,  9, 21, 26, 35...|
|     1.0|  1.0| ( 63, [1,  9, 21, 26, 35...|
|     1.0|  1.0| ( 63, [1,  9, 21, 26, 35...|
|     1.0|  1.0| ( 63, [1,  9, 21, 26, 35...|
|     1.0|  1.0| ( 63, [1,  9, 21, 26, 35...|
```

Root Mean Squared Error（RMSE）on test data = 0.297837

Coefficients：（63, [1, 21, 25, 38, 50, 51, 53, 54, 57, 61], [-0.281544712841, 0.0136989391722, -0.00497911982513, -0.0770512773086, 0.0050517819981, -0.082613646121, -0.0627253300429, -0.690452080017, -0.192459459749, -0.267955334692]）

Intercept：4.64395630111

areaUnderROC：0.883092921065

totalIterations：285

结果显示，分析数据中75%训练数据的均方根误差为0.297 8，模型的截距约为4.644 0，主要的环境变量为1、21、25、38、50、51、53、54、57和61，各自的回归系数分别约为-0.281 5、0.013 6、-0.005 0、-0.077 0、0.005 1、-0.082 6、-0.062 7、-0.690 5、-0.192 5和-0.268 0，由此可以得到地质灾害发生与环境变量之间的回归方程。

以上研究构建了基于Cloudera Manager的大数据管理平台，并用地质灾害数据作为示例进行数据分析实验，后续研究可以用同样的模型对生态安全格局进行分析构建。

第二节　基于逻辑回归的生态安全格局构建

一、研究方法

在生态安全格局构建中，学者们通常是利用最小阻力模型或ArcGIS软件的叠加分析法获取生态安全格局的分布情况。在构建过程中，不管是权重的设置，还是最终每级安全格局结果的区分，都有可能渗入规划者甚至该区域管理者的个人意愿，因此生态安全格局的构建不仅有客观分析的成分，同时也受主观因素的影响，两者共同形成最终的生态安全格局方案。我们假设这类方案是符合当地实际情况的科学、合理的方案，利用该方案与现有环境因素之间相互关系的大数据学习与训练，可以得到两者的关系模型，从而预测其他区域的生态安全格局。

二、模型简介

（一）逻辑斯蒂回归模型

逻辑斯蒂回归（Logistic Regression，下称LR）是机器学习中的一种分类模型，由于算法简单和高效，在实际中应用非常广泛。该模型是一种二分类模型，对因变量数据假设要求不高，是统计学习中的经典分类方法。利用Spark自带的机器学习库（MLlib）中的LR模型（下称Spark-LR），可以获得各变量的权值向量，进一步在ArcGIS软件中得到生态安全格局可能性分布图。

对于分类变量，如地层岩性、土壤质地、土壤类型、土地利用类型、坡度、阴阳坡向和曲率分类后的连续变量等，需要使用哑变量（Dummy Variable）。因为分类变量的各类之间不存在大小等级关系，它们之间的差距无法准确衡量，需要将原来的多分类变量转化为多个哑变量，每个哑变量只代表某两个级别或若干级别之间的差别，才能使回归的结果有明确而合理的意义，哑变量代表的是等级间的比较结果。

（二）模型的参数设置

在Spark机器学习包中，逻辑斯蒂回归模型的主要参数包括数据（此处为含生态安全格局样点及建设用地点的SVM格式数据）、训练数据与测试数据比例（0.75∶0.25）、逻辑回归最大迭代次数（10）、正则化参数（1）、ElasticNet混合参数（0）。

（三）生态安全格局分布图计算

在没有分类变量的情况下，逻辑斯蒂回归模型计算的权值向量，可以直接用在ArcGIS软件的栅格计算工具中，公式如下：

$$R = \sum_{i=1}^{n} V_i C_i \tag{10-1}$$

式中，R为目标栅格；V_i为第i个变量；C_i为第i个变量对应的权值向量。

本研究采用了多个分类变量，LR模型对各分类变量的哑变量进行权值向量计算，在ArcGIS软件中对单个分类变量栅格计算需要按各哑变量分别进行权值向量计算赋值，方法是按栅格值与对应的权值向量相乘，得到相应栅格的新值，利用栅格计算的Con语句对分类变量栅格进行赋值运算，公式如下：

$$VR = \mathrm{Con}(iR = v1, \ nv1, \ \mathrm{Con}(iR = v2, \ nv2, \ \mathrm{Con}(\cdots))) \tag{10-2}$$

式中，VR为分类变量目标栅格；iR为分类变量栅格；$v1$、$v2$为分类变量值；$nv1$、$nv2$为新的变量值。

所有的分类变量目标栅格计算出来后，利用式（10-1）计算目标栅格R。按以下公式计算生态安全格局可能性分布：

$$P = \frac{\exp(b+R)}{1+\exp(b+R)} \tag{10-3}$$

式中，P为生态安全格局可能性分布；b为LR模型截距。

（四）模型精度

应用ROC曲线（模型预测能力准确性指标）分析法对预测的结果进行精度检验。Spark-LR模型运行后自动计算出AUC值（即ROC曲线下面的面积）。AUC值取值范围为0.5～1，越接近1，说明预测的结果越好，其模型预测的结果就越准确。AUC值区间划分为0.50～0.60（失败），0.60～0.70（较差），0.70～0.80（一般），0.80～0.90（好），0.90～1.00（非常好）。

三、研究区域

（一）模型构建

以佛山市高明区、三水区和顺德区的数据作为模型构建的基础数据（图10-10）。数据主要为2009年广东省佛山市高明区生态安全格局、2011年广东省佛山市三水区生态安全格局、2014年广东省佛山市顺德区生态安全格局（以下称三区生态安全格局）等规划的成果。

在ArcGIS软件中根据三区生态安全格局的范围随机生成2 923个数据点，提取每个数据点所在位置的生态安全格局属性，以保障生态安全格局（GSP）、缓冲生态安全格局（BSP）和最优生态安全格局（OSP）等三个等级安全格局数据作为事件发生值（取值1），以建设用地作为事件不发生值（取值0）。每类再分别提取环境变量属性，形成GSP、BSP和OSP三个二维数值矩阵。将数值矩阵转换为SVM格式数据，在Spark平台中分别利用三类数据构建相应模型：保障生态安全格局模型（GSPM）、缓冲生态安全格局模型（BSPM）和最优生态安全格局模型（OSPM）。

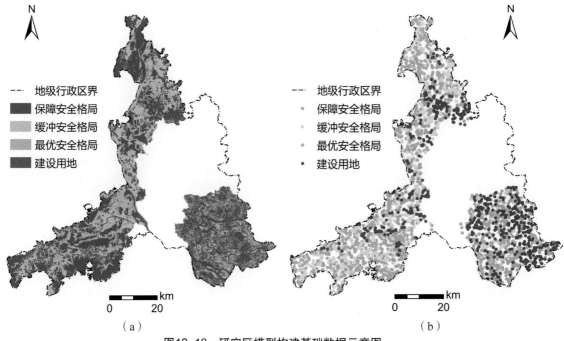

图10-10　研究区模型构建基础数据示意图

（a）广东省佛山市高明区、三水区、顺德区生态安全格局；（b）数据采样点分布图。

（二）模型应用

模型应用以广东省作为研究区域，分别利用GSPM、BSPM和OSPM预测广东省全省生态安全格局，分析3个模型之间的差异、预测结果与已有规划之间的差异。

四、环境变量

（一）变量选择

目前关于利用机器学习的方式探讨生态安全格局构建的研究较少，可参考的文献不多，本研究的变量选择以地质灾害安全格局、生物保护安全格局等相关环境变量作为参考，采用地层岩性（E01）、土壤质地（E02）、土壤类型（E03）、土地利用类型（E04）、植被归一化指数（E05）、海拔（E06）、坡度（E07）、阴阳坡向（E08）、曲率（E09）、断层距离（E10）、道路距离（E11）、河流距离（E12）、建设用地距离（E13）、年均降雨量（E14）、年均气温（E15）、年均风速（E16）、人口密度（E17）等17个变量作为生态安全格局预测的环境变量。

（二）数据来源及分类变量处理

地层岩性数据来源于国家地质资料数据中心（http://geocloud.cgs.gov.cn/#/home）广东省1∶500 000的电子地质图。该变量为分类变量，以各地层的终止年代作为分类依据，整理出各分类的属性（表10-3）。

表10-3　岩性分类及属性

分类	值	属性
E0101	1	混合岩、斜长角闪岩
E0102	2	以粉砂岩、砾砂、含砾长石石英砂岩、泥灰岩、泥岩、砂砾岩、砂质黏土、砂土、黏土、玄武岩为主，其他为灰岩、安山岩、花岗长斑岩、褐煤、褐铁矿碎屑岩、油页岩等
E0103	3	以粉砂岩、粉砂质泥岩、钙质粉砂岩、含砾砂岩、安山岩、沉凝灰岩、砾岩、流纹岩、凝灰质砂岩、砂砾岩、花岗岩、闪长岩为主，其他为泥岩、灰岩、辉长岩、熔岩、碎屑岩等
E0104	4	以花岗岩、凝灰岩、粉砂岩、石英砂岩、闪长岩、花岗闪长斑岩、花岗闪长岩、砂砾岩为主，其他为砂岩、泥岩、玄武岩、碎屑岩、二长斑岩、煤层等
E0105	5	以花岗岩、粉砂岩、煤层、砂砾岩、碳质页岩和闪长岩为主，其他为灰岩、二长斑岩、泥岩、石英砂岩、辉石岩、辉长岩、页岩、闪长岩等
E0106	6	以灰岩、白云质灰岩、白云岩、粉砂岩、花岗岩、泥岩、页岩、硅质岩、砂岩、砾岩、煤层、页岩为主，其他为混合岩、辉长岩、闪长岩、碳酸岩等
E0107	7	以砂岩、粉砂岩、板岩、花岗岩、页岩、闪长岩、硅质岩为主，其他为橄榄岩、灰岩、砾岩、流纹岩、石煤层等
E0108	8	以硅质岩、砂岩、石英岩、板岩、粉砂岩、火山岩、千枚岩为主，其他为磁铁矿层、大理岩、泥砾岩、变粒岩、黄铁矿层等

　　土壤质地与土壤类型数据来源于中国广东省生态环境与土壤研究所广东省数字土壤V2.0（http://digital.soil.cn/），数据精度为1∶100万，整理出分类的属性（表10-4、表10-5）。土地利用类型数据是利用ArcGIS软件对Landsat7数据进行监督分类，将土地利用类型分为林地、园地、草地、耕地、湿地、建设用地、其他用地和水域（表10-6）。

表10-4　土壤质地分类及属性

分类	值	属性
E0201	1	中壤土
E0202	2	中黏土
E0203	3	松沙土
E0204	4	沙壤土
E0205	5	轻壤土
E0206	6	轻黏土
E0207	7	重壤土

表10-5　土壤类型及属性

分类	值	属性
E0301	1	水库
E0302	2	滨海潮间盐土、滨海盐土、滨海沼泽盐土、含盐酸性硫酸盐土
E0303	3	半固定沙土、固定沙土
E0304	4	碱性紫色土、酸性紫色土、中性紫色土
E0305	5	赤砖红壤、耕型砖红壤、古海积砖红壤、黄色砖红壤、麻砖红壤、页砖红壤
E0306	6	赤红壤性土、耕型赤红壤、红黏性赤红壤、麻赤红壤、麻黄色赤红壤、片赤红壤、侵蚀赤红壤、页赤红壤、页黄色赤红壤
E0307	7	红壤性土、灰红壤、麻红壤、麻黄红壤、片红壤、侵蚀红壤、页红壤、页黄红壤
E0308	8	麻黄壤、页黄壤
E0309	9	谷积土田、河积土田、垅肉田、漂洗水稻土、潜育水稻土、渗育水稻土、咸酸水稻土、淹育水稻土、盐积水稻土、洲积土田、潴育水稻土
E0310	10	潮土、钙质石质土、耕型潮土、黑色石灰土、红色石灰土、火山灰土、淋溶石灰土、山地灌丛草甸土、湿潮土、酸性粗质土、酸性石质土、脱潮土、沼泽土

表10-6　土地利用类型及属性

分类	值	属性
E0401	1	林地
E0402	2	园地
E0403	3	草地
E0404	4	耕地
E0405	5	湿地（主要为滩涂苇地）

（续表）

分类	值	属性
E0406	6	建设用地
E0407	7	其他用地
E0408	8	水域

植被归一化（NDVI）数据来源于中国科学院计算机网络信息中心国际科学数据镜像网站（http://www.gscloud.cn/home）16天的MOD13Q1 250M植被指数合成产品。

海拔数据为中国科学院计算机网络信息中心地理空间数据云（http://www.gscloud.cn/home）提供的GDEMV2 30m分辨率数字高程数据，坡度、坡向、平面曲率数据由DEM经过空间分析获得。阴阳坡向由坡向按平面、阳坡、阴坡进行重分类后获得（表10-7）。平面曲率分为凹、平、凸三类（表10-8）。

表10-7　阴阳坡向属性

分类	值	属性
E0801	1	平面
E0802	2	阳坡
E0803	3	阴坡

表10-8　平面曲率属性

分类	值	属性
E0901	1	凹
E0902	2	平
E0903	3	凸

断层数据来源于中国国家地质资料数据中心，道路及河流数据来源于中国国家基础地理信息中心（http://www.ngcc.cn/），建设用地数据为土地利用类型数据中的一类。利用ArcGIS软件的欧氏距离工具计算各距离因素，获得断层距离、道路距离、河流距离和建设用地距离。

年均降雨量、年均气温、年均风速由广东省气象局多年气象数据通过ArcGIS软件的Kriging插值生成。人口密度来源于欧洲人类居住区任务广东区域数据。

五、构建流程

Spark-LR模型生态安全格局构建流程如图10-11所示。

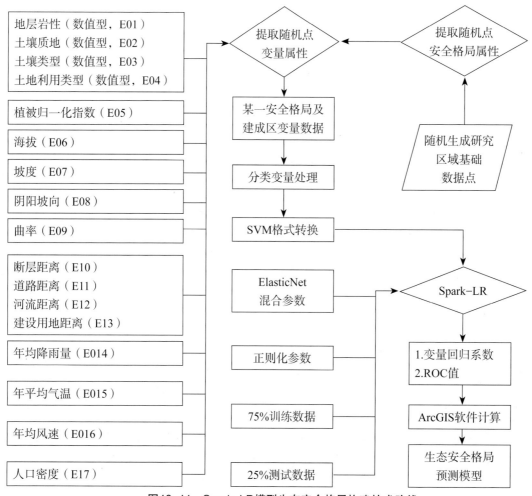

图10-11　Spark-LR模型生态安全格局构建技术路线

第三节　结果分析

本研究中GSPM的模型精度达到90.88%，而BSPM和OSPM的模型精确度仅有86.49%和71.11%，因此这里我们仅对GSPM的结果进行分析。

一、GSPM及预测结果

（一）GSPM变量权值与精度

Spark-LR的结果显示，基于GSP数值矩阵的训练模型，偏置向量b为0.523 5。土地利用类型中，林地（E0401）的权值为0.205 6，是正向权值中的最大值；岩性分类中混合岩、斜长角闪岩（E0101）的权值为0；人口密度（E17）是负向权值中的最小值，为-0.143 4；其他权值详见表10-9。

表10-9　GSPM变量、哑变量及相应权值向量

变量	哑变量	权值	变量	哑变量	权值
E01	E0101	0.000 0	E04	E0407	−0.046 6
	E0102	−0.088 0		E0408	0.019 5
	E0103	0.034 8	E05		0.044 2
	E0104	0.036 4	E06		0.066 9
	E0105	0.008 7	E07		0.054 9
	E0106	0.029 9	E08	E0801	0.048 0
	E0107	0.003 4		E0802	−0.002 6
	E0108	0.011 2		E0803	−0.001 2
E02	E0201	−0.053 1	E09	E0901	0.070 7
	E0205	0.028 2		E0902	−0.028 4
	E0206	−0.006 2		E0903	0.012 2
	E0207	−0.028 7	E10		−0.003 3
E03	E0306	0.016 2	E11		0.035 7
	E0309	−0.007 8	E12		−0.000 5
	E0310	0.001 4	E13		0.047 6
E04	E0401	0.205 6	E14		−0.018 6
	E0402	−0.004 2	E15		−0.021 5
	E0403	0.040 3	E16		0.036 7
	E0404	−0.048 0	E17		−0.143 4
	E0406	0.052 6			

GSPM的AUC值为0.908 8，说明模型拟合的精度非常好，预测准确性高。

（二）GSPM预测结果

对GSPM的主要变量及相应权值按式（10-1）、式（10-2）、式（10-3）在ArcGIS软件里进行计算，得到GSPM预测的广东省生态安全格局概率分布图（图10-12）。结果显示，珠江三角洲地区、韩江流域下游地区是基本保障生态安全格局可能性最低的区域，亦是广东省

人类活动最活跃、城市建设最强烈的区域。而南岭的各向余脉和青云山脉、莲花山脉、云雾山脉是基本保障安全格局可能性最高的区域，是广东省生态系统最重要的源和关键点，是广东省生态安全格局的"核心区"，保障这些区域的生态系统的完整性，是维护广东省生态安全的基本底线。

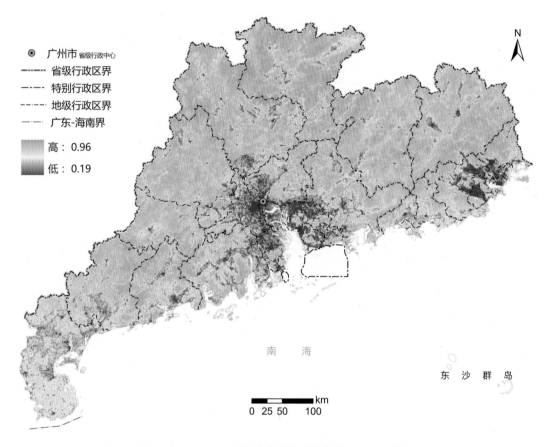

图10-12　GSPM广东省生态安全格局概率分布示意图

二、BSPM及预测结果

（一）BSPM变量权值与精度

Spark-LR的结果显示，BSP数值矩阵，偏置向量b为-0.048 2。气象因素中年均风速（E16）的权值为0.251 4，是正向权值中的最大值；其次为土地利用类型中的林地（E0401），权值为0.185 6；人口密度（E17）是负向权值中的最小值，为-0.117 2；其他权值详见表10-10。

BSPM的AUC值为0.864 9，说明模型拟合的精度好，预测准确性较高，但模型精度比GSPM稍差。

表10-10　BSPM变量、哑变量及相应权值向量

变量	哑变量	权值	变量	哑变量	权值
E01	E0101	0.000 0	E04	E0407	−0.038 5
	E0102	−0.074 6		E0408	0.019 2
	E0103	0.051 5	E05		0.060 9
	E0104	0.038 9	E06		0.037 8
	E0105	−0.003 6	E07		0.045 3
	E0106	0.036 2	E08	E0801	0.082 0
	E0107	−0.006 2		E0802	−0.009 8
	E0108	−0.006 8		E0803	−0.000 7
E02	E0201	−0.010 2	E09	E0901	−0.010 3
	E0205	0.040 0		E0902	−0.001 5
	E0206	−0.030 3		E0903	0.005 9
	E0207	−0.000 7	E10		−0.020 3
E03	E0306	0.026 3	E11		0.050 2
	E0309	−0.000 3	E12		0.007 5
	E0310	−0.012 2	E13		0.047 1
E04	E0401	0.185 6	E14		−0.011 3
	E0402	0.079 9	E15		−0.069 1
	E0403	−0.000 3	E16		0.251 4
	E0404	−0.004 5	E17		−0.117 2
	E0406	0.064 8			

（二）BSPM预测结果

对GSPM的主要变量及相应权值按式（10-1）、式（10-2）、式（10-3）在ArcGIS软件里进行计算，得到GSPM预测的广东省生态安全格局概率分布图（图10-13）。结果显示，BSPM与GSPM预测的结果相似。结果显示，珠江三角洲地区、韩江流域下游地区是基本保障生态安全格局最不可能出现的区域，而南岭的各向余脉和青云山脉、莲花山脉、云雾山脉是基本保障生态安全格局最可能出现的区域。

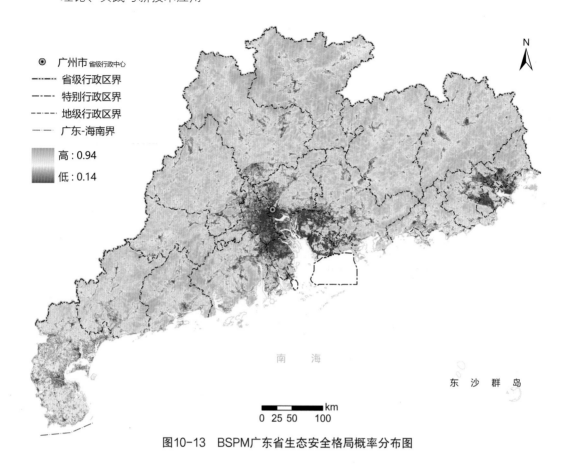

图10-13 BSPM广东省生态安全格局概率分布图

三、OSPM及预测结果

（一）OSPM变量权值与精度

Spark-LR的结果显示，OSP数值矩阵，偏置向量***b***为-0.177 5。阴阳坡向中平面（E0801）的权值为0.132 9，是正向权值中的最大值；其次为土地利用类型中的林地（E0401），权值为0.103 9；人口密度（E17）是负向权值中的最小值，为-0.060 0；其他权值详见表10-11。

表10-11 OSPM变量、哑变量及相应权值向量

变量	哑变量	权值	变量	哑变量	权值
E01	E0101	0.000 0	E04	E0407	-0.020 1
	E0102	-0.051 1		E0408	0.013 6
	E0103	0.040 9	E05		0.047 3
	E0104	0.033 8	E06		0.034 7
	E0105	-0.005 4	E07		0.023 1
	E0106	0.025 6	E08	E0801	0.132 9

（续表）

变量	哑变量	权值	变量	哑变量	权值
E01	E0107	0.005 5	E08	E0802	−0.011 0
	E0108	−0.014 5		E0803	−0.009 4
E02	E0201	0.004 0	E09	E0901	0.071 9
	E0205	0.025 2		E0902	0.003 6
	E0206	−0.005 6		E0903	−0.014 9
	E0207	−0.013 7	E10		−0.010 4
E03	E0306	0.021 5	E11		0.020 7
	E0309	−0.007 3	E12		−0.002 2
	E0310	0.000 7	E13		0.029 9
E04	E0401	0.103 9	E14		−0.019 4
	E0402	0.048 3	E15		−0.010 9
	E0403	0.023 1	E16		0.098 6
	E0404	0.000 3	E17		−0.060 0
	E0406	0.000 0			

OSPM的AUC值为0.711 1，说明模型拟合的精度一般，预测准确性一般，模型精度比GSPM和BSPM均较差。

（二）OSPM预测结果

对OSPM的主要变量及相应权值按式（10-1）、式（10-2）、式（10-3）在ArcGIS软件里进行计算，得到OSPM预测的广东省生态安全格局概率分布图（图10-14）。结果显示，在总体格局上，OSPM与GSPM及BSPM模型的结果类似，但与后两者有区别的是，基本保障生态安全格局高概率区集中于南岭的各向余脉和青云山脉、莲花山脉、云雾山脉等区域更小的范围内，而基本保障生态安全格局低概率区的范围则分布在珠三角、韩江下游更广泛的区域内。

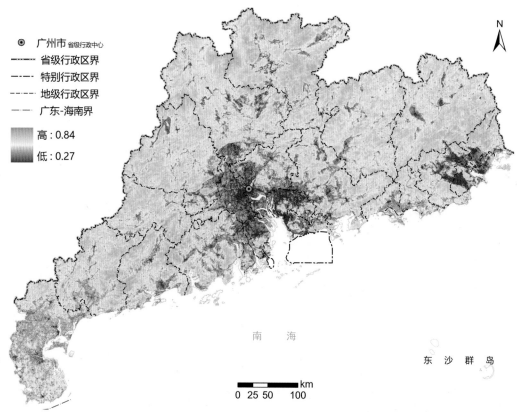

图10-14 OSPM 预测的广东省生态安全格局概率分布示意图

四、GSPM、BSPM和OSPM的异同

GSP、BSP和OSP从本质上看，都包含生态系统中较重要的生态斑块，在景观水平生态过程中起着关键性的作用，是物种扩散和维持的主要区域，三类格局的目标都是保护型的生态格局，它们是同一个类型中不同的三个层次。三者的区别在于，GSP内的景观一致性高，斑块的连接度高，是生态系统功能维持、生物多样性保护的关键区域，是生态系统服务功能最强的区域，而BSP内的则次之，OSP内的景观破碎化程度较高，生态斑块需要通过一定的规划手段进行连接，该区域内物种的扩散有较大的阻力，是社会与自然交融度较高的区域。正是因为存在这样的差异，所以三类数据作为Spark-LR模型的训练数据，景观一致性高的GSP，相应环境因素的一致性高，其数据的一致性高，模型对基本保障型生态安全格局预测的精度也高，而相比GSP，BSP和OSP数据的离散度逐渐升高，模型的精度也因此而降低。

3个模型都可以得到广东省生态安全格局，而且格局类似，但3个模型预测结果得出的生态安全格局分布范围却是不一样的。将3个预测结果分别利用Nature Breaks（Jenks）方式重新分类成低、较低、中、较高和高概率区等5类进行对比（图10-15），可以发现三者的差异。GSPM预测结果中基本保障生态安全格局的高概率区占比达40.92%，而BSPM和OSPM预测结果中该类数据仅分别占32.73%和26.04%；GSPM预测结果中较高概率区占比较低，仅有25.92%，而后两者分别达到32.43%和31.63%；中概率区的占比，则是GSPM和BSPM预测结果相近，分别为16.50%和17.84%，比OSPM的22.17%低；三者较低概率区和低概率区的占比差别不大。鉴于3个模型在预测精度和基础保障型生态安全格局分布范围的差异，我们认为在实际应用中，宜以GSPM作为参考。

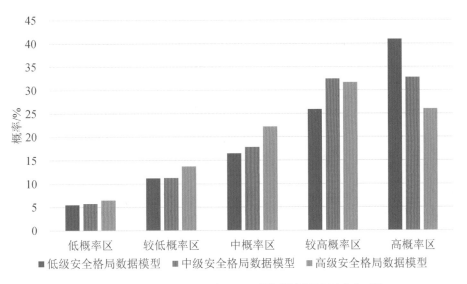

图10-15　GSPM、BSPM和OSPM预测结果概率区分布对比

五、预测结果与已有规划的异同

Spark-LR模型的主要数据来源是佛山市高明区、三水区和顺德区三区的生态安全格局的已有规划（图10-16）。GSPM预测的高明区生态安全格局与已有规划同区域的情况类似。在已有规划中，高明区东部区域缓冲生态安全格局占有较大比例；但在GSPM预测结果中，则是最优生态安全格局占了较大比例。在GSPM预测结果中，三水区的保障生态安全格局仅少量分布在北部山区较小的范围内，与已有规划差距较大；而顺德区的GSPM预测结果没有保障生态安全格局分布，同样与已有规划不一致。已有规划中，高明区其山、城、田的格局比较明

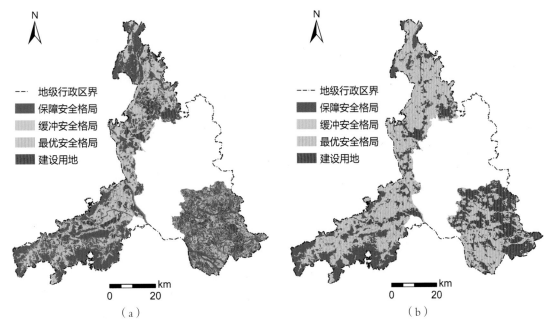

图10-16　已有规划与Spark-LR模型预测生态安全格局对比

（a）佛山市高明区、三水区、顺德区安全格局已有规划；

（b）Spark-LR模型预测结果，Nature Breaks（Jenks）分类。

显，该区域的GSPM预测结果与已有规划更接近；三水区只有北部有山脉，该区域的保障生态安全格局与已有规划相似；顺德区基本为平原区，较大的山体少，模型似乎无法更准确地区分三级格局的分布情况。

需要说明的是，与佛山市三区的生态安全格局相比，模型预测的广东省生态安全格局的区域尺度更大，由于其栅格数据在三级格局的区分中将以最优的自然断点作为依据，因此模型预测结果中基本特征与全省特征相似的高明区与已有规划会更接近。如果将预测结果中三水区或顺德区的数据单独切分出来，利用自然断点法进行分类，其结果与已有规划也会更接近（图10-17）。因此，在不同区域尺度上，生态安全格局的分布是不同的。将模型预测的结果缩小到区县尺度，其与已有规划的差异亦同样是类似的。

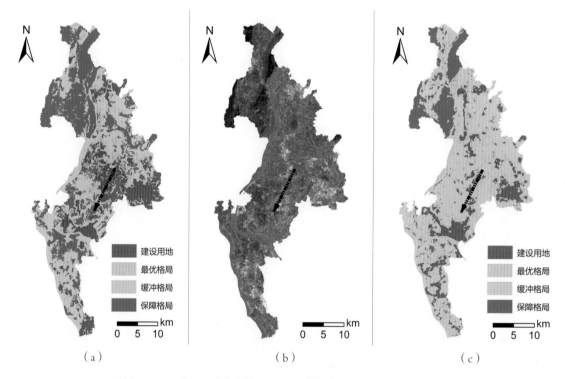

图10-17　三水区已有规划与Spark-LR模型预测生态安全格局对比

（a）佛山市三水区安全格局已有规划；（b）2016年遥感影像；

（c）Spark-LR模型预测结果，Nature Breaks（Jenks）分类。

在图10-18中，箭头所指处实际为水域，已有规划非常注重水域的保护，将其划为保障生态安全格局，但是在模型预测结果中水域的重要性并没有体现出来，已有规划中高明河两边的保障型生态用地同样没有在预测结果中体现出来，这说明水域的重要性被机器学习忽略了。原因可能是随机生成的数据点中，位于水域部分的保障生态安全格局数据点太少，以至于模型认为河流在生态安全格局中的比重较低。

在已有规划中，规划者有意保护高明河沿岸一定范围内的区域，但是GSPM预测结果显示，该区域是建设用地。与城市扩张的实际情况相比，城市建设用地与模型预测结果更加契合。考虑已有规划的时限因素，我们不能说GSPM比已有规划能更准确地表达某一区域的生态

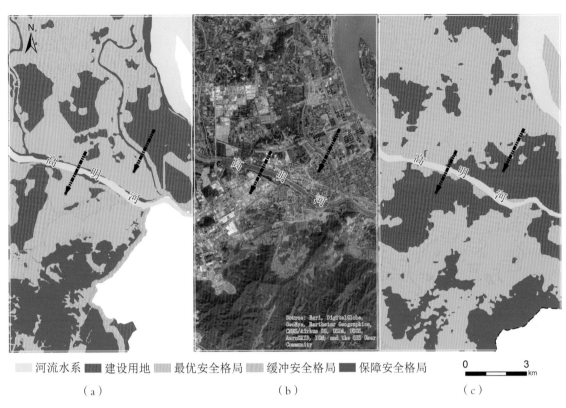

河流水系　建设用地　最优安全格局　缓冲安全格局　保障安全格局

（a）　　　　　　　　　　　　（b）　　　　　　　　　　　　（c）

图10-18　已有规划及预测生态安全格局在高明河两岸与城市扩张实际情况对比

（a）已有规划；（b）2016年遥感影像；（c）预测结果。

安全格局，但是从研究的实验结果可以看到模型对城市扩张的分布区域预测具有一定优势。

六、主要结论

1）利用大数据处理框架Spark中的Logistic Regression机器学习模型，通过对现有规划中生态安全格局的保障生态安全格局（GSP）、缓冲生态安全格局（BSP）和最优生态安全格局（OSP）的数据与地层岩性、土壤质地、土壤类型、土地利用类型、植被归一化指数、海拔、坡度、阴阳坡向、曲率、断层距离、道路距离、河流距离、建设用地距离、年均降雨量、年均气温、年均风速、人口密度等环境变量之间关系的训练、学习，可以得到相应的回归模型，利用该模型在ArcGIS软件中对环境变量的回归重构，可以预测其他区域的生态安全格局分布情况。

2）本研究构建保障生态安全格局模型（GSPM）预测精度达到90.88%，模型拟合的精度非常高，对生态安全格局的预测准确性高；以Nature Breaks（Jenks）方式重新分类之后，得到的保障生态安全格局高概率区比例高达40.92%，在实际应用中，有一定的参考价值。而缓冲生态安全格局模型和最优生态安全格局模型的预测精度分别只有86.49%和71.11%，前者的保障生态安全格局高概率区比例为32.73%，后者的只有26.04%。

3）本研究对区域尺度进行划分后，Spark-LR对生态安全格局的预测结果与已有规划成果非常接近，但是模型容易受到数据点分布均衡性的影响。

4）Spark-LR机器学习模型对生态安全格局中城市扩张的分布区域预测具有一定的客观优势。

机器学习的研究不仅是人工智能研究的重要问题，而且已成为计算机科学与技术的核心问题之一。我们尝试利用大数据处理框架Spark中的机器学习对生态安全格局进行模拟分析，向地理人工智能（GEOAI）踏出了一小步，同时也遇到许多值得我们进一步探讨的问题。GIS技术本身与大数据是密不可分的，国内外学者都在研究空间大数据的分析处理，但如何用大数据平台的机器学习自动构建生态安全格局仍需要进一步探索。机器学习在生态安全格局构建过程中的环境变量选择，是影响模型是否准确性的关键之一，模型中到底该选择哪些变量值得深入探讨。虽然Logistic Regression机器学习模型是较常用的模型，但是在Spark-LR中，正则化参数和ElasticNet混合参数的设置都会影响模型的精度，如何设置调优模型亦有一定的探讨空间。关于大数据机器学习与生态安全格局构建及其相关领域的结合，仍有较多的未知领域，随着大数据的发展及我国对生态环境愈加重视，机器学习与生态系统服务、生物多样性保护、生态环境规划、城市空间优化等领域的结合将会有更多契机。

参 考 文 献

［1］ HAN B, LIU H, WANG R. Urban ecological security assessment for cities in the Beijing–Tianjin–Hebei metropolitan region based on fuzzy and entropy methods［J］. Ecological Modelling, 2015, 318（12）: 217–225.

［2］ 中华人民共和国国家统计局.中国统计年鉴2018［M/OL］. 北京: 中国统计出版社, 2018.http: // www.stats.gov.cn/tjsj/ndsj/2018/indexch.htm.

［3］ 中华人民共和国国家统计局.中国统计年鉴2012［M/OL］. 北京: 中国统计出版社, 2012.http: // www.stats.gov.cn/tjsj/ndsj/2012/indexch.htm.

［4］ 陈星, 周成虎.生态安全: 国内外研究综述［J］.地理科学进展, 2005, 24（6）: 8–20.

［5］ 俞可平.科学发展观与生态文明［J］. 马克思主义与现实, 2005, 16（4）: 4–5.

［6］ 黄勤, 曾元, 江琴.中国推进生态文明建设的研究进展［J］. 中国人口·资源与环境, 2015, 25（2）: 111–120.

［7］ 中国共产党第十八届中央委员会.中共中央关于全面深化改革若干重大问题的决定（2013年11月12日中国共产党第十八届中央委员会第三次全体会议通过）［J］. 求是, 2013, 56（22）: 3–18.

［8］ NELSON A C, MOORE T. Assessing urban growth management: The case of Portland, Oregon, the USA's largest urban growth boundary［J］. Land Use Policy, 1993, 10（4）: 293–302.

［9］ CHO S H, POUDYAL N, LAMBERT D M. Estimating spatially varying effects of urban growth boundaries on land development and land value［J］. Land Use Policy, 2007, 25（3）: 320–329.

［10］ 王颖, 顾朝林, 李晓江.中外城市增长边界研究进展［J］. 国际城市规划, 2014, 29（4）: 1–11.

［11］ 吕斌, 徐勤政. 我国应用城市增长边界（UGB）的技术与制度问题探讨［C］//中国城市规划学会. 规划创新: 2010中国城市规划年会论文集. 重庆: 重庆出版社, 2010: 871–884.

［12］ ESBAH H, COOK E A, EWAN J. Effects of increasing urbanization on the ecological integrity of open space preserves［J］. Environmental Management, 2009, 43（5）: 846–862.

［13］ 黄冬蕾. 城市绿色生态网络构建策略研究［D］.北京: 北京林业大学, 2016.

［14］ 刘世梁, 侯笑云, 尹艺洁, 等.景观生态网络研究进展［J］. 生态学报, 2017, 37（12）: 3947–3956.

［15］ BENEDICT M, MACMAHON E T. Green infrastructure: Smart conservation for the 21st Century［J］. Renewable Resources Journal, 2002, 20（3）: 12–17.

［16］ YOUNG R, ZANDERS J, LIEBERKNECHT K, et al. A comprehensive typology for mainstreaming urban green infrastructure［J］. Journal of Hydrology, 2014, 519（Part C）: 2571–2583.

［17］ LAHDE E, DI MARINO M. Multidisciplinary collaboration and understanding of green infrastructure results from the cities of Tampere, Vantaa and Jyvaskyla（Finland）[J]. Urban Forestry & Urban Greening, 2019, 40: 63–72.

[18] TOCCOLINI A, FUMAGALLI N, SENES G. Greenways planning in Italy: The Lambro River Valley Greenways System[J]. Landscape and Urban Planning, 2006, 76（1–4）: 98–111.

[19] SHARMA A. Urban greenways: Operationalizing design syntax and integrating mathematics and science in design[J]. Frontiers of Architectural Research, 2015, 4（1）: 24–34.

[20] TAN K W. A greenway network for singapore[J]. Landscape and Urban Planning, 2006, 76（1–4）: 45–66.

[21] SEARNS R M. The evolution of greenways as an adaptive urban landscape form[J]. Landscape and Urban Planning, 1995, 33（1–3）: 65–80.

[22] BRYANT M M. Urban landscape conservation and the role of ecological greenways at local and metropolitan scales[J]. Landscape and Urban Planning, 2006, 76（1–4）: 23–44.

[23] REES W E. Ecological footprints and appropriated carrying capacity: What urban economics leaves out[J]. Environment & Urbanization, 1992, 4（2）: 121–130.

[24] 李纯.武汉都市发展区基本生态控制线规划实施评估研究[D].武汉: 华中科技大学, 2019.

[25] 盛鸣.从规划编制到政策设计: 深圳市基本生态控制线的实证研究与思考[J]. 城市规划学刊, 2010（21）: 48–53.

[26] 王国恩, 易晓峰.从方案到政策: "生态优先"的广州空间规划[J]. 城市规划, 2010, 34（3）: 32–37.

[27] 李干杰. "生态保护红线"——确保国家生态安全的生命线[J].求是, 2014, 57（2）: 44–46.

[28] 陈海嵩. "生态红线"制度体系建设的路线图[J].中国人口·资源与环境, 2015, 25（9）: 52–59.

[29] 郑华, 欧阳志云.生态红线的实践与思考[J].中国科学院院刊, 2014, 29（4）: 457–461, 448.

[30] 中共中央办公厅, 国务院办公厅. 中共中央办公厅 国务院办公厅印发《关于在国土空间规划中统筹划定落实三条控制线的指导意见》[EB/OL]. （2019–11–1）.http://www.gov.cn/gongbao/content/2019/content_5453396.htm.

[31] 任西锋, 任素华.城市生态安全格局规划的原则与方法[J].中国园林, 2009, 25（7）: 73–77.

[32] 王如松, 李锋, 韩宝龙, 等.城市复合生态及生态空间管理[J].生态学报, 2014, 34（1）: 1–11.

[33] 黄光宇, 陈勇.生态城市概念及其规划设计方法研究[J].城市规划, 1997, 21（6）: 17–20.

[34] 付在毅, 许学工.区域生态风险评价[J].地球科学进展, 2001, 16（2）: 267–271.

[35] 陈辉, 刘劲松, 曹宇, 等生态风险评价研究进展[J].生态学报, 2006, 26（5）: 1558–1566.

[36] U.S. Environmental Protection Agency. Framework for Ecological Risk Assessment[C/OL] // Risk Assessment Forum, U.S. Environmental Protection Agency, Washington, DC20460, February, 1992[2014–11].https: //www.epa.gov/sites/default/files/2014–11/documents/framework_eco_assessment.pdf.

[37] BARNTHOUSE L W. The role of models in ecological risk assessment: A 1990's perspective[J]. Environmental Toxicology and Chemistry, 1992, 11（12）: 1751–1760.

[38] GR GER N. Environmental Security?[J]. Journal of Peace Research, 1996, 33（1）: 109–116.

[39] COSKUN H G, CIGIZOGLU H, KEREM M D. Integration of information for environmental security [M]. Berlin: Springer, 2008.

[40] 肖笃宁, 陈文波, 郭福良.论生态安全的基本概念和研究内容 [J]. 应用生态学报, 2002, 13 (3): 354-358.

[41] CUDWORTH E, HOBDEN S. Beyond environmental security: Complex systems, multiple inequalities and environmental risks [J]. Environmental Politics, 2011, 20 (1): 42-59.

[42] DALBY S. Security and environmental change [M].London: Polity, 2009.

[43] BOYD J, BANZHAF S. What are ecosystem services? The need for standardized environmental accounting units [J]. Ecological Economics, 2007, 63 (2-3): 616-626.

[44] G MEZ-BAGGETHUN E, GROOT R D, LOMAS P L, et al. The history of ecosystem services in economic theory and practice: From early notions to markets and payment schemes [J]. Ecological Economics, 2010, 69 (6): 1209-1218.

[45] 毛齐正, 黄甘霖, 邬建国.城市生态系统服务研究综述 [J]. 应用生态学报, 2015, 26 (4): 1023-1033.

[46] 谢高地, 肖玉, 鲁春霞.生态系统服务研究: 进展、局限和基本范式 [J]. 植物生态学报, 2006, 30 (2): 191-199.

[47] WHITTEN S, SHELTON D. Market for ecosystem services in Australia: Practical design and case studies [EB/OL]. (2005) [2008-10-30]. https://www.cbd.int/financial/pes/australia-pesreview.pdf.

[48] JENKINS W A, MURRAY B C, KRAMER R A, et al.Valuing ecosystem services from wetlands restoration in the Mississippi Alluvial Valley [J]. Ecological Economics, 2010, 69 (5): 1051-1061.

[49] EGOH B, REYERS B, ROUGET M, et al. Mapping ecosystem services for planning and management [J]. Agriculture, Ecosystems & Environment, 2008, 127 (1-2): 135-140.

[50] ODUM H T, ODUM E P. The energetic basis for valuation of ecosystem services [J]. Ecosystems, 2000, 3 (1): 21-23.

[51] RAPPORT D J, COSTANZA R, MCMICHAEL A J. Assessing ecosystem health [J]. Trends in Ecology & Evolution, 1998, 13 (10): 397-402.

[52] RAPPORT D J, BÖHM G, BUCKINGHAM D, et al. Ecosystem health: The concept, the ISEH, and the important tasks ahead [J]. Ecosystem Health, 1999, 5 (2): 82-90.

[53] 刘焱序, 彭建, 汪安, 等.生态系统健康研究进展 [J]. 生态学报, 2015, 35 (18): 5920-5930.

[54] BRUSSARD P F, REED J M, TRACY C R. Ecosystem management: What is it really? [J]. Landscape and Urban Planning, 1998, 40 (1-3): 9-20.

[55] HAEUBER R. Ecosystem management and environmental policy in the United States: Open window or closed door? [J]. Landscape and Urban Planning, 1998, 40 (1-3): 221-233.

[56] 田慧颖, 陈利顶, 吕一河, 等.生态系统管理的多目标体系和方法 [J]. 生态学杂志, 2006, 25 (9): 1147-1152.

[57] 马世骏, 王如松.社会-经济-自然复合生态系统 [J]. 生态学报, 1984, 4 (1): 1-9.

[58] 黄肇义, 杨东援.国内外生态城市理论研究综述[J].城市规划, 2001, 25(1): 59-66.

[59] 傅伯杰, 陈利顶, 马克明, 等.景观生态学原理及应用[M].北京: 科学出版社, 2001.

[60] 俞孔坚, 王思思, 李迪华, 等.北京城市扩张的生态底线——基本生态系统服务及其安全格局[J].城市规划, 2010, 34(2): 19-24.

[61] 俞孔坚, 李迪华, 刘海龙, 等.基于生态基础设施的城市空间发展格局——"反规划"之台州案例[J].城市规划, 2005, 29(9): 76-80, 97-98.

[62] 马克明, 傅伯杰, 黎晓亚, 等.区域生态安全格局: 概念与理论基础[J].生态学报, 2004, 24(4): 761-768.

[63] 黎晓亚, 马克明, 傅伯杰, 等.区域生态安全格局: 设计原则与方法[J].生态学报, 2004, 24(5): 1055-1062.

[64] 欧定华, 夏建国, 张莉, 等.区域生态安全格局规划研究进展及规划技术流程探讨[J].生态环境学报, 2015, 24(1): 163-173.

[65] 陈利顶, 景永才, 孙然好.城市生态安全格局构建: 目标、原则和基本框架[J].生态学报, 2018, 38(12): 4101-4108.

[66] 彭建, 赵会娟, 刘焱序, 等.区域生态安全格局构建研究进展与展望[J].地理研究, 2017, 36(3): 407-419.

[67] 方淑波, 肖笃宁, 安树青.基于土地利用分析的兰州市城市区域生态安全格局研究[J].应用生态学报, 2005, 16(12): 2284-2290.

[68] 李月辉, 胡志斌, 高琼, 等.沈阳市城市空间扩展的生态安全格局[J].生态学杂志, 2007, 26(6): 875-881.

[69] 张小飞, 李正国, 王如松, 等.基于功能网络评价的城市生态安全格局研究——以常州市为例[J].北京大学学报: 自然科学版, 2009, 45(4): 728-736.

[70] 苏泳娴, 张虹鸥, 陈修治, 等.佛山市高明区生态安全格局和建设用地扩展预案[J].生态学报, 2013, 33(5): 1524-1534.

[71] 周锐.快速城镇化地区城镇扩展的生态安全格局[J].城市发展研究, 2013, 20(8): 82-87, 100.

[72] 储金龙, 王佩, 顾康康, 等.山水型城市生态安全格局构建与建设用地开发策略[J].生态学报, 2016, 36(23): 7804-7813.

[73] 江源通, 田野, 郑拴宁.海岛型城市生态安全格局研究——以平潭岛为例[J].生态学报, 2018, 38(3): 769-777.

[74] 朱敏, 谢跟踪, 邱彭华.海口市生态用地变化与安全格局构建[J].生态学报, 2018, 38(9): 3281-3290.

[75] 耿润哲, 殷培红, 马茜.以环境质量改善为目标的贵安新区生态安全格局构建虚拟[J].中国环境科学, 2018, 38(5): 1990-2000.

[76] 吴晓敏.国外绿色基础设施理论及其应用案例[C]//中国风景园林学会.中国风景园林学会2011年会论文集: 下册.北京: 中国建筑工业出版社, 2011.

[77] 叶鑫, 邹长新, 刘国华, 等.生态安全格局研究的主要内容与进展[J].生态学报, 2018, 38(10): 3382-3392.

［78］郑群明, 申明智, 钟林生.普达措国家公园生态安全格局构建［J］. 生态学报, 2021, 41（3）：
　　　 874-885.

［79］俞孔坚.生物保护的景观生态安全格局［J］.生态学报, 1999, 19（1）：8-15.

［80］韩俊宇, 余美瑛.全域全要素统筹背景下生态安全格局识别与优化建议——以衢州市常山县
　　　 为例［J］.地理研究, 2021, 40（4）：1078-1095.

［81］冯琰玮, 甄江红, 马晨阳.内蒙古生态承载力评价及生态安全格局优化［J］.地理研究, 2021,
　　　 40（4）：1096-1110.

［82］俞孔坚, 王思思, 李迪华, 等.北京市生态安全格局及城市增长预景［J］.生态学报, 2009, 29
　　　 （3）：1189-1204.

［83］俞孔坚, 李迪华.论反规划与城市生态基础设施建设［C］//中国风景园林学会. 中国科协2002
　　　 年学术年会第22分会场论文集, 成都, 2002.

［84］俞孔坚, 李迪华, 韩西丽.论"反规划"［J］.城市规划, 2005, 29（09）：64-69.

［85］张绪良, 徐宗军, 张朝晖, 等.青岛市城市绿地生态系统的环境净化服务价值［J］.生态学报,
　　　 2011, 31（9）：2576-2584.

［86］武正军, 李义明.生境破碎化对动物种群存活的影响［J］.生态学报, 2003, 23（11）：2424-
　　　 2435.

［87］叶水送, 方燕, 李恺. 城市化对昆虫多样性的影响［J］.生物多样性, 2013, 21（3）：260-268.

［88］吕永龙, 王尘辰, 曹祥会. 城市化的生态风险及其管理［J］.生态学报, 2018, 38（2）：359-
　　　 370.

［89］李俊生, 高吉喜, 张晓岚, 等.城市化对生物多样性的影响研究综述［J］.生态学杂志, 2005,
　　　 24（8）：953-957.

［90］傅强, 顾朝林. 基于生态网络的生态安全格局评价［J］.应用生态学报, 2017, 28（3）：1021-
　　　 1029.

［91］张远景, 俞滨洋.城市生态网络空间评价及其格局优化［J］.生态学报, 2016, 36（21）：6969-
　　　 6984.

［92］蕾奥规划.基于最短路径生态网络分析的生态安全格局构建［EB/OL］.（2017-11-29）［2021-
　　　 9-19］http://www.lay-out.com.cn/pesearch-paper-planningnh-i_12630.htm.

［93］蒋思敏, 张青年, 陶华超. 广州市绿地生态网络的构建与评价［J］.中山大学学报（自然科学
　　　 版）, 2016, 55（4）：162-170.

［94］傅伯杰, 张立伟. 土地利用变化与生态系统服务：概念、方法与进展［J］.地理科学进展,
　　　 2014, 33（4）：441-446.

［95］HEIN L, VAN KOPPEN K, DE GROOT R S, et al. Spatial scales, stakeholders and the
　　　 valuation of ecosystem services［J］. Ecological Economics, 2006, 57（2）：209-228.

［96］龙宏, 王纪武.基于空间途径的城市生态安全格局规划［J］.城市规划学刊, 2009, 53（6）：
　　　 99-104.

［97］王孟本. 生态单元：概念及其应用［C］//中国生态学学会. 生态学与全面・协调・可持续发
　　　 展—— 中国生态学会第七届全国会员代表大会论文摘要荟萃, 绵阳, 2004.

［98］JAX K, JONES C G, PICKETT S T A. The self-identity of ecological units［J］. Oikos,

1998, 82（2）: 253–264.

[99] 颜磊, 许学工, 谢正磊, 等.北京市域生态敏感性综合评价 [J]. 生态学报, 2009, 29（6）: 3117–3125.

[100] COSTANZA R, D'ARGE R, DE GROOT R, et al. The value of the world's ecosystem services and natural capital [J]. Ecological Economics, 1998, 25（1）: 3–15.

[101] 谢高地, 张彩霞, 张昌顺, 等.中国生态系统服务的价值 [J]. 资源科学, 2015, 37（9）: 1740–1746.

[102] 厦门统计局, 国家统计局厦门调查队.2021厦门经济特区年鉴 [M].北京: 中国统计出版社, 2021.

[103] LOWRANCE R, MCLNTYRE S, LANCE C. Erosion and deposition in a field/forest system estimated using cesium–137 activity [J]. Journal of Soil and Water Conservation, 1988, 43（2）: 195–199.

[104] COPPER J R, et al. Riparian areas as filters for agricultural sediment [J]. Soil Science Society of America Journal, 1987, 51（2）: 416–420.

[105] 佛山市顺德区地方志办公室顺德年鉴编辑部.顺德年鉴2020 [M].广州: 广东人民出版社, 2020.

[106] 广东年鉴编纂委员会.广东年鉴2021 [M]. 广州: 广东年鉴社, 2021.

[107] 易顺民, 梁池生.广东省地质灾害及防治 [M]. 北京: 科学出版社, 2010.

[108] 梁家海.广东省地热资源分布规律 [J]. 地球, 2013, 33（5）: 18–19, 79.

[109] 易顺民.广东省滑坡活动的时间分布规律研究 [J].热带地理, 2007, 27（6）: 499–504.

[110] 南方都市报.新版地震区划图将启用, 广东潮汕徐闻两地"高设防" [EB/OL].（2016–05–11）[2021–09–23]. http: //static.nfapp.southcn.com/content/201605/11/c79848.html.

[111] 广东省气象局. 2015年广东省气候公报 [R/OL].（2016–1–15）[2016–01–26]. http: //blog.sina.com.cn/s/blog_c19aa32c0102wb5v.html.

[112] 广东省地方史志编纂委员会.广东志·地理志 [M].广州: 广东人民出版社, 1999.

[113] 中华人民共和国国家统计局.中国统计年鉴2019 [M/OL]. 北京: 中国统计出版社, 2019. http: //www.stats.gov.cn/tjsj/ndsj/2019/indexch.htm.

[114] 广东年鉴编纂委员会. 广东年鉴2016 [M]. 广州: 广东年鉴社, 2016.

[115] 广东省统计局, 国家统计局广东调查总队. 2015年广东省国民经济和社会发展统计公报 [R/OL].（2016–2–26）[2016–2–29]. http: //stats.gd.gov.cn/tjgb/content/post_1430127.html.

[116] 广东省水利厅. 广东省小流域综合治理规划编制导则（试行）[S].（2008.05）[2014–04–01]. https://wenku.baidu.com/view/b85cf323dd36a32d737581e0.html?_wkts_=1677561871428

[117] 刘家福.高州曹江"9·21"特大山洪水雨情分析 [J].广东水利水电, 2011（S1）: 33–35.

[118] 王永喜, 夏兵.粤西台风灾区水土保持生态修复策略和措施——以高州市马贵镇为例 [J]. 中国水土保持科学, 2012, 10（1）: 88–93.

[119] 搜狐新闻.广东信宜遭超200年一遇暴雨袭击 [Z].（2016–5–22）[2021–09–23]. http: //news.sohu.com/20160522/n450771803.shtml.

[120] WANG J, GONG Q H, YUAN S X, et al. Distribution characteristics and hazard analysis

of mountain torrent disaster in Guangdong Province, China［C］//Risk Analysis Council of China Association for Disaster Prevention. Proceedings of the 8th Annual Meeting of Risk Analysis Council of China Association for Disaster Prevention（RAC 2018），Xi'an, 2018.

［121］姚鑫, 张永双, 王献礼, 等. 基于地貌特征的浅层崩滑体遥感自动识别［J］. 地质通报, 2008, 27（11）: 1870-1874.

［122］王钧, 宫清华, 袁少雄, 等. 耦合地貌信息熵和流域单元物质响应率的泥石流危险性评价［J］. 科学技术与工程, 2017, 17（16）: 21-26.

［123］熊海仙, 黄光庆, 宫清华, 等. 数字地形分析在滑坡研究中的应用综述［J］. 热带地理, 2015, 35（1）: 139-146.

［124］汤国安, 杨昕. ArcGIS地理信息系统空间分析实验教程［M］. 2版. 北京: 科学出版社, 2012.

［125］刘希林, 王小丹. 云南省泥石流风险区划［J］. 水土保持学报, 2000, 14（3）: 104-109.

［126］唐川, 朱静. GIS支持下的滇西北地区泥石流灾害评价［J］. 水土保持学报, 2001, 15（6）: 84-87.

［127］刘希林. 泥石流风险区划研究［J］. 地质力学学报, 2000, 6（4）: 37-42.

［128］刘希林. 四川省泥石流风险评价（1990）［J］. 灾害学, 2000, 15（3）: 7-11.

［129］王钧, 宇岩, 宫清华, 等. 基于贡献率模型的南宁地质灾害危险性分析［J］. 地理科学研究, 2016, 5（2）: 54-63.

［130］吴森, 张占成, 周光红, 等. 基于贡献率模型的汶川县滑坡灾害的易损性评价［J］. 三峡大学学报（自然科学版）, 2013, 35（3）: 69-74.

［131］周光红, 裴勇军, 吴彩燕. 基于贡献率模型与GIS的滑坡地质灾害风险评价——以沐川县为例［J］. 金属矿山, 2013, 42（11）: 130-134.

［132］WANG J, GONG Q H, XIONG H X, et al. A method for debris flow management based on numerical simulation［C］//Risk Analysis Council of China Association for Disaster Prevention. Proceedings of the 7th Annual Meeting of Risk Analysis Council of China Association for Disaster Prevention（RAC-2016）, Changsha, 2016.

［133］TAKAHASHI T. Debris flow on prismatic open channel［J］. J Hydraul Div ASCE, 1980, 106（HY3）: 381-396.

［134］WANG J, YANG S, OU G Q, et al. Debris flow hazard assessment by combining numerical simulation and land utilization［J］. Bulletin of engineering geology and the environment, 2018, 77（1）: 13-27.

［135］LIU K F, LI H C, HSU Y C. Debris flow hazard assessment with numerical simulation［J］. Natural Hazards, 2009, 49（1）: 137-161.

［136］丁明涛, 周鹏, 庙成, 等. 基于临界水深法的单沟泥石流启动降雨量推算［J］. 灾害学, 2018, 33（3）: 55-59, 63.

［137］周鹏. 泥石流短临预警报体系设计与实现——以岷江上游七盘沟为例［D］. 绵阳: 西南科技大学, 2017.

［138］潘华利, 欧国强, 黄江成, 等. 缺资料地区泥石流预警雨量阈值研究［J］. 岩土力学, 2012, 33（7）: 2122-2127.

[139] 宫清华, 黄光庆, 王钧, 等. 一种暴雨诱发的浅层滑坡灾害预警阈值确定方法: ZL 201810597112.8 [P]. 2018-11-09.

[140] GONG Q H, WANG J, ZHOU P, et al. A regional landslide stability analysis method under the combined impact of rainfall and vegetation roots in south china [J/OL]. Advances in Civil Engineering, 2021, Volume 2021(5512281):1-12. https://doi.org/10.1155/2021/5512281.

[141] 刘钊, 孙楠, 王亮, 等.勾勒粤港澳大湾区蓝图的气象底色[N].中国气象报, 2019-03-20 (1).

[142] 王威, 苏经宇, 马东辉, 等.城市综合承灾能力评价的粒子群优化投影寻踪模型[J]. 北京工业大学学报, 2012, 38 (8): 1174-1179.

[143] 龙江, 苏经宇, 王威, 等.城市综合防灾减灾能力评价的可变模糊集理论[J]. 土木工程学报, 2013, 46 (S2): 288-293.

[144] 刘硕, 王志强, 王陶陶, 等.韧性视角下城市综合应灾能力评估与优化[J].防灾科技学院学报, 2020, 22 (2): 18-25.

[145] 陈智超.典型城市承灾能力分析方法与技术研究[D].北京: 清华大学, 2018.

[146] HERI S, ABBAS R, IAN D B. Disaster risk reduction using acceptable risk measures for spatial planning [J]. Journal of Environmental Planning and Management, 2013, 56 (6): 761-785.

[147] 张风华, 谢礼立, 范立础.城市防震减灾能力评估研究[J]. 地震学报, 2004, 26 (3): 318-330.

[148] 王威, 田杰, 王志涛, 等.城市综合承灾能力评价的分形模型[J].中国安全科学学报, 2011, 21 (5): 171-176.

[149] 李晓娟. 城市综合承灾能力评价研究[J]. 西安建筑科技大学学报(自然科学版), 2012, 44 (4): 489-494.

[150] 孙钰, 许琦, 崔寅. 基于改进灰色关联模型的北京市防灾基础设施承灾能力研究[J]. 城市观察, 2019, 59 (1): 120-131.

[151] 陈涛, 陈智超. 基于证据推理法的城镇综合承灾能力网格化评价方法[J]. 清华大学学报(自然科学版), 2018, 58 (6): 570-575.

[152] 王文和, 刘林精, 张爽, 等.城市综合应灾能力的耦合协调度评估[J]. 安全与环境工程, 2019, 26 (6): 79-84, 93.

[153] 谢和平, 杨仲康, 邓建辉.粤港澳大湾区地热资源潜力评估[J].工程科学与技术, 2019, 51 (1): 1-8.

[154] 高立兵, 苏军德.基于信息熵与AHP模型的小区域泥石流危险性评价方法[J].水土保持研究, 2017, 24 (1): 376-380.

[155] 王英杰, 王磊, 荣起国.基于最小熵分析的泥石流危险度可拓学评价[J].吉林大学学报(工学版), 2013, 43 (S1): 547-551.

[156] 宇岩, 欧国强, 王钧, 等.信息熵在震后深溪沟流域泥石流危险度评价中的应用[J]. 防灾减灾工程学报, 2017, 37 (2): 264-272.

[157] 张明媛, 袁永博, 周晶.城市综合承灾能力评价[J].自然灾害学报, 2010, 19 (1): 90-96.

[158] 广东省自然资源厅.广东省2019年度地质灾害防治方案 [EB/OL]. (2019-5-6) [2020-09-09].

http://www.cn-lhy.com/index.php?a=show&c=content&id=321.

[159] YU K J. Ecological security patterns in landscapes and GIS application [J]. Annals of GIS, 1995, 1(2): 88-102.

[160] YU K J. Security patterns and surface model in landscape ecological planning [J]. Landscape and Urban Planning, 1996, 36(1): 1-17.

[161] 张利, 张乐, 王观湧, 等. 基于景观安全格局的曹妃甸新区生态基础设施构建研究 [J]. 土壤, 2014, 46(3): 555-561.

[162] 郭明, 肖笃宁, 李新. 黑河流域酒泉绿洲景观生态安全格局分析 [J]. 生态学报, 2006, 26(2): 457-466.

[163] DE MAURO A, GRECO M, GRIMALDI M. A formal definition of big data based on its essential features [J]. Library Review, 2016, 65(3): 122-135.

[164] SHORO A G, SOOMRO T R. Big data analysis: Apache Spark perspective [J]. Global Journal of Computer Science and Technology, 2015, 15(1): 7-14.

[165] SAMUEL A L. Some studies in machine learning using the game of checkers [J]. IBM Journal of Research and Development, 1959, 3(3): 210-229.

[166] KOZA J R, BENNETT F H, ANDRE D, et al. Artificial intelligence in design '96 [M]. Dordrecht: Springer, 1996.

[167] CHAN J C, CHAN K, YEH A G. Detecting the nature of change in an urban environment: A comparison of machine learning algorithms [J]. Photogrammetric Engineering and Remote Sensing, 2001, 67(2): 213-225.

[168] BELLMAN C, SHORTIS M. A machine learning approach to building recognition in aerial photographs [J]. International Archives of Photogrammetry, Remote Sensing and Spatial Information Sciences, 2002, 34(Part1): 50-54.

[169] GUO Y, SAWHNEY H S, KUMAR R, et al. Learning-based building outline detection from multiple aerial images [C] //IEEE. Proceedings of the 2001 IEEE Computer Society Conference on Computer Vision and Pattern Recognition(CVPR 2001), NewYork: IEEE, 2001: 545-552.

[170] SCHNEIDER A, SETO K C, WEBSTER D R. Urban growth in Chengdu, Western China: application of remote sensing to assess planning and policy outcomes [J]. Environment and Planning B: Planning and Design, 2005, 32(3): 323-345.

[171] NOVACK T, ESCH T, KUX H, et al. Machine learning comparison between worldview-2 and quickbird-2-simulated imagery regarding object-based urban land cover classification [J]. Remote Sensing, 2011, 3(10): 2263-2282.

[172] SCHNEIDER A. Monitoring land cover change in urban and peri-urban areas using dense time stacks of landsat satellite data and a data mining approach [J]. Remote Sensing of Environment, 2012, 124: 689-704.

[173] LI X, GAR-ON YEH A. Data mining of cellular automata's transition rules [J]. International Journal of Geographical Information Science, 2004, 18(8): 723-744.

[174] LIU X, LI X, SHI X, et al. Simulating land-use dynamics under planning policies by integrating artificial immune systems with cellular automata [J]. International Journal of Geographical Information Science, 2010, 24 (5): 783-802.

[175] ARSANJANI J J, HELBICH M, KAINZ W, et al. Integration of Logistic Regression, Markov Chain and Cellular Automata Models to simulate urban expansion [J]. International Journal of Applied Earth Observation and Geoinformation, 2013, 21: 265-275.

[176] LIU X, LI X, SHI X, et al. Simulating complex urban development using kernel-based non-linear cellular automata [J]. Ecological Modelling, 2008, 211 (1-2): 169-181.

[177] MAYER-SCHÖNBERGER V, CUKIER K. Big data: A revolution that will transform how we live, work, and think [M].Milton: Houghton Mifflin Harcourt, 2013.